H. Günther

Programme und Tools für Erddruck und Erdwiderstand mit gekrümmten und ebenen Gleitflächen

H. Günther

Programme und Tools für Erddruck und Erdwiderstand mit gekrümmten und ebenen Gleitflächen

6 Programme

vieweg

Die Deutsche Bibliothek – CIP-Einheitsaufnahme

Günther, H.:
Programme und Tools für Erddruck und Erdwiderstand mit gekrümmten und ebenen Gleitflächen: 6 Programme / H. Günther.
ISBN 978-3-528-08898-9 ISBN 978-3-663-15844-8 (eBook)
DOI 10.1007/978-3-663-15844-8

Additional material to this book can be downloaded from http://extras.springer.com

Das in diesem Buch und auf der beiliegenden Diskette enthaltene Programmaterial wurde vom Autor mit größter Sorgfalt erarbeitet und kontrolliert. Trotzdem sind Fehler nicht ganz auszuschließen. Der Verlag sieht sich deshalb gezwungen, darauf hinzuweisen, daß mit diesem Buch keine Garantie irgendeiner Art verbunden ist. Verlag und Autor übernehmen infolgedessen keine juristische Verantwortung oder irgendeine Haftung für Folgen, die aufgrund fehlerhafter Angaben und aus der Benutzung des Programmaterials entstehen.

Ursprünglich erschienen bei Friedr. Vieweg & Sohn Verlagsgesellschaft mbH, Braunschweig/Wiesbaden, 1993
Softcover reprint of the hardcover 1st edition 1993

Gedruckt auf säurefreiem Papier

ISBN 978-3-528-08898-9

Mein Dank für die großzügige Unterstützung bei der Abfassung und der Gestaltung des vorliegenden Buches gilt der

Gemeinschaft beratender Ingenieure BUNG GdbR
Heidelberg – Berlin – Dreieich – Dresden – Gera – Köln – Memmingen – Potsdam – Stuttgart.

Der Verfasser

Inhalt

1 Einleitung

1.1 Allgemeines

Erdstatik ist ein Sondergebiet des Bauingenieurwesens, das gegenüber der Statik der Tragwerke meist etwas stiefmütterlich behandelt wird. Speziell die Ermittlung des Erdwiderstandes mit gekrümmten Gleitflächen ist eigentlich nur einem Spezialisten zumutbar, sofern man sich nicht darauf beschränkt, vorberechnete Werte aus den wenigen Tabellenwerken, z.B. [2], [3], [3] zu benutzen.
Erstaunlicherweise ist auch die Softwareentwicklung auf diesem Gebiet nicht viel weiter gekommen. Es fehlen nach wie vor brauchbare Programme für die einfache Ermittlung des Erdwiderstandes mit gekrümmten Gleitflächen, aber auch Programme für Erdruhedruck und in Sonderfällen auch Programme für aktiven Erddruck mit gekrümmten Gleitflächen.
Vorliegendes Buch soll diesem Mangel abhelfen. Es werden Programme bereitgestellt, welche sowohl den Erdwiderstand als auch den Erddruck auf der Basis der gekrümmten Gleitflächen berechnen. Hierbei wird der Erdwiderstand im Fall der Rotation sowohl mit Kreisgleitflächen als auch mit Spiralgleitflächen berechnet. Im Fall der Translation wird ein Programm für Spiralgleitflächen zur Verfügung gestellt. Der aktive Erddruck wird ebenfalls mit Spiralgleitflächen ermittelt. Selbstverständlich werden auch die Erddruckwerte für gerade Gleitflächen zur Verfügung gestellt.
Der Erdruhedruck wird nach den Ansätzen von **Günther** [12], [13] sowie [11] programmiert.

1.2 Programmiersprache

Sämtliche Programme sind in der Programmiersprache PowerBasic erstellt. In [1] wurde eine ausführliche Begründung für die Wahl dieser Programmiersprache gegeben. Ferner wurden in [1] Hinweise und Hilfen zur Umsetzung des Quellcodes in den etwas differierenden Dialekt Quick-Basic zusammengestellt. Es braucht deshalb hier nicht wiederholt zu werden, weshalb nicht die klassische Technik-Programmiersprache FORTRAN, sondern die sehr leistungsfähige Sprache PowerBasic gewählt wurde. Als Resumee der in [1] gebrachten Ausführungen kann gelten, daß PowerBasic (und Quick-Basic) der Programmiersprache FORTRAN77 in vielen Bereichen überlegen ist. Dabei sind diese moderne Basicvarianten sehr FORTRAN-ähnlich, so daß ein leichtes Umsteigen von FORTRAN aus erfolgen kann.

1.3 Informationen zur Benutzung der Programme

1.3.1 Hardwarevoraussetzungen

Der Rechner muß eine Ega- oder Vga-Grafikkarte mit entsprechendem Bildschirm aufweisen. Ferner sollte ein mathematischer Coprozessor eingebaut sein, um die volle Geschwindigkeit der Programme zu gewährleisten.
Für die Ausdrucke ist ein Epson-kompatibler Drucker vorgesehen.

1.3.2 Titelbildschirm

Bei allen Programmen

- EAPEBEN -> Aktiver und passiver Erddruck bei ebener Gleitfläche
- EAREBEN -> Aktiver Erddruck (ebene Gleitfläche) und Erdruhedruck
- EASPIRAL -> Aktiver Erddruck bei Spiralgleitfläche
- EPSPIRAL -> Erdwiderstand bei Spiralgleitfläche
- EPKREIS -> Erdwiderstand bei Kreisgleitfläche
- EPTRANSL -> Erdwiderstand bei Translation

erscheint nach dem Programmaufruf ein einheitlicher Titel- und Eingabebildschirm. Unter dem Titelkopf mit der Kurzangabe des Programminhalts werden in tabellarischer Form die Eingabeparameter Phi (Φ), Beta (β), Alpha (α), Delta (δ) und c.red (c.red = c/Gamma/h) verlangt. Die Eingabe arbeitet mit einer Fehlerabfangung für versehentliche Betätigung von nichtnumerischen Tasten. Vor oder während der Eingabe dieser Werte kann mit dem Aufruf H, der mit der ENTER-Taste zu bestätigen ist, eine Hilfsgrafik aufgerufen werden. In dieser Hilfsgrafik ist die Bedeutung o.g. Parameter und die zugehörige Vorzeichenregelung dargestellt und beschrieben. Aus der Hilfsgrafik wird mit der Esc-Taste in das Eingabemenü zurückgekehrt. Die Eingabe nach der Rückkehr aus dem Grafikbild muß stets wieder beim Eingabewert Phi beginnen. Muß die Eingabe wegen falscher Zahleneingabe wiederholt werden, so kann dieselbe durch Wahl der u.g. Kennziffer -1 nochmals von vorn begonnen werden.

1.3.3 Steuerung des Programmablaufs

Nach Eingabe der vorgenannten Eingangsparameter erscheint in der unteren Bildschirmhälfte eine Displayzeile mit der Angabe von Steuerziffern. Mit Hilfe dieser Steuerziffern kann der weitere Ablauf des Programmes festgelegt werden. Diese Zeile erscheint auch wieder nach der Ausgabe der Ergebnisse bzw. nach dem Ausdruck.

Folgende Kennziffern stehen zur Verfügung :

- NEU : -1
  Bei Wahl der Kennziffer wird zur Neueingabe der Eingangsparamemeter verzweigt.

- maxEa/minEp: 0 (bei Programm EAPEBEN)
- maxEa/maxE0: 0 (bei Programm EAREBEN)
- maxEa : 0 (bei Programm EASPIRAL)
- minEp : 0 (bei Programm EPSPIRAL, EPKREIS,EPTRANSL)
  Bei Wahl d. Kennziffer 0 wird die Berechnung des maximalen Erddrucks und/oder des minimalen Erdwiderstands gestartet.

- Theta : 1 (Programm EAPEBEN, EAREBEN)
- xm/ym : 1 (Programm EASPIRAL, EPSPIRAL, EPKREIS, EPTRANSL)
  Diese Kennziffer 1 bietet die Möglichkeit, eine Zwangsgleitfläche vorzugeben. Der Erddruck/Erdwiderstand wird dann für diese Zwangsgleitfläche ermittelt.

- Ausdr : 2 (Programm EAPEBEN, EAREBEN)
- Ausdrucken : 2 (Programm EASPIRAL, EPSPIRAL, EPKREIS, EPTRANSL)

  Mit der Kennziffer 2 wird ein Ausdruck erzeugt. Hierfür legt das Programm keine Ausgabedatei an, sondern es werden die im Speicher befindlichen Ergebnisse auf einer DIN A4-Seite ausgedruckt.

- ENDE : 3

  Bei Wahl dieser Kennziffer wird das Programm beendet.

1.3.4 Ausgabe

Die Bildschirm-Ausgabe der Ergebnisse erfolgt in Form einer Tabelle.
Ausgegeben werden die Erddruckbeiwerte

a.) für den Reibungsanteil mit
 -Kag bzw. Kpg für die resultierende Erddruckrichtung
 -Kag.h bzw Kpg.h für die Horizontalkomponenten
 -Kah.v bzw. Kph.v für die Vertikalkomponenten.

b.) für den Kohäsionsanteil mit
 -Kac bzw. Kpc für die resultierende Erddruckrichtung
 -Kac.h bzw Kpc.h für die Horizontalkomponenten
 -Kac.v bzw. Kpc.v für die Vertikalkomponenten.

Ferner werden die Kennwerte der maßgebenden Gleitfläche ausgegeben, und zwar
- Form der Gleitfläche (eben, konvex oder konkav)
- Gleitflächenwinkel Theta (°) für den Fall der ebenen Gleitfläche
- Lage des Kreismittelpunkts bzw. des Spiralenpols durch die auf die Stützwandhöhe bezogenen Koordinaten xm/h und ym/h (bei Programm EASPIRAL, EPSPIRAL, EPKREIS, EPTRANSL)
- Im Programm EAREBEN werden für den Ruhedruck anstatt der entfallenden Angaben über Gleitflächen die Ruhedruckwerte für senkrechte Wand zusätzlich ausgegeben.

Bei den Programmen EASPIRAL, EPSPIRAL, EPKREIS und EPTRANSL wird für den Rechenvorgang wegen der teilweise langwierigen Polsuche durch Iteration einige Zeit bis zur oben beschriebenen Ausgabe benötigt. In dieser Zeitspanne werden auf dem Bildschirm Zwischenergebnisse der Berechnung dargestellt, die eigentlich dem Benutzer nur zeigen sollen, daß der Rechenvorgang erfogreich ab läuft. Informationen über diese Werte können aus den folgenden Kapiteln gewonnen werden.
In extremen Sonderfällen ist nicht auszuschließen, daß die Suche nach dem maßgebenden Pol (Mittelpunkt) nicht zum Ziel führt. In diesem Fall sollte mit etwas geänderten Eingabewerten ein neuer Versuch unternommen werden.

2 Programm-Tools

2.1 Allgemeines

In strukturierten Sprachen ist die "Kapselung" der Programmteile nicht nur eine wichtige Hilfe bei der Eingrenzung der Fehler, sondern sie dient hauptsächlich der möglichen Wiederverwendung bereits programmierter Probleme. Um immer wieder erforderliche Programmieraufgaben ohne großen Aufwand lösen zu können, eignet sich deshalb eine Sammlung von sogenannten Toolbox-Programmen. Diese Tools können dann mit geringer Arbeit in die Hauptprogramme eingebunden werden. Hierzu steht in PB sowohl der Metabefehl $INCLUDE als auch der Metabefehl $LINK zur Verfügung. Da im PB-Vorläufer Turbo-Basic das Anlegen von Unit-Files noch nicht möglich war, wird in den nachfolgenden Programmen der Metabefehl $INCLUDE verwendet. Damit können Noch-Benutzer von Turbo-Basic leichter die Tools in ihre Programme einbauen. Dies ist jedoch nur bei den vorliegenden, nicht zu umfangreichen Programmcodes zu empfehlen. PB-Anwender können selbst aus den Tools echte Unit-Files erzeugen, die mit $LINK eingebunden werden. Hierzu sind noch die DECLARE-Anweisungen einzuarbeiten. Ferner ist in solchen Fällen zu überprüfen, ob zusätzliche DIM-Anweisungen in den Modulen erforderlich sind, in denen andere Module mit Arrays aufgerufen werden.
Im Programmtext eines jeden Moduls ist die programmierte Problem stellung ausreichend erläutert, so daß keine weitere Erklärung und Beschreibung erforderlich ist. Zu jedem Tool gehört ein Beispiel (durch Kommentar-Hochkomma außer Betrieb gesetzt), mit dem ein getrennter "Probelauf" des Moduls bewerkstelligt werden kann. Die Tools, welche bereits in [1] abgedruckt wurden, werden hier nicht mehr wiedergegeben. Diejenigen Tools, welche auch für die hier behandelten Erddruckaufgaben benötigt werden, sind jedoch auf den Programmdisketten zu vorliegendem Buch nochmals mit abgespeichert. Es handelt sich um folgende Toolbox-Programme :

PDRUCKER.PBX	Druck-Routine zur Ergebnisausgabe der Platten
GRAFONT.PBX	beschriftet den rechteckigen Grafikbildschirm
GRAFSCRN.PBX	ermittelt die Grafikkarte
HILFE.PBX	ruft ein Hilfe-Menue auf
QSCREEN.PBX	richtet quadratischen Grafikbildschirm ein
RAHMEN.PBX	zeichnet Rahmen
ROLLADEN.PBX	Pulldown-Menue zur Programmverzweigung
RSCREEN.PBX	richtet rechteckigen Grafikbildschirm ein
TABELLE2.PBX	tabellarische Eingabe in 2 Spalten,
bis zu	
TABELLE6.PBX	tabellarische Eingabe in 6 Spalten
TITEL.PBX	zeichnet und beschriftet Titelrahmen

Folgende neue Toolbox-Programme werden zusätzlich in diesem Buch zur Verfügung gestellt und abgedruckt:

ARCUS.PBX	ermittelt die Arcus-Funktionen
COULOMB.PBX	Erddruck und Erdwiderstand nach Coulomb
ERDINPUT.PBX	Eingabe und Grafik-Hilfe für Erddruckprogramme
GEOMETRI.PBX	Programmsammlung analytische Geometrie
QUERSCHN.PBX	ermittelt die Querschnittswerte eines Polygons
ZEICHNG.PBX	zeichnet Linien und Polygonzüge in RSCREEN

Wie oben bereits erwähnt, sind die einzelnen Toolbox-Module so angelegt, daß sie sich selbst dokumentieren. Das Modul GEOMETRI.PBX wird jedoch in Kap. 4.1.2, das Modul COULOMB.PBX in Kap. 3.3 zusätzlich erläutert und besprochen.

2.2 Toolbox-Modul ARCUS.PBX

```
'*******************************************************************
'*****                                                        *****
'*****   MODUL-Name   :   ARCUS.PBX                           *****
'*****                                                        *****
'*****   Inhalt       :   Arcusfunktionen der Kreisfunktionen *****
'*****   Sprache      :   POWERBASIC                          *****
'*****                                                        *****
'*****   Aufsteller   :   H.Günther                           *****
'*****                                                        *****
'*******************************************************************
'
'MODUL einbinden mit $INCLUDE "ARCUS.PBX"
'
'Funktionsaufrufe:      ASIN#(X)
'                       ACOS#(X)
'                       ACOT#(X)
'X ist in Bogenmaß zu übergeben!
'Die Funktionen übergeben entweder ARCSIN bzw. ARCCOS oder d. Wert
'9999. Wird der Wert 9999 übergeben, so ist das Argument unzu-
'lässigerweise > 1.
'ARCCOT wird stets übergeben.
'Definierte Hauptwerte:
'                     -PI/2 <= ARCSIN <= +PI/2
'                        0  <= ARCCOS <= PI
'                        0   < ARCCOT  < PI
'
'
'==================================================================
'=====  Name          :   ASIN#                              =====
'=====  Typ           :   Funktion                           =====
'==================================================================
'
'Diese Funktion ermittelt den ARCUSSINUS
'
'Variablennamen:
'       X#,
'       PI#,XGRENZ#,SCHRANKE#,XTN#
'
'
FUNCTION ASIN# (X#)
   '
   LOCAL PI#,XGRENZ#,SCHRANKE#,XTN#
   '
   PI#=4#*ATN(1#)
   XGRENZ#=1#-X#*X#
   SCHRANKE#=1.D-99
   '
   SELECT CASE XGRENZ#
       CASE < 0                             'Argument >1 oder <-1
            ASIN#=9999#
```

```
            EXIT FUNCTION
        CASE < SCHRANKE#
            ASIN#=.5#*PI#*SGN(X#)
        CASE ELSE
            XTN#=X#/SQR(1#-X#*X#)
            ASIN#=ATN(XTN#)
    END SELECT
    '
END FUNCTION
'
'==================================================================
'=====  Name         :   ACOS#                               =====
'=====  Typ          :   Funktion                            =====
'==================================================================
'
'Diese Funktion ermittelt den ARCUSCOSINUS
'
'Variablennamen:
'       X#, PI#,XGRENZ#,SCHRANKE#,XTN#
'
FUNCTION ACOS# (X#)
    '
    LOCAL PI#,XGRENZ#,SCHRANKE#,XTN#
    '
    PI#=4#*ATN(1#)
    XGRENZ#=1#-X#*X#
    SCHRANKE#=1.D-99
    '
    SELECT CASE XGRENZ#
        CASE < 0
            'Argument >1 oder <-1
            ACOS#=9999#
        CASE < SCHRANKE#
            IF SGN(X#)=-1 THEN
               ACOS#=PI#
            ELSE
               ACOS#=0#
            END IF
        CASE ELSE
            XTN#=X#/SQR(1#-X#*X#)
            ACOS#=PI#/2#-ATN(XTN#)
    END SELECT
    '
END FUNCTION
'
'==================================================================
'=====  Name         :   ACOT#                               =====
'=====  Typ          :   Funktion                            =====
'==================================================================
'
'Diese Funktion ermittelt den ARCUSCOTANGENS
'
'Variablennamen:
'       X#,PI#
'
FUNCTION ACOT# (X#)
    '
    LOCAL PI#
    '
```

```
   PI#=4#*ATN(1#)
   '
   ACOT#=PI#/2#-ATN(X#)
   '
END FUNCTION
'
'*****************************************************************
'TESTBEISPIEL
'*****************************************************************
'CLS  :    INPUT " ARGUMENT = ",A#  :  PRINT  :   AF=57.29577951#
'PRINT USING " ArcusSinus      = ###.##### ";AF*ASIN#(A#)
'PRINT USING " ArcusCosinus    = ###.##### ";AF*ACOS#(A#)
'PRINT USING " ArcusCotangens  = ###.##### ";AF*ACOT#(A#)   : END
```

2.3 Toolbox-Modul COULOMB.PBX

```
'*****************************************************************
'*****                                                       *****
'*****  MODUL-Name : COULOMB.PBX                             *****
'*****                                                       *****
'*****  Inhalt     : Erddruck u. Erdwiderstand nach Coulomb  *****
'*****  Sprache    : POWERBASIC                              *****
'*****                                                       *****
'*****   Aufsteller: H.Günther                               *****
'*****                                                       *****
'*****************************************************************
'
'Dieses SUB berechnet den  ERDDRUCK  und den  ERDWIDERSTAND mit
'Hilfe von ebenen Gleitflächen nach den Formeln von  GROSS
'(GEOTECHNIK 1981).
'
'Die Winkel PHIGR bis THETAGR sind in  Altgrad zu übergeben.
'CRED = C/(GAMMA * H); CRED ist also dimensionslos.
'THETAGR (°) ist nur zu übergeben, falls mit KZ%=1 eine Zwangs-
'gleitfläche definiert wird. Für max/min-Erddruckwerte gilt KZ%=0.
'ZUST$ definiert mit "AKTIV" bzw. "PASSIV", ob aktiver oder
'passiver Erddruck berechnet werden soll.
'Zurückübergeben werden die Erddruckbeiwerte KG und KC sowie für
'KZ%=0 auch THETAGR (in Altgrad °). KG und KC sind im HP dann noch
'auf die Horizontal- und Vertikalvektoren KGH, KGV, KCH, KCV umzu-
'rechnen.
'
'=================================================================
'=====  Name          :   ECOULOMB                          =====
'=====  Typ           :   Unterprogramm  (SUB)              =====
'=================================================================
'
'
'Variablennamen:
'
'Realvariablen:
'   PHIGR;ALPHAGR;BETAGR;DELTAGR;THETAGR
'   PHI#;ALPHA#;BETA#;DELTA#;CRED#;EG#;EC#;KG#;KC#;PI#;BOG#
'   SCHRANKE#;PHIV#;CREDV#;A#;B#;B.ohneC#;OMEG1#;OMEG2#;F1#;F2#
'   ZAEHL#;NENN#;HIL1#;HIL2#;HIL3#;HIL4#;KG.H#;FT#
'   COSALF#;COSBET#;COSALFBET#;COSALFDEL#;SINPHIBET#;EPS#;THETA#
'   SINPHIDEL#;SINDELPHIALF#;COSDELPHIALF#;THETGLEIT#;TANTHET#
'Integervariablen:
```

```
'    KZ%;VORZ%
'Stringvariablen:
'    ZUST$
'
'
SUB ECOULOMB_
    (PHIGR,BETAGR,ALPHAGR,DELTAGR,CRED#,THETAGR,KG#,KC#,ZUST$,KZ%)
    '
    LOCAL PHI#,ALPHA#,BETA#,DELTA#,THETA#,EG#,EC#
    LOCAL PI#,BOG#,SCHRANKE#,PHIV#,CREDV#,A#,B#,B.ohneC#,_
          KG.H#,FT#,OMEG1#,OMEG2#,F1#,F2#,ZAEHL#,NENN#,_
          HIL1#,HIL2#,HIL3#,HIL4#
    LOCAL COSALF#,COSBET#,COSALFBET#,COSALFDEL#,SINPHIBET#,EPS#,_
          TANTHET#,SINPHIDEL#,SINDELPHIALF#,COSDELPHIALF#,_
          THETGLEIT#,VORZ%
    '
    '
    IF ZUST$="AKTIV" THEN
       VORZ%=+1
    ELSEIF ZUST$="PASSIV" THEN
       VORZ%=-1
    ELSE
       BEEP
       PRINT_
    "Falsche Definition des ERDDRUCK-ZUSTANDES (AKTIV ode PASSIV)"
       EXIT SUB
    END IF
    '
    SCHRANKE#=1.63D-16
    PI#=4#*ATN(1#)
    BOG#=PI#/180#
    PHI#=PHIGR*BOG#
    BETA#=BETAGR*BOG#
    ALPHA#=ALPHAGR*BOG#
    DELTA#=DELTAGR*BOG#
    PHIV#=VORZ%*PHI#
    CREDV#=VORZ%*CRED#
    '
    COSALF#=COS(ALPHA#)
    COSBET#=COS(BETA#)
    COSALFBET#=COS(ALPHA#+BETA#)
    COSALFDEL#=COS(ALPHA#-DELTA#)
    '
    IF CRED#=0 AND KZ%=0 THEN
       GOSUB E.ohneC
       EXIT SUB
    END IF
    '
    A#=COSALFBET#/COSALF#/COSALF#
    B.ohneC#=COSALF#*COSALFBET#*COS(PHIV#)/COSALFBET#
    '
    B#=B.ohneC#*2#*CREDV#
    '
    IF KZ%=0 THEN
       GOSUB GLEITWINKEL
    ELSE
       THETA#=THETAGR*BOG#
    END IF
    '
```

```
    'Abfrage ob Theta<Beta
    IF THETA#<BETA# THEN
       THETAGR=0
       KG#=1D16
       KC#=0
       EXIT SUB
    END IF
    '
    OMEG2#=THETA#+ALPHA#-PHIV#-DELTA#
    '
    'E ohne C
    IF ABS(THETA#-BETA#)<SCHRANKE# OR ABS(0.5#*PI#-OMEG2#)_
       <SCHRANKE# THEN
       EG#=1D38
    ELSE
       EG#=A#*COS(THETA#+ALPHA#)*SIN(THETA#-PHIV#)/SIN(THETA#-
           BETA#)/COS(OMEG2#)
    END IF
    KG#=EG#
    '
    'E nur infolge C
    IF ABS(THETA#-BETA#)<SCHRANKE# OR ABS(0.5#*PI#-OMEG2#)_
       <SCHRANKE# THEN
       EC#=1D38
    ELSE
       EC#=-A#*B.ohneC#*VORZ%/(SIN(THETA#-BETA#)*COS(OMEG2#))
    END IF
    IF CRED#=0 THEN
       KC#=0
    ELSE
       KC#=ABS(EC#)
    END IF
EXIT SUB
'
'----------          Unterroutine GLEITWINKEL          ----------
'
GLEITWINKEL:
    '
    SINPHIBET#=SIN(PHIV#-BETA#)
    F1#=SINPHIBET#*COSALFDEL#
    F2#=(B#+SINPHIBET#*COSALFBET#)*(B#+SIN(PHIV#+DELTA#)*_
        COSALFDEL#)
    OMEG1#=ALPHA#-BETA#+PHIV#-DELTA#
    ZAEHL#=COS(ALPHA#+PHIV#)*F1#+B#*COS(OMEG1#)
    NENN#=SIN(ALPHA#+PHIV#)*F1#+B#*SIN(OMEG1#)+VORZ%*SQR(F2#)
    IF ABS(NENN#)<1D-38 THEN
       EPS#=0.5#*PI#
    ELSE
       EPS#=ATN(ZAEHL#/NENN#)
    END IF
    IF EPS#<0 THEN EPS#=PI#+EPS#
    THETA#=PHIV#+EPS#
    THETAGR=THETA#/BOG#
    '
RETURN
'
```

```
'----------          Unterroutine ERDDRUCK OHNE C          ----------
'
E.ohneC:
    '
    HIL1#=COS(PHIV#+ALPHA#)/COS(ALPHA#)
    HIL2#=SIN(PHIV#+DELTA#)/COSALFDEL#*SIN(PHIV#-BETA#)_
          /COS(ALPHA#+BETA#)
    IF ABS(HIL2#)<SCHRANKE# THEN
       HIL2#=0
    ELSE
       HIL2#=SQR(HIL2#)
    END IF
    HIL3#=1#+VORZ%*HIL2#
    IF ABS(HIL3#)<SCHRANKE# THEN HIL3#=SCHRANKE#
    KG.H#=(HIL1#/HIL3#)^2
    KG#=KG.H#/COSALFDEL#
    KC#=0
    '
    SINPHIDEL#=SIN(PHIV#+DELTA#)
    SINDELPHIALF#=SIN(DELTA#+PHIV#-ALPHA#)
    COSDELPHIALF#=COS(DELTA#+PHIV#-ALPHA#)
    IF ABS(PHIV#-BETA#)<SCHRANKE# THEN
       THETGLEIT#=PHIV#
    ELSEIF ABS(PHIV#+DELTA#)<SCHRANKE# THEN
       THETGLEIT#=0.5#*PI#-ALPHA#
    ELSE
       HIL3#=SINPHIDEL#*COSALFBET#*COSALFDEL#/SIN(PHIV#-BETA#)
       HIL4#=SINPHIDEL#+SQR(HIL3#)
       IF ABS(HIL4#)<SCHRANKE# THEN
          THETGLEIT#=-COSDELPHIALF#/SINDELPHIALF#
       ELSE
          FT#=COS(ALPHA#+PHIV#)/HIL4#
          TANTHET#=(SIN(PHIV#)+FT#*COSDELPHIALF#)_
                               /(COS(PHIV#)-FT#*SINDELPHIALF#)
          THETGLEIT#=ATN(TANTHET#)
       END IF
    END IF
    '
    'Abfragen
    SELECT CASE THETGLEIT#
         CASE <BETA#
              THETAGR=0
              KG#=1D16    :     KC#=0
         CASE ELSE
              THETAGR=THETGLEIT#/BOG#
              IF THETAGR<0 AND (180+THETAGR)<(90-ALPHA#/BOG#) THEN
                 THETAGR=180+THETAGR
              END IF
    END SELECT
    '
RETURN
'
END SUB
'
'******************************************************************
'TESTBEISPIEL
'******************************************************************
'(Testbeispiel zum Testen an Anfang verschieben)
'DEFINT I  :  DEFDBL A-H,J-Z  : CLS      : IKZ=0    :   THETAGR=60
```

```
'PHIGR=35   :  ALPHAGR=-15   :  BETAGR=30    : DELTAGR=20 : CRED=0.05
'FOR IKZ=0 TO 1
'     IF IKZ=1 THEN  THETAGRP=THETAGR   : THETAGRA=THETAGR
'     ZUST$="AKTIV"
'.   CALL ECOULOMB_
'    (PHIGR,BETAGR,ALPHAGR,DELTAGR,CRED,THETAGRA,KGA,KCA,ZUST$,IKZ)
'    ZUST$="PASSIV"
'    CALL ECOULOMB_
'    (PHIGR,BETAGR,ALPHAGR,DELTAGR,CRED,THETAGRP,KGP,KCP,ZUST$,IKZ)
'    PRINT " KZ = ;IKZ;"KGA=";KGA;"KCA=";KCA;"THETAGRA=";THETAGRA
'    PRINT "            KGP=";KGP;"KCP=";KCP;"THETAGRP=";THETAGRP
'NEXT IKZ      :        END
```

2.4 Toolbox-Modul ERDINPUT.PBX

```
'*****************************************************************
'*****                                                       *****
'*****   MODUL-Name   : ERDINPUT.PBX                         *****
'*****                                                       *****
'*****   Inhalt       : Eingabe und Grafik-Hilfe für Erddruck *****
'*****   Sprache      : POWERBASIC                           *****
'*****                                                       *****
'*****   Aufsteller   : H.Günther                            *****
'*****                                                       *****
'*****************************************************************
'
'
'Mit diesem TOOL können die Bodenkennwerte für Erddruckprogramme
'durch die Funktion ERDINPUT# (mit Fehlerabfangung) eingegeben
'werden.
'Mit H/ENTER oder h/ENTER wird eine grafische Darstellung aufge-
'rufen, welche die Eingabewerte Alpha,Beta,Delta usw. zeigt.
'Bereits eingetippte Eingabestrings brauchen dabei nicht gelöscht
'zu werden.
'Das Modul QSCREEN.PBX muß mit geladen werden.
'
'
'=================================================================
'=====  Name          :   ERDINPUT#                         =====
'=====  Typ           :   Funktion                          =====
'=================================================================
'
'
'Variablennamen :
'         ZEILE%,SPALTE%,KARTE$,PARAM$,EWERT$,N%,L%,LN$
'
'
FUNCTION ERDINPUT# (KARTE$,PARAM$,SPALTE%)
      '
      LOCAL ZEILE%,L%,N%,LN$,EWERT$
      '
      PARAM$=""
      ZEILE%=CSRLIN
      '
      EINGABEINPUTE:
      '
      LINE INPUT "?";EWERT$
      '
```

```
        L%=LEN(EWERT$)
        FOR N%=1 TO L%
            LN$=MID$(EWERT$,N%,1)
            SELECT CASE LN$
                   CASE "H","h"
                        CALL EGRAFIK (KARTE$)
                        PARAM$="GRAFIK"
                        EXIT FUNCTION
                   CASE_
                       ".","0","1","2","3","4","5","6","7","8","9",_
                       "+","-","E","e","D","d"
                       EXIT SELECT
                   CASE ELSE
                        SOUND 540,1 : SOUND 380,1
                        LOCATE ZEILE%,SPALTE%  :  PRINT SPACE$(L%+1)
                        LOCATE ZEILE%,SPALTE%
                        GOTO EINGABEINPUTE
            END SELECT
        NEXT N%
        '
        ERDINPUT#=VAL(EWERT$)
        '
END FUNCTION
'
'
'=================================================================
'=====  Name         :   EGRAFIK                            =====
'=====  Typ          :   Unterprogramm  (SUB)               =====
'=================================================================
'
'Dieses Unterprogramm zeichnet ein Hilfebild für Erddruckeingaben
'
' Variablennamen :  KARTE$;ASPEKT
'
SUB EGRAFIK (KARTE$)
        '
        CALL QSCREEN (KARTE$,"JA","JA",17,19,0,0,ASPEKT)
        '
        LINE (2,2)-(4.5,12)
        LINE      -(14.5,17)
        LINE (4.5,2)-(4.5,12),,,&HFF11
        LINE         -(14.5,12),,,&HFF11
        CIRCLE (4.5,12),3.5,,0,.46365,ASPEKT
        CIRCLE (4.5,12),3.5,,4.46741,4.71239,ASPEKT
        LINE (2.9,5.3)-(7.9,4.05)
        LINE (2.9,5.3)-(7.9,6.55)
        CIRCLE (2.9,5.3),3.5,,6.03,.25,ASPEKT
        '
        LOCATE 9,33  : PRINT "+ ";CHR$(225);
        LOCATE 9,40  : PRINT "Böschungswinkel"
        LOCATE 13,25 : PRINT "+ ";CHR$(224)
        LOCATE 13,30 : PRINT "Wandneigung"
        LOCATE 18,35 : PRINT "+ ";CHR$(235)
        LOCATE 19,35 : PRINT "Wandreibungswinkel"
        LOCATE 10,14 : PRINT "Wandkopf"
        LOCATE 23,14 : PRINT "Wandfuß"
        LOCATE 15,45 : PRINT CHR$(231);" ca. 18 bis 20 kN/m²"
        LOCATE 16,45 : PRINT "c.red = c/(τ*h)"
        '
```

```
      LOCATE 2,15  : PRINT "Mit ESC das Hilfemenue verlassen !"
      LOCATE 3,14  : PRINT STRING$(57,"-")
      DO : LOOP UNTIL INKEY$=CHR$(27)
      '
      SCREEN 0
      CLS
      '
END SUB
'
'
'*****************************************************************
'TESTBEISPIEL
'*****************************************************************
'$INCLUDE "QSCREEN.PBX"
'KARTE$="EGA"  :    SPALTE%=5  : CLS  : LOCATE 2,SPALTE%
'PRINT "EINGABE:": LOCATE 3,5: A=ERDINPUT#(KARTE$,PARAM$,SPALTE%)
'LOCATE 10,5
'IF PARAM$="GRAFIK" THEN PRINT "Neueingabe erforderlich"
'IF PARAM$="" THEN  PRINT "A = ";A  : END
```

2.5 Toolbox-Modul GEOMETRI.PBX

```
'*****************************************************************
'*****                                                       *****
'*****   MODUL-Name  :   GEOMETRI.PBX                        *****
'*****                                                       *****
'*****   Inhalt      :   Analytische Geometrie               *****
'*****   Sprache     :   POWERBASIC                          *****
'*****                                                       *****
'*****   Aufsteller  :   H.Günther                           *****
'*****                                                       *****
'*****************************************************************
'
'
'  Prozeduren (Unterprogramme und Funktionen) aus dem Gebiet der
'  ANALYTISCHEN  GEOMETRIE:
'
'STEIGUNG       : STEIGUNG#(XI,YI,XK,YK)
'SCHNITTPUNKT   : SUB SCHNITTPUNKT(XI,YI,ALFAI,XK,YK,ALFAK,XIK,YIK)
'SEKANTE        : SUB SEKANTE (XP,YP,ALFAIK,XM,YM,R,XI,YI,XK,YK)
'TANGENTE       : SUB TANGENTE (XP,YP,XM,YM,RR,XT,YT,ZUSTAND$)
'KREISABSCHNIT :
'          SUB KREISABSCHNITT (XG,YG,XKOU,YKOU,R,XM,YM,XSK,YSK,AFK)
'
'Weitere Module zur Analytischen Geometrie sind mitzuladen:
'        QUERSCHN.PBX
'        ARCUS.PBX
'
'
'=================================================================
'=====  Name          :   STEIGUNG#                         =====
'=====  Typ           :   Funktion                          =====
'=================================================================
'
'Diese Funktion ermittelt die Steigung M(IK)= TAN(ALFA) einer
'Geraden welche durch zwei Punkte I und K definiert ist. Beim
'Zusammenfallen der Punkte I und K wird 0 zurück übergeben.
'
```

```
'Variablennamen:
'         XI#,XK#,YI#,YK#,SCHRANKE#
'
'
FUNCTION STEIGUNG#(XI#,YI#,XK#,YK#)
       '
       LOCAL SCHRANKE#
       '
       SCHRANKE#=1D-99
       IF ABS(XK#-XI#)<SCHRANKE# AND ABS(YK#-YI#)<SCHRANKE# THEN
          'Die Punkte fallen zusammen
          STEIGUNG#=0
          EXIT FUNCTION
       END IF
       IF ABS(XK#-XI#)<SCHRANKE# THEN
          'Steigung ->90°
          STEIGUNG#=(YK#-YI#)/SCHRANKE#
          EXIT FUNCTION
       END IF
       IF ABS(YK#-YI#)<SCHRANKE# THEN
          'Steigung ->0°
          STEIGUNG#=SCHRANKE#
          EXIT FUNCTION
       END IF
       '
       STEIGUNG#=(YK#-YI#)/(XK#-XI#)
       '
END FUNCTION
'
'
'==================================================================
'=====  Name          :   SCHNITTPUNKT                       =====
'=====  Typ           :   Unterprogramm  (SUB)               =====
'==================================================================
'
'Dieses SUB ermittelt den SCHNITTPUNKT ZWEIER GERADEN
'
'Zwei Geraden, jeweils durch Punkt und Steigungswinkel definiert
' XI;YI      : Punkt auf der Geraden i
' XK;YK      : Punkt auf der Geraden k
' ALFAI      : Steigungswinkel Gerade i in Bogenmaß!
' ALFAK      :    "          "      "  k      "
' XIK;YIK    : Schnittpunkt
'
'
'Variablennamen:
'         XI#,YI#,ALFAI#,XK#,YK#,ALFAK#,XIK#,YIK#
'         SCHRANKE#,PIVIERTEL#,MI#,MK#,MIKEHRWERT#
'
'
 SUB SCHNITTPUNKT (XI#,YI#,ALFAI#,XK#,YK#,ALFAK#,XIK#,YIK#)
       '
       LOCAL SCHRANKE#,PIVIERTEL#,MI#,MK#,MIKEHRWERT#
       '
       SCHRANKE#=1.63D-16
       PIVIERTEL#=ATN(1#)
       MI#=TAN(ALFAI#)
       MK#=TAN(ALFAK#)
       MIKEHRWERT#=TAN(2#*PIVIERTEL#-ALFAI#)
```

```
       SELECT CASE ABS(MK#-MI#)
            CASE <SCHRANKE#
                 'Geraden sind parallel
                 IF ABS(MI#)<=PIVIERTEL# THEN
                    XIK#=1.63D16
                    YIK#=0.5#*(YI#+YK#)+MI#*(XIK#-0.5#*(XI#+XK#))
                 ELSE
                    YIK#=1.63D16
                    XIK#=0.5#*(XI#+XK#)+MIKEHRWERT#*(YIK#-0.5#*_
                         (YI#+YK#))
                 END IF
            CASE ELSE
                 'Geraden schneiden sich
                 XIK#=(YI#-YK#-MI#*XI#+MK#*XK#)/(MK#-MI#)
                 YIK#=(YI#*MK#-YK#*MI#+(XK#-XI#)*MI#*MK#)/(MK#-MI#)
       END SELECT
       '
END SUB
'==================================================================
'=====  Name          :   SEKANTE                            =====
'=====  Typ           :   Unterprogramm  (SUB)               =====
'==================================================================
'
'Dieses SUB ermittelt die
'       SCHNITTPUNKTE EINER GERADEN MIT EINEM KREIS
'
' Die Gerade ist durch Punkt und Richtung,
' der Kreis durch Mittelpunkt und Radius definiert.
'
' XP;YP         : Punkt auf der Geraden
' ALFAIK        : Steigungswinkel der Geraden in Bogenmaß!
' XM;YM         : Kreismittelpunkt
'  R            : Kreisradius
' XI;YI;XK;YK : zwei Schnittpunkte
'
'Variablennamen:
'        XP#,YP#,ALFAIK#,XM#,YM#,R#,XI#,YI#,XK#,YK#
'        SCHRANKE#,PIHALBE#,MIK#,A#,B#,C#,WURZEL#
'
'
SUB SEKANTE (XP#,YP#,ALFAIK#,XM#,YM#,R#,XI#,YI#,XK#,YK#)
       '
       LOCAL SCHRANKE#,PIHALBE#,MIK#,A#,B#,C#,WURZEL#
       '
       SCHRANKE#=1.63D-16
       PIHALBE#=2#*ATN(1#)
       MIK#=TAN(ALFAIK#)
       A#=MIK#*(XM#-XP#)-(YM#-YP#)
       B#=A#/(1#+MIK#*MIK#)
       'Prüfung ob ALFAIK <45° oder >45° ist.
       SELECT CASE ABS(MIK)
           CASE 1#, < 1#
                '(Allgemeiner Fall der Sekante ; Alpha<45°)
                C#=R#*R#/(1#+MIK#*MIK#)-B#*B#
                IF C# < (-SCHRANKE#) THEN
                     'Keine reelle Lösung !
                     XI#=0 : YI#=0 : XK#=0 : YK#=0
                     EXIT SUB
```

```
                ELSEIF C# <=SCHRANKE# THEN
                     'Sekante ist Tangente
                     XI#=XM#-B#
                     XK#=XI#
                ELSEIF C# >SCHRANKE# THEN
                     XI#=XM#-MIK#*B#-SQR(C#)
                     XK#=XM#-MIK#*B#+SQR(C#)
                END IF
                YI#=YP#+MIK#*(XI#-XP#)
                YK#=YP#+MIK#*(XK#-XP#)
           CASE =1.63D16, >1.63D16
                'Sekante steht senkrecht
                C#=R#*R#-(XM#-XP#)^2
                IF C# < (-SCHRANKE#) THEN
                    'Keine reelle Lösung !
                    XI#=0 : YI#=0 : XK#=0 : YK#=0
                    EXIT SUB
                ELSEIF C# <=SCHRANKE# THEN
                    'Sekante ist senkrechte Tangente
                    WURZEL#=0
                ELSEIF C# > SCHRANKE# THEN
                    WURZEL#=SQR(C#)
                END IF
                XI#=XP#
                YI#=YM#-WURZEL#
                XK#=XP#
                YK#=YM#+WURZEL#
                EXIT SUB
           CASE > 1#
                '(Allgemeiner Fall der Sekante :
                '   Alpha >45° jedoch <90°)
                C#=MIK#*MIK#/(1#+MIK#*MIK#)*(R#*R#-A#*B#)
                IF C# < (-SCHRANKE#) THEN
                    'Keine reelle Lösung !
                    XI#=0 : YI#=0 : XK#=0 : YK#=0
                    EXIT SUB
                ELSEIF C# <=SCHRANKE# THEN
                    'Sekante ist Tangente
                    YI#=YM#+B#
                    YK#=YI#
                ELSEIF C# > SCHRANKE# THEN
                    YI#=YM#+B#-SQR(C#)
                    YK#=YM#+B#+SQR(C#)
                END IF
                XI#=XP#+(YI#-YP#)/MIK#
                XK#=XP#+(YK#-YP#)/MIK#
      END SELECT
END SUB
'
'
'=====================================================================
'=====  Name          :   TANGENTE                                =====
'=====  Typ           :   Unterprogramm  (SUB)                    =====
'=====================================================================
'
'Dieses SUB ermittelt die Berührungspunkte der
'      TANGENTEN VON EINEM PUNKT AN DEN REIBUNGSKREIS
'Berührungspunkt ist durch Koordinaten, Kreis durch Mittelpunkt
'und Radius definiert
```

```
' XP;YP     : Punkt (POL-Punkt)
' XM;YM     : Kreismittelpunkt
' RR        : Kreisradius des Reibungskreises
' XT;YT     : Tangierungspunkt   (je nach ZUSTAND$ aktiv oder
'                                  passiv)
' ZUSTAND$ : Aktiv oder passiv ,bzw. Innerhalb
'
'
'Variablennamen:
'        XP#;YP#;XM#;YM#;RR#;XT#;YT#;ZUSTAND$
'        SCHRANKE#;V1#;V2#;W1#;W2#;A#;B#;C#;LPM#;X1#;X2#;Y1#;Y2#


SUB TANGENTE (XP#,YP#,XM#,YM#,RR#,XT#,YT#,ZUSTAND$)
    '
    LOCAL SCHRANKE#,V1#,V2#,W1#,W2#,A#,B#,C#,LPM#,X1#,X2#,Y1#,Y2#
    '
    SCHRANKE#=1.63D-16
    A#=XM#-XP#    :   B#=YM#-YP#
    LPM#=SQR(A#*A#+B#*B#)
    '
    'Sonderfälle der Pol-Lage
    IF ABS(RR#-LPM#)<SCHRANKE# THEN
       'Punkt liegt auf dem Kreis,ist somit selbst Tangentenpunkt
       XT#=XP#
       YT#=YP#
       EXIT SUB
    ELSEIF (LPM#-RR#)<SCHRANKE# THEN
       'Punkt liegt innerhalb des Kreises, keine Tangente möglich
       ZUSTAND$="INNERHALB"
       XT#=XM#
       YT#=YM#
       EXIT SUB
    END IF
    '
    'Ermittlung der Tangenten
    C#=RR#*RR#/(A#*A#+B#*B#)
    '
    IF ABS(A#)<SCHRANKE# THEN
       'Zentrale steht senkrecht, die Polare waagrecht
       W1#=B#*C#+SCHRANKE#*SQR(C#*(1#-C#))
       W2#=B#*C#-SCHRANKE#*SQR(C#*(1#-C#))
       V1#=(RR#*RR#-B#*W1#)/SCHRANKE#
       V2#=(RR#*RR#-B#*W2#)/SCHRANKE#
    ELSE
       'Normalfall
       W1#=B#*C#+A#*SQR(C#*(1#-C#))
       W2#=B#*C#-A#*SQR(C#*(1#-C#))
       V1#=(RR#*RR#-B#*W1#)/A#
       V2#=(RR#*RR#-B#*W2#)/A#
    END IF
    '
    'Koordinaten der Tangierungspunkte
    X1#=XM#-V1#
    X2#=XM#-V2#
    Y1#=YM#-W1#
    Y2#=YM#-W2#
    '
```

```
    'Koordinaten d. Tangierungspunktes mit Zuordnung zu ZUSTAND$ :
    IF ZUSTAND$="AKTIV" THEN
       XT#=X1#
       YT#=Y1#
    ELSEIF ZUSTAND$="PASSIV" THEN
       XT#=X2#
       YT#=Y2#
    END IF
    '
END SUB
'
'
'================================================================
'=====  Name          :   KREISABSCHNITT                   =====
'=====  Typ           :   Unterprogramm  (SUB)             =====
'================================================================
'
'Dieses SUB ermittelt  FLÄCHE UND SCHWERPUNKT DES KREISABSCHNITTES
'Das Modul ARCUS.PBX muß mit geladen werden!
'
'Der Kreisabschnitt ist durch zwei Punkte und den Radius definiert
'
' XF,YF     : Punkt F  Fusspunkt, wird nicht übergeben da XF=0;YF=0
' XG,YG     : Punkt G  Schnittpunkt Kreis/Gelände
' XKOU,YKOU: Hilfspunkt auf dem Kreisumfang
'   R       : Kreis-Radius
' XM,YM     : Kreismittelpunkt
' XSK,YSK   : Schwerpunkt
' AFK       : Fläche des Kreisabschnitts
'
'Variablennamen:
'      XG#,YG#,XKOU#,YKOU#,R#,XM#,YM#,XSK#,YSK#,AFK#,PI#
'      XF#,YF#,ALFAGFX#,LFG#,XSS#,YSS#,HSKOU#,COSEPS#,EPSFMS#,SSK#
'
'
SUB KREISABSCHNITT (XG#,YG#,XKOU#,YKOU#,R#,XM#,YM#,XSK#,YSK#,AFK#)
      '
      LOCAL PI#,XF#,YF#,ALFAGFX#,LFG#,XSS#,YSS#,HSKOU#,_
            COSEPS#,EPSFMS#,SSK#
      '
      PI#=4#*ATN(1#)
      XF#=0 : YF#=0
      '
      'Steigung und Länge der Sehne
      IF ABS(XG#)<1D-38 THEN
         ALFAGFX#=0.5#*PI#
      ELSE
         ALFAGFX#=ATN(YG#/XG#)
      END IF
'
      LFG#=SQR(XG#*XG#+YG#*YG#)
'
      IF 2#*R#<LFG# THEN
         'Radius oder Punkt G falsch !
         AFK#=0
         XSK#=0
         YSK#=0
         EXIT SUB
      END IF
```

```
      '
      'Koordinaten des Punktes PS und Höhe des Kreisabschnitts
      XSS#=0.5#*XG#
      YSS#=0.5#*YG#
      HSKOU#=SQR((YSS#-YKOU#)^2+(XKOU#-XSS#)^2)
      'Halber Öffnungswinkel über der Sehne
      COSEPS#=1#-HSKOU#/R#
      EPSFMS#=ACOS#(COSEPS#)
      IF EPSFMS#=>9999# THEN
         'Argument ist >1 !
         AFK#=0
         XSK#=0
         YSK#=0
         EXIT SUB
      END IF
      '
      'Fläche Kreisabschnitt:
      AFK#=0.5#*(2#*EPSFMS#-SIN(2#*EPSFMS#))*R#*R#
      '
      'Abstand PSK-PKOU:
      SSK#=R#-LFG#*LFG#*LFG#/(12#*AFK#)
      '
      'Schwerpunktkoordinaten:
      XSK#=XKOU#-(XKOU#-XSS#)*SSK#/HSKOU#
      YSK#=YKOU#+(YSS#-YKOU#)*SSK#/HSKOU#
      '
END SUB
'
'
'*****************************************************************
'TESTBEISPIELE
'*****************************************************************
'DEFINT I : DEFDBL A-H,J-Z  : CLS :  BOG=ATN(1#)/45#  : AIK=30*BOG
'XI=1 : YI=2 : XK=4 : YK=3 : PRINT "M(IK)=";STEIGUNG#(XI,YI,XK,YK)
'XI=1 : YI=2 :  ALFAI=ATN(1/3) : XK=4 : YK=3 : ALFAK=ATN(-.75)
'CALL SCHNITTPUNKT (XI,YI,ALFAI,XK,YK,ALFAK,XIK,YIK)
'PRINT "XIK=";XIK;"YIK=";YIK : XP=SQR(3) : YP=1 : XM=3: YM=4: R=5
'CALL SEKANTE (XP,YP,AIK,XM,YM,R,XI,YI,XK,YK)
'PRINT "XI=";XI;"YI=";YI : PRINT "XK=";XK"YK=";YK
'XP=10 : YP=-9 : XM=10: YM=4 : RR=6 :A$="AKTIV":P$="PASSIV":Z$=P$
'CALL TANGENTE (XP,YP,XM,YM,RR,XT,YT,Z$)
'PRINT "XT=";XT;"YT=";YT;Z$
'XG=5 : YG=0 : XKOU=2.5 : YKOU=-2.5 : R=2.5 : XM=2.5 : YM=0
'CALL KREISABSCHNITT (XG,YG,XKOU,YKOU,R,XM,YM,XSK,YSK,AFK)
'PRINT "XSK=";XSK;"YSK=";YSK;"AFK=";AFK              :  END
'$INCLUDE "ARCUS.PBX"
```

2.6 Toolbox-Modul QUERSCHN.PBX

```
'*****************************************************************
'*****                                                      *****
'*****   MODUL-Name  :   QUERSCHN.PBX                       *****
'*****                                                      *****
'*****   Inhalt      :   Querschnittswerte eines Polygons    *****
'*****   Sprache     :   POWERBASIC                         *****
'*****                                                      *****
'*****   Aufsteller  :   H.Günther                          *****
'*****                                                      *****
'*****************************************************************
'
'
'PROZEDUREN ZUR ERMITTLUNG VON QUERSCHNITTSWERTEN EINES POLYGONS:
'
'1.Prozedur-Aufruf =  CALL QUERSCHNITT (X(),Y(),IN,XSP,YSP,AFP)
'2.Prozedur-Aufruf =
'          CALL QUERSCHNITTSWERTE (X(),Y(),IN,XS,YS,AF,JX,JY,JXY)
'
'Das Polygon ist durch (IN) Punkte definiert und ist im Uhrzeiger-
'sinn zu umfahren! Im HP muß X() und Y() mit IN+1 dimensioniert
'werden.
'Zu übergebende Werte:
'X() und Y() sind die Koordinaten-Arrays der Eckpunkte
'IN ist die Anzahl der Eckpunkte
'Zurückübergeben werden die Querschnittswerte:
'AFP         : Fläche des Polygons
'XSP;YSP     : Schwerpunktkoordinaten des Polygons
'JX;JY;JXY : Trägheitsmomente des Polygons  (nur bei 2.SUB)
'
'
'===============================================================
'=====  Name           :   QUERSCHNITT                     =====
'=====  Typ            :   Unterprogramm  (SUB)            =====
'===============================================================
'
'
'Variablennamen:
'          N%;I%;XSP#;YSP#;AFP#;SCHRANKE#;DF#;DSX#;DSY#;KLAM#
'          X#();Y#()
'
'
SUB QUERSCHNITT (X#(1),Y#(1),N%,XSP#,YSP#,AFP#)
      '
      LOCAL I%,SCHRANKE#,DF#,DSX#,DSY#,KLAM#
      '
      SCHRANKE#=1D-99
      DF#=0  :  DSX#=0  :  DSY#=0
      X#(N%+1)=X#(1)
      Y#(N%+1)=Y#(1)
      FOR I% =1 TO N%
          KLAM#=X#(I%)*Y#(I%+1)-X#(I%+1)*Y#(I%)
          DF#=DF#+KLAM#
          DSX#=DSX#+KLAM#*(Y#(I%)+Y#(I%+1))
          DSY#=DSY#+KLAM#*(X#(I%)+X#(I%+1))
      NEXT I%
      '
      AFP#=-DF#/2#
```

```
      '
      IF ABS(AFP#)<SCHRANKE# THEN AFP#=SCHRANKE#
      '
      XSP#=-DSY#/AFP#/6#
      YSP#=-DSX#/AFP#/6#
      '
END SUB
'
'
'=================================================================
'=====  Name          :   QUERSCHNITTSWERTE                  =====
'=====  Typ           :   Unterprogramm  (SUB)               =====
'=================================================================
'
'
'Variablennamen:
'    N%;I%
'    XS#;YS#;AF#;DF#;DSX#;DSY#;KLAM#;DJX#;DJY#;DJXY#;JX#;JY#;JXY#
'    X#();Y#()
'
'
SUB QUERSCHNITTSWERTE (X#(1),Y#(1),N%,XS#,YS#,AF#,JX#,JY#,JXY#)
      '
      LOCAL I%,DF#,DSX#,DSY#,KLAM#,DJX#,DJY#,DJXY#
      '
      DF#=0  : DSX#=0  : DSY#=0  : DJX#=0  : DJY#=0  : DJXY#=0
      X#(N%+1)=X#(1)
      Y#(N%+1)=Y#(1)
      '
      FOR I% =1 TO N%
          KLAM#=X#(I%)*Y#(I%+1)-X#(I%+1)*Y#(I%)
          DF#=DF#+KLAM#
          DSX#=DSX#+KLAM#*(Y#(I%)+Y#(I%+1))
          DSY#=DSY#+KLAM#*(X#(I%)+X#(I%+1))
          DJX#=DJX#+KLAM#*((Y#(I%)+Y#(I%+1))^2-Y#(I%)*Y#(I%+1))
          DJY#=DJY#+KLAM#*((X#(I%)+X#(I%+1))^2-X#(I%)*X#(I%+1))
          DJXY#=DJXY#+KLAM#*((X#(I%)+X#(I%+1))*(Y#(I%)+Y#(I%+1))_
               -.5#*(X#(I%)*Y#(I%+1)+X#(I%+1)*Y#(I%)))
      NEXT I%
      '
      IF ABS(AFP#)<SCHRANKE# THEN AFP#=SCHRANKE#
      '
      AF#=-DF#/2#
      XS#=-DSY#/AF#/6#
      YS#=-DSX#/AF#/6#
      JX#=-DJX#/12#-AF#*YS#*YS#
      JY#=-DJY#/12#-AF#*XS#*XS#
      JXY#=-DJXY#/12#-AF#*XS#*YS#
      '
END SUB
'
'
'*****************************************************************
'TESTBEISPIEL
'*****************************************************************
'(Testbeispiel zum Testen nach vorn verschieben)
'DEFINT I   : DEFDBL A-H,J-Z   :   IN=6 :   DIM X(IN+1),Y(IN+1) : CLS
'X(1)=0   :   Y(1)=0   :   X(2)=0   :   Y(2)=90   :   X(3)=75   :   Y(3)=90
'X(4)=75   :   Y(4)=60 :   X(5)=45   :   Y(5)=60   :   X(6)=45   : Y(6)=0
```

```
'CALL QUERSCHNITT (X(),Y(),IN,XSP,YSP,AFP)
'PRINT XSP;YSP;AFP
'CALL QUERSCHNITTSWERTE (X(),Y(),IN,XS,YS,AF,JX,JY,JXY)
'PRINT XS;YS;AF  :  PRINT JX;JY;JXY   :  END
```

2.7 Toolbox-Modul ZEICHNG.PBX

```
'*************************************************************
'*****                                                   *****
'***** MODUL-Name : ZEICHNG.PBX                          *****
'*****                                                   *****
'***** Inhalt     : Zeichnen von Linien bzw. eines Polygons *****
'***** Sprache    : POWERBASIC                           *****
'*****                                                   *****
'***** Aufsteller : H.Günther                            *****
'*****                                                   *****
'*************************************************************
'
'
'Programmsammlung zum Zeichnen und Beschriften
'        a.) beliebiger Linienzüge
' bzw.  b.) eines Polygons
'
'Erforderlich sind folgende weitere MODULE der TOOL-Box:
'             "RSCREEN.PBX"
'             "GRAFONT.PBX"
'Für d. Zeichnen eines Polygons ist das Modul "QUERSCHN.PBX" nicht
'erforderlich! Dies wird von dem in diesem Modul enthaltenen
'SUB ZQUERSCHNITT (X(),Y(),N%,XSP,YSP,AFP) übernommen.
'
'Reihenfolge:          a.)     ZEICHNUNG
'                bzw. b.)     ZQUERSCHNITT  ->  POLYGONZEICHNUNG
'
'
'=============================================================
'=====  Name           :  ZEICHNUNG                      =====
'=====  Typ            :  Unterprogramm  (SUB)           =====
'=============================================================
'
'
'Variablennamen:
'        NANF%,NEND%,KARTE$,TINV$,X(),Y()
'        XMIN,YMIN,LXMAX,LYMAX,XFAKTOR,YFAKTOR,ASPEKT,XSCRI,YSCRI
'        XSCRK,YSCRK,I%,NX%,NY%,TEXT$
'
'
SUB ZEICHNUNG (X(1),Y(1),NANF%,NEND%,KARTE$,TINV$)
      '
      LOCAL XMIN,YMIN,LXMAX,LYMAX,XFAKTOR,YFAKTOR,ASPEKT,_
            XSCRI,YSCRI,XSCRK,YSCRK,I%,NX%,NY%,TEXT$
      '
      CALL XYMINMAX (X(),Y(),NANF%,NEND%,XMIN,YMIN,LXMAX,LYMAX)
      CALL RSCREEN(KARTE$,"JA",LXMAX,LYMAX,XFAKTOR,YFAKTOR,ASPEKT)
      '
      FOR I%=NANF% TO NEND%
          XSCRI=XTRANS (X(I%),XMIN,XFAKTOR)
          YSCRI=YTRANS (Y(I%),YMIN,YFAKTOR)
```

```
          IF TINV$="OHNE" THEN
             NX%=CINT(XSCRI)+3
             NY%=CINT(YSCRI)-2
          ELSE
             NX%=CINT(XSCRI)+8
             NY%=CINT(YSCRI)-2
          END IF
          TEXT$=STR$(I%)
          CALL GRAFONT (KARTE$,TEXT$,TINV$,NX%,NY%)
      NEXT I%
      '
      FOR I%=NANF% TO NEND%-1
          XSCRI=XTRANS (X(I%),XMIN,XFAKTOR)
          YSCRI=YTRANS (Y(I%),YMIN,YFAKTOR)
          XSCRK=XTRANS (X(I%+1),XMIN,XFAKTOR)
          YSCRK=YTRANS (Y(I%+1),YMIN,YFAKTOR)
          LINE (XSCRI,YSCRI)-(XSCRK,YSCRK)
      NEXT I%
      '
END SUB
'
'=================================================================
'=====  Name          :   POLYGONZEICHNUNG                   =====
'=====  Typ           :   Unterprogramm  (SUB)               =====
'=================================================================
'
'
'Variablennamen:
'         NANF%,NEND%,XS,YS,KARTE$,TINV$,X(),Y()
'         I%,NX%,NY%,XMIN,YMIN,XFAKTOR,YFAKTOR,ASPEKT,XSCRI,YSCRI
'         XSCRK,YSCRK,XSCRS,YSCRS,LXMAX,LYMAX,TEXT$
'
'
SUB POLYGONZEICHNUNG (X(1),Y(1),NANF%,NEND%,XS,YS,KARTE$,TINV$)
      '
      LOCAL I%,NX%,NY%,XMIN,YMIN,XFAKTOR,YFAKTOR,ASPEKT,XSCRI,_
            YSCRI,XSCRK,YSCRK,XSCRS,YSCRS,LXMAX,LYMAX,TEXT$
      '
      X(NEND%+1)=X(NANF%)           :    Y(NEND%+1)=Y(NANF%)
      '
      CALL XYMINMAX (X(),Y(),NANF%,NEND%,XMIN,YMIN,LXMAX,LYMAX)
      CALL RSCREEN(KARTE$,"JA",LXMAX,LYMAX,XFAKTOR,YFAKTOR,ASPEKT)
      '
      FOR I%=NANF% TO NEND%
          XSCRI=XTRANS (X(I%),XMIN,XFAKTOR)
          YSCRI=YTRANS (Y(I%),YMIN,YFAKTOR)
          IF TINV$="OHNE" THEN
             NX%=CINT(XSCRI)+3
             NY%=CINT(YSCRI)-2
          ELSE
             NX%=CINT(XSCRI)+8
             NY%=CINT(YSCRI)-2
          END IF
          TEXT$=STR$(I%)
          CALL GRAFONT (KARTE$,TEXT$,TINV$,NX%,NY%)
      NEXT I%
      XSCRS=XTRANS (XS,XMIN,XFAKTOR)
      YSCRS=YTRANS (YS,YMIN,YFAKTOR)
      '
```

```
       IF TINV$="OHNE" THEN
          NX%=CINT(XSCRS)+2
          NY%=CINT(YSCRS)-2
       ELSE
          NX%=CINT(XSCRS)+8
          NY%=CINT(YSCRS)-5
       END IF
       CALL GRAFONT (KARTE$," S",TINV$,NX%,NY%)
       '
       FOR I%=NANF% TO NEND%
           XSCRI=XTRANS (X(I%),XMIN,XFAKTOR)
           YSCRI=YTRANS (Y(I%),YMIN,YFAKTOR)
           XSCRK=XTRANS (X(I%+1),XMIN,XFAKTOR)
           YSCRK=YTRANS (Y(I%+1),YMIN,YFAKTOR)
           LINE (XSCRI,YSCRI)-(XSCRK,YSCRK)
       NEXT I%
       '
       XSCRS=XTRANS (XS,XMIN,XFAKTOR)
       YSCRS=YTRANS (YS,YMIN,YFAKTOR)
       LINE (XSCRS-10,YSCRS)-(XSCRS+10,YSCRS),,,&HAAAA
       LINE (XSCRS,YSCRS-10)-(XSCRS,YSCRS+10),,,&HAAAA
       CIRCLE (XSCRS,YSCRS),5,,,,ASPEKT
       '
       LOCATE 10,3  :  PRINT "Quer-"
       LOCATE 11,3  :  PRINT "schnitt"
       '
END SUB
'
'
'=================================================================
'=====  Name          :   ZQUERSCHNITT                       =====
'=====  Typ           :   Unterprogramm  (SUB)               =====
'=================================================================
'
'
'Variablennamen:
'        N%;I%;XSP;YSP;AFP;SCHRANKE#;DF#;DSX#;DSY#;KLAM#
'        X();Y()
'
'
SUB ZQUERSCHNITT (X(1),Y(1),N%,XSP,YSP,AFP)
       '
       LOCAL I%,SCHRANKE#,DF#,DSX#,DSY#,KLAM#
       '
       SCHRANKE#=1D-99
       DF#=0  :  DSX#=0  :  DSY#=0
       X(N%+1)=X(1)
       Y(N%+1)=Y(1)
       FOR I% =1 TO N%
           KLAM#=X(I%)*Y(I%+1)-X(I%+1)*Y(I%)
           DF#=DF#+KLAM#
           DSX#=DSX#+KLAM#*(Y(I%)+Y(I%+1))
           DSY#=DSY#+KLAM#*(X(I%)+X(I%+1))
       NEXT I%
       '
       AFP=-DF#/2#
       '
```

```
        SELECT CASE AFP
             CASE <0
                  BEEP
                  PRINT " Fläche des Polygons ist negativ !"
                  DELAY 3
                  AFP=SCHRANKE#
             CASE <SCHRANKE#
                  AFP=SCHRANKE#
             CASE ELSE
        END SELECT
        '
        XSP=-DSY#/AFP/6#
        YSP=-DSX#/AFP/6#
        '
END SUB
'
'
'*******************************************************************
'TESTBEISPIELE
'*******************************************************************
'(Testbeispiel zum Testen nach vorn verschieben)
'CLS :  DEFINT I  :  DIM X(20),Y(20)  :  IANF=1  :   IEND=6
'CALL GRAFIKKARTE (GMOD%,KARTE$,VF%,HF%)    :    TINV$="INVERS"
'$INCLUDE "GRAFSCRN.PBX"
'$INCLUDE "RSCREEN.PBX"
'$INCLUDE "GRAFONT.PBX"
'X(1)=1 : Y(1)=0   :  X(2)=1  : Y(2)=8    :   X(3)=5  : Y(3)=11
'X(4)=9 : Y(4)=9   :  X(5)=12 : Y(5)=7    :   X(6)=14 : Y(6)=10
'CALL ZEICHNUNG (X(),Y(),IANF,IEND,KARTE$,TINV$)      :  DELAY 3
'X(1)=1 : Y(1)=0   :  X(2)=1 : Y(2)=8    :   X(3)=5 : Y(3)=11
'X(4)=9 : Y(4)=12  :  X(5)=9 : Y(5)=2    :   X(6)=5 : Y(6)=0
'CALL ZQUERSCHNITT (X(),Y(),IEND,XS,YS,AF)
'CALL POLYGONZEICHNUNG (X(),Y(),IANF,IEND,XS,YS,KARTE$,TINV$) :END
```

3 Ebene Gleitfläche, Ruhedruck

3.1 Erddruck mit ebenen Gleitflächen

Der aktive Erddruck bei ebenen Gleitflächen wird üblicherweise nach der Extremalmethode (**Coulomb**) berechnet. Für den Fall "Reibung ohne Kohäsion" stehen in jedem Tabellenbuch die bekannten Formeln zur Verfügung. Tritt jedoch Kohäsion hinzu, so wird meist die Kohäsion getrennt nach **Ohde** (vgl. DIN 4085) berechnet. Dies hat den großen Nachteil, daß für Kohäsion eine andere Gleitfläche als für Reibung (ohne Kohäsion) gültig wird.Damit müssen zwei nicht überlagerbare Werte, nämlich Ea infolge Reibung mit θ.phi und Ea infolge c mit θ.c, zusammengefügt werden.Die Vorschläge der DIN 4085 beseitigen diese Diskrepanz nicht.
Ein theoretisch genaueres Verfahren hat **Groß** bereitgestellt [10]. Dieses Verfahren beseitigt die o.g. Unverträglichkeit, da für Reibung und Kohäsion eine gemeinsam gültige Gleitfläche (Bild 3.1) ermittelt wird. Der noch nicht beseitigte zusätzliche Fehler, nämlich die Annahme, daß Zugspannungen im Oberflächenbereich aufgenommen werden können, ist vernachlässigbar klein. Dies setzt jedoch voraus, daß man die Zugspannungen bei der Erddruckfigur nicht ansetzt (Bild 3.2).
Die Berechnungsformeln nach [10] werden in Abschn. 3.3 programmierfertig angegeben. Anhand von Bild 3.1 könnte auch eine rein numerische (iterative) Behandlung erfolgen. In den Programmen EAPEBEN und EAREBEN sind jedoch die Formeln nach Abschnitt 3.3 und 3.4 abprogrammiert. Auf die Berücksichtigung des Lösungsgliedes für gleichmäßig verteilte Auflasten [10] wurde hierbei verzichtet. Die Frage der Berechnung des Erddruckes und Erdwiderstandes infolge Auflasten sollte nämlich auch das Problem von nicht gleichmäßig verteilten Auflasten umfassen. Dieser umfangreiche Komplex kann jedoch hier aus Platzgründen nicht behandelt werden.

Der Erddruck infolge Reibung ermittelt sich mit dem programmgesteuert berechneten Erddruckbeiwert Kag zu

Eag = Gamma*h²/2 * Kag ...(3.1a)

Der Kohäsionsanteil Eac des Erddruckes beträgt (Bild 3.2)

Eac = c * Kac * (h-hc/2) ...(3.1b)

mit

hc = c.red * h * Kac/Kag ...(3.1c)

Der Gesamterddruck ist dann

Ea = Eag - Eac ...(3.1d)

3.2 Erdwiderstand mit ebenen Gleitflächen

Der passive Erddruck (Erdwiderstand) wird ebenfalls nach [10] bzw. nach Abschn. 3.3 berechnet. Die Aussagen des Abschn. 3.1 gelten hierfür sinngemäß.

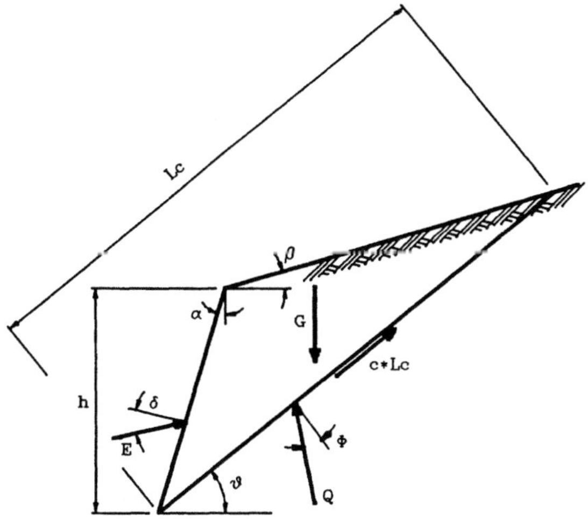

Bild 3.1 Erddruckermittlung (aktiv und passiv) nach **Groß**

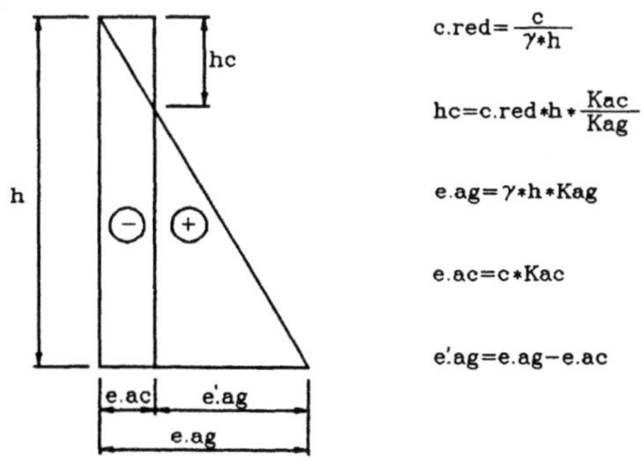

Bild 3.2 Erddruckgröße im aktiven Fall

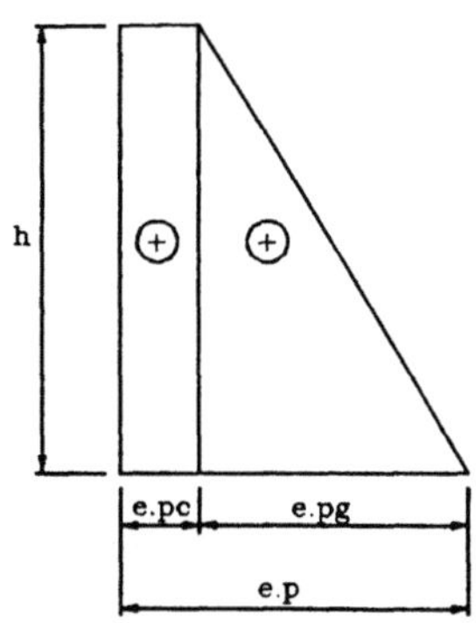

Bild 3.3 Erddruckgröße im passiven Fall

Es ist zu beachten, daß Erdwiderstand mit ebenen Gleitflächen nur in Sonderfällen zu richtigen Ergebnissen führt. Da sich die Erdwiderstände aus Reibung und aus Kohäsion addieren, entfallen die Überlegungen (Abschn. 3.1) über die Behandlung von oberflächennahen Zugspannungen (Bild 3.3).

Man erhält die Erdwiderstandskraft Ep mit den Anteilen Epg und Epc zu

$$\mathrm{Epg} = \mathrm{Gamma} * h^2/2 * \mathrm{Kpg}$$

$$\mathrm{Epc} = c * \mathrm{Kpc}$$

$$\mathrm{Ep} = \mathrm{Epg} + \mathrm{Epc} \qquad \ldots (3.2)$$

3.3 Die Lösung nach G r o ß

Es werden die Gleichungen nach [10] für die Programmierung etwas modifiziert.
Wiedergegeben werden die Formeln für den aktiven Erddruck. Für den Erdwiderstand gelten dieselben Gleichungen, wenn

Φ zu $-\Phi$
c zu $-c$
$\sqrt{}$ zu $-\sqrt{}$

gesetzt wird.

Es gelten die Abkürzungen

$$\begin{aligned}
A &= \cos(\alpha+\beta) / \cos^2(\alpha) \\
\mathrm{Boc} &= \cos(\alpha) * \cos(\Phi) \\
B &= 2 * c.\mathrm{red} * \mathrm{Boc} \\
\mathrm{Omega.1} &= \alpha - \beta - \delta + \Phi \\
\mathrm{Omega.2} &= \theta + \alpha - \delta - \Phi
\end{aligned} \qquad \ldots (3.3)$$

Der Gleitflächenwinkel θ ergibt sich mit den Abkürzungen

$$F1 = \sin(\Phi-\beta) * \cos(\alpha-\delta)$$

$$F2 = [\, B + \sin(\Phi-\beta) * \cos(\alpha+\beta)] * [\, B + \sin(\Phi+\delta) * \cos(\alpha-\delta)]$$

$$Z = F1 * \cos(\alpha+\Phi) + B * \cos(\mathrm{Omega.1})$$

$$N = F1*\sin(\alpha+\Phi) + B*\sin(\mathrm{Omega.1}) + \sqrt{(F2)} \qquad \ldots (3.4)$$

zu

$$\theta = \Phi + \epsilon \qquad \ldots (3.5a)$$

mit

$$\epsilon = \mathrm{atan}\,\{ Z / N \} \qquad \ldots (3.5b)$$

Der Erddruckanteil $\mathrm{Kag} = \mathrm{Eg}/(\mathrm{Gamma}*h^2/2)$ aus Reibung (Erdgewicht) ermittelt sich zu

$$\mathrm{Kag} = A * \cos(\theta+\alpha) * \sin(\theta-\Phi) / \sin(\theta-\beta) / \cos(\mathrm{Omega.2}) \qquad \ldots (3.6a)$$

und der Erddruckanteil Kc = Ec/(c*h) aus Kohäsion zu

$$Kac = A * Boc / \sin(\theta-\beta) / \cos(Omega.2) \qquad ...(3.6b)$$

Wegen numerischer Probleme bei der Programmierung des Sonderfalls c=0 ist es sinnvoll, hierfür eigene Gleichungen zu verwenden. Es werden die Formeln nach [4] verwendet.

Der Gleitwinkel θ ermittelt sich aus

$$Wt = \sin(\Phi+\delta) * \cos(\alpha+\beta) * \cos(\delta-\alpha) / \sin(\Phi-\beta)$$

$$Ft = \cos(\alpha+\Phi) / [\ \sin(\Phi+\delta) + \sqrt{Wt}\ ] \qquad ...(3.7)$$

$$Tanthet = [\sin(\Phi) + Ft*\cos(\Phi+\delta-\alpha)] / [\cos(\Phi) - Ft*\sin(\Phi+\delta-\alpha)]$$

$$\theta = atn(Tanthet) \qquad ...(3.8)$$

Der Erddruckbeiwert Kag ergibt sich zu

$$Wk = \sin(\Phi+\delta) * \sin(\Phi-\beta) / [\cos(\alpha+\beta) * \cos(\delta-\alpha)]$$

$$Kag = \cos^2(\Phi+\alpha) / \{\ \cos^2(\alpha) * \cos(\delta-\alpha) * [1 + \sqrt{Wk}]\ \} \qquad ...(3.9)$$

3.4 Erdruhedruck (Bild 3.4)

Der Erdruhedruck wird nach den Vorschlägen des Verfassers [13], [11] ermittelt. Das Verfahren ist für senkrechte Wände, beliebig geneigte Böschungsflächen und beliebige Wandreibungswinkel das derzeit am besten [11] geeignete Näherungsverfahren. Durch die Dresdener Versuche [15] wurde es auch experimentell abgesichert. Das in DIN 4085 vorgeschlagene Interpolationsverfahen liegt unnötigerweise [11] auf der sicheren Seite und führt spannungstheoretisch zu nicht erklärbaren Effekten [12].

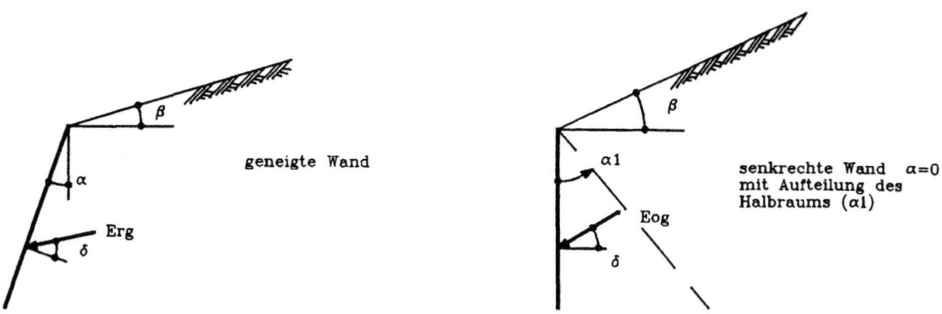

Bild 3.4 Erdruhedruck nach [13],[11]

Für senkrechte Wände (α=0) gelten somit die Formeln [11]

$$Koh = [\sin(\Phi)-\sin^2(\Phi)] / [\sin(\Phi)-\sin^2(\beta)] * \cos^2(\beta) \qquad ...(3.10a)$$

$$\tan\alpha 1 = \sqrt{\{Koh / [1+Koh*\tan^2(\beta)]\}} \qquad ...(3.10b)$$

wobei $\alpha 1$ die Aufteilung des Halbraums kennzeichnet (nicht zu verwechseln mit der Wandneigung α).
Die Horizontalkomponente des Ruhedrucks beträgt

$$(Koh)' = Koh * [1+\tan\alpha 1*\tan(\beta)] / [1+\tan\alpha 1*\tan(\delta)] \qquad ...(3.11a)$$

und die unter dem Wandreibungswinkel δ angreifende Erdruhedruckkraft hat den Beiwert

$$Kog = (Koh)' / \cos(\delta) \qquad ...(3.11b)$$

Für beliebig geneigte Wände mit dem Wandneigungswinkel α werden die obigen Werte näherungsweise umgerechnet, und zwar mit Hilfe der für den Halbraum geltenden Ruhedruckgleichungen [12].
Man erhält den Umrechnungsfaktor

$$f = 1 - |\tan(\alpha) * \tan(\beta)| \qquad ...(3.12)$$

wobei das Produkt $\tan(\alpha) * \tan(\beta)$ absolut gesetzt wird, da beim Halbraum eine Unterscheidung zwischen positivem und negativem Böschungswinkel mit einer gleichzeitigen Änderung der Vorzeichen des Koordinatensystems verbunden ist.
Für beliebige Wandneigungen erhält man somit

$$Krg = Koh / \cos(\delta) * f * [1+\tan\alpha 1*\tan(\beta)] / [1+\tan\alpha 1*\tan(\delta)] \qquad ...(3.13)$$

$$Krg.h = Krg * \cos(\delta-\alpha)$$

$$Krg.v = Krg * \sin(\delta-\alpha) \qquad ...(3.14)$$

Die Werte Koh, $\tan\alpha 1$ und f sind durch die Gln. [3.10] und [3.12] gegeben.

Im Programm EAREBEN sind diese Gleichungen abprogrammiert. Als Ergebnisse werden für die senkrechte Wand ausgegeben:

Kog	Erddruckbeiwert für Ruhedruck unter Berücksichtigung der Eingabeparameter β, δ und Φ, jedoch α=0
Kog.h	Horizontalkomponente von Kog
Kog.v	Vertikalkomponente von Kog

Ferner werden die analogen Werte für geneigte Wand ausgegeben:

Krg	Erddruckbeiwert für Ruhedruck unter Berücksichtigung der Eingabeparameter α, β, δ und Φ
Krg.h	Horizontalkomponente von Krg
Krg.v	Vertikalkomponente von Krg

Durch beide Wertegruppen ist auch indirekt die Größe des Umrechnungsfaktors f gegeben (f = Krg/Kog).
Der Erdruhedruck ermittelt sich dann zu

Erg = Gamma*h²/2 * Krg

Erg.h = Gamma*h²/2 * Krg.h

Erg.v = Gamma*h²/2 * Krg.v ...(3.15)

Kohäsion wird beim Erdruhedruck nicht angesetzt (DIN 4085).

3.5 Variablennamen und deren Bedeutung

3.5.1 Variablen des Programms EAPEBEN.PB

Stringvariablen:

FT1$ - FT3$	Formatstrings
FA$	Ausschalten des Fettdrucks
FE$	Einschalten " "
FIRMA$	Adressenstring
HZ$	Text für Info-String
KARTE$	Kennwort für die Grafikkartenerkennung
LINIE2$	Linienstring
LINIE3$	"
LL$	"
LT1$ - LT4$	Linienstrings
PARAM$	Steuerstring
TOA$, TOB$	Überschriften
T1$-T4$	Tabellenüberschriften
TEXT$ ( )	Stringarray für die Titelüberschriften
ZUST$	Kennung ob aktiver oder passiver Grenzzustand
ZWANG$	Kennung für Zwangsgleitfläche

Integervariablen (Im Hauptprogramm):

IKZ	Kenn- und Steuerziffer
HF%	Hintergrundfarbe
VF%	Vordergrundfarbe

DBL-Realvariablen im Hauptprogramm

ALPHA	α in Bogenmaß
ALPHAGRAD	α in Altgrad
BETA	ß in Bogenmaß
BETAGRAD	ß in Altgrad
BOG	Umrechnungsfaktor Altgrad -> Bogenmaß
CRED	Bezogener Kohäsionswert c / (Gamma*h)
DELTA	δ in Bogenmaß
DELTAGRAD	δ in Altgrad
KGA	Erddruckbeiwert inf. Reibung
KCA	" inf. Kohäsion
KGA.H	Horizontalanteil von KAG
KCA.H	" von KAC
KGA.V	Vertikalanteil von KAG
KCA.V	" von KAC
KGP	Erdwiderstandsbeiwert inf. Reibung
KCP	" inf. Kohäsion

DBL-Realvariablen im Hauptprogramm

KGP.H	Horizontalanteil von KPG
KCP.H	" von KPC
KGP.V	Vertikalanteil von KPG
KCP.V	" von KPC
PHI	Φ in Bogenmaß
PHIGRAD	Φ in Altgrad
PI	3.14159...
SCHRANKE	Unterer Grenzwert 10^-38
THETAA	Gleitflächenwinkel (°) n. COULOMB/GROSS (aktiv)
THETAP	Gleitflächenwinkel (°) n. " (passiv)
THETAG	Gleitflächenwinkel (°) für Zwangsgleitfläche

3.5.2 Variablen des Programms EAREBEN.PB

Stringvariablen:

FT1$ - FT3$	Formatstrings
FA$	Ausschalten des Fettdrucks
FE$	Einschalten " "
FIRMA$	Adressenstring
HZ$	Text für Info-String
KARTE$	Kennwort für die Grafikkartenerkennung
LINIE2$	Linienstring
LINIE3$	Linienstring
LL$	"
LT1$ - LT4$	"
PARAM$	Steuerstring
TOA$	Überschriften
TOB$	"
T1$-T4$	Tabellenüberschriften
TEXT$ ()	Stringarray für die Titelüberschriften
ZUST$	Kennung ob aktiver oder passiver Grenzzustand
ZWANG$	Kennung für Zwangsgleitfläche

Integervariablen:

	Im Hauptprogramm:
IKZ	Kenn- und Steuerziffer
HF%	Hintergrundfarbe
VF%	Vordergrundfarbe

DBL-Realvariablen im Hauptprogramm:

ALPHA	α in Bogenmaß
ALPHAGRAD	α in Altgrad
BETA	β in Bogenmaß
BETAGRAD	β in Altgrad
BOG	Umrechnungsfaktor Altgrad -> Bogenmaß
CRED	Bezogener Kohäsionswert c / (Gamma*h)
DELTA	δ in Bogenmaß
DELTAGRAD	δ in Altgrad
KGA	Erddruckbeiwert inf. Reibung
KCA	" inf. Kohäsion

DBL-Realvariablen im Hauptprogramm

KGA.H	Horizontalanteil von KAG
KCA.H	" von KAC
KGA.V	Vertikalanteil von KAG
KCA.V	" von KAC
KGO	Erdruhedruckbeiwert für senkrechte Wand
KGO.H	Horizontalanteil von KGO
KGO.V	Vertikalanteil von KGO
KGR	Erdruhedruckbeiwert für geneigte Wand
KGR.H	Horizontalanteil von KGR
KGR.V	Vertikalanteil von KGR
PHI	Φ in Bogenmaß
PHIGRAD	Φ in Altgrad
PI	3.14159...
SCHRANKE	Unterer Grenzwert 10^-38
THETAA	Gleitflächenwinkel (°) n. COULOMB/GROSS (aktiver Fall)
THETAG	Gleitflächenwinkel (°) für Zwangsgleitfläche

DBL-Realvariablen im UP Ruhedruck:

COSBET	cos(ß)
F	Umrechnungsfaktor senkr. Wand -> geneigte Wand
KOH	Ruhedruckkoeffizient für Halbraum nach Günther
SINBET	sin(ß)
SINPHI	sin(Φ)
TANBET	tan(ß)
TANDEL	tan(δ)
TANA1	tan(α1)
DELTAGRAD	δ in Altgrad

3.6 Beispiele für die Berechnung des aktiven und passiven Erddrucks mit ebenen Gleitflächen (Programm EAPEBEN)

3.6.1 Beispiel 3.1

Erddruck und Erdwiderstand mit ebenen Gleitflächen nach Coulomb

---

Bodenkennwerte:

Reibungswinkel	Phi (°)	= 25	Phi (°)	= 25
Böschungswinkel	Beta (°)	= 15	Beta (°)	= 15
Wandneigung	Alpha (°)	= 20	Alpha (°)	= 20
Wandreibungswinkel	Delta (°)	= 20	Delta (°)	= - 20
Kohäsionswert	c.red (-)	= 0	c.red (-)	= 0

Erddruckbeiwerte:

Gleitflächenwinkel:

	Theta (°)	= 40.15	Theta (°)	= 51.16

Reibung:

Kag	=	0.288	Kag	=	0.554
Kag.h	=	0.287	Kag.h	=	0.454
Kag.v	=	0.025	Kag.v	=	-0.356

Kohäsion:

Kac	=	0.000	Kac	=	0.000
Kac.h	=	0.000	Kac.h	=	0.000
Kac.v	=	0.000	Kac.v	=	0.000

Erdwiderstandsbeiwerte:

Gleitflächenwinkel:

Theta (°)	=	70.00	Theta (°)	=	19.96

Reibung:

Kpg	=	1.128	Kpg	=	66.148
Kpg.h	=	1.124	Kpg.h	=	50.672
Kpg.v	=	0.098	Kpg.v	=	-42.519

Kohäsion:

Kpc	=	0.000	Kpc	=	0.000
Kpc.h	=	0.000	Kpc.h	=	0.000
Kpc.v	=	0.000	Kpc.v	=	0.000

3.6.2 Beispiel 3.2

Erddruck und Erdwiderstand mit ebenen Gleitflächen nach Coulomb

----

Bodenkennwerte:

Reibungswinkel	Phi	(°)	= 25	Phi	(°)	=	25
Böschungswinkel	Beta	(°)	= 15	Beta	(°)	=	15
Wandneigung	Alpha	(°)	= 20	Alpha	(°)	=	20
Wandreibungswinkel	Delta	(°)	= 20	Delta	(°)	=	-20
Kohäsionswert	c.red	(-)	= 0.01	c.red	(-)	=	0.01

Erddruckbeiwerte:

Gleitflächenwinkel:

Theta (°)	=	41.30	Theta (°)	=	50.25

Reibung:

Kag	=	0.288	Kag	=	0.553
Kag.h	=	0.287	Kag.h	=	0.424
Kag.v	=	0.025	Kag.v	=	-0.356

Kohäsion:

Kac	=	1.818	Kac	=	3.270
Kac.h	=	1.811	Kac.h	=	2.505
Kac.v	=	0.158	Kac.v	=	-2.102

Erdwiderstandsbeiwerte:

Gleitflächenwinkel:

Theta (°)	=	62.50	Theta (°)	=	19.97

Reibung:

Kpg =	1.257	Kpg =	66.148
Kpg.h =	1.252	Kpg.h =	50.672
Kpg.v =	0.110	Kpg.v =	-42.519

Kohäsion:

Kpc =	8.210	Kpc =	104.012
Kpc.h =	8.179	Kpc.h =	79.678
Kpc.v =	0.716	Kpc.v =	-66.858

3.7 Beispiele für die Berechnung des Erddrucks und des Erdruhedrucks (Programm EAREBEN)

3.7.1 Beispiel 3.3

```
------------------------------------------------------------------
Aktiver Erddruck und Erdruhedruck
(Erddruck n. Coulomb - Ruhedruck n. Günther
------------------------------------------------------------------

Bodenkennwerte:

Reibungswinkel         Phi   (°)  =  25
Böschungswinkel        Beta  (°)  =  15
Wandneigung            Alpha (°)  =  20
Wandreibungswinkel     Delta (°)  =  20
Kohäsionswert          c.red (-)  =   0


Beiwerte aktiver Erddruck:

Gleitflächenwinkel:
Theta (°)  =  40.15

Reibung:
Kag    =    0.288
Kag.h  =    0.287
Kag.v  =    0.025

Kohäsion:
Kac    =    0.000
Kac.h  =    0.000
Kac.v  =    0.000


Beiwerte Erdruhedruck:

Senkrechte Wand:
Kog    =    0.626
Kog.h  =    0.567
Kog.v  =    0.265

Geneigte Wand:
Krg    =    0.565
Krg.h  =    0.563
Krg.v  =    0.049
```

3.7.2 Beispiel 3.4

```
----------------------------------------------------------------
Aktiver Erddruck und Erdruhedruck
(Erddruck n. Coulomb - Ruhedruck n. Günther
----------------------------------------------------------------

Bodenkennwerte:

Reibungswinkel       Phi   (°)   =   25
Böschungswinkel      Beta  (°)   =   15
Wandneigung          Alpha (°)   =   20
Wandreibungswinkel   Delta (°)   =   20
Kohäsionswert        c.red (-)   =    0.01


Beiwerte aktiver Erddruck:

Gleitflächenwinkel:
Theta (°)  =  41.30

Reibung:
Kag   =    0.288
Kag.h =    0.287
Kag.v =    0.025

Kohäsion:
Kac   =    1.818
Kac.h =    1.811
Kac.v =    0.158


Beiwerte Erdruhedruck:

Senkrechte Wand:
Kog   =    0.626
Kog.h =    0.567
Kog.v =    0.265

Geneigte Wand:
Krg   =    0.565
Krg.h =    0.563
Krg.v =    0.049
```

4 Kreisgleitflächen

4.1 Theoretische Grundlagen

4.1.1 Allgemeines

Daß die Ermittlung von Erdwiderstandsbeiwerten mit der einfachen Annahme von ebenen Gleitflächen nur in Sonderfällen zu realistischen Ergebnissen führt, wird jedem Studierenden des Bauwesens frühzeitig beigebracht. Wie man dann aber die richtigeren Werte mit gekrümmten Gleitflächen ermitteln soll, ist eine weitere Frage [5], die schon nicht mehr so einfach zu beurteilen ist.
Dieses Buch will jedoch nicht solcherlei Fragen nachgehen, sondern lediglich Programme zur Verfügung stellen, mit denen sowohl für "Rotation" als auch für "Translation" Erdwiderstandsbeiwerte ermittelt werden können. Für den Fall der "Rotation" bieten sich die Gleitflächenformen "Kreisgleitfläche" und "Spiralgleitfläche" als einfachste Gleitflächenformen an. Hierbei ist die Kreisgleitfläche die geometrisch einfachste Form, während die Spiralgleitfläche mathematische Vorteile aufweist, welche in Kap. 4 behandelt werden.

Unter "Rotation" versteht man die Drehung der Wand um einen Punkt in der Nähe des Wandkopfes, während bei "Translation" eine andere Bewegungsform oder ein anderer Drehpunkt vorliegt (Kap. 6).Hierbei kann der Boden Reibung und Kohäsion aufweisen.
Auf eine zusätzliche Berücksichtigung von Auflasten wird hier verzichtet, obwohl dies mit vertretbarem Aufwand durchaus eingearbeitet werden könnte.
Nachstehend werden zunächst die zur Berechnung erforderlichen geometrischen Beziehungen dargestellt. Dies geschieht durch eine Aufgabensammlung der analytischen Geometrie der Ebene. Die entsprechenden Programme sind in Kap. 2 in den Toolbox-Modulen GEOMETRI.PBX und QUERSCHN.PBX zu finden.
In Kap. 4.1.3 werden dann die Berechnungen zur Ermittlung des Erdwiderstandes erläutert.

4.1.2 Geometrische Fragestellungen

4.1.2.1 Die Steigung einer Geraden

Diese Aufgabe ist in der Funktion STEIGUNG# im Modul GEOMETRI.PBX behandelt. Sie ist zwar mathematisch trivial, jedoch muß bei der Programmierung darauf geachtet werden daß gewisse Sonderfälle programmtechnisch abgefangen werden, damit keine Division durch Null ausgelöst oder der zulässige Zahlenbereich nicht verlassen wird.

Ist die Gerade durch zwei Punkte i und k definiert, so ergibt sich die Steigung $m = \tan(\alpha)$ zu

$$m = [\ yk - yi\ ] \ / \ [\ xk - xi\ ] \qquad ...(4.1)$$

Es sind nun folgende Sonderfälle für die Programmierung zu beachten:

a. Die Steigung ist 0°
b. Die Steigung beträgt 90°
c. Die Punkte i und k fallen zusammen

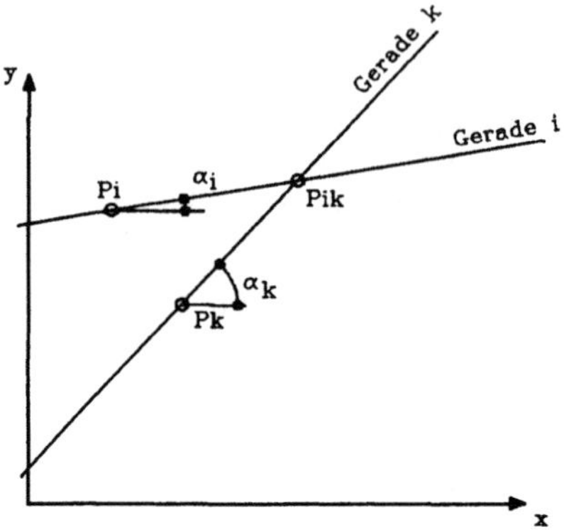

Bild 4.1 Steigung einer Geraden

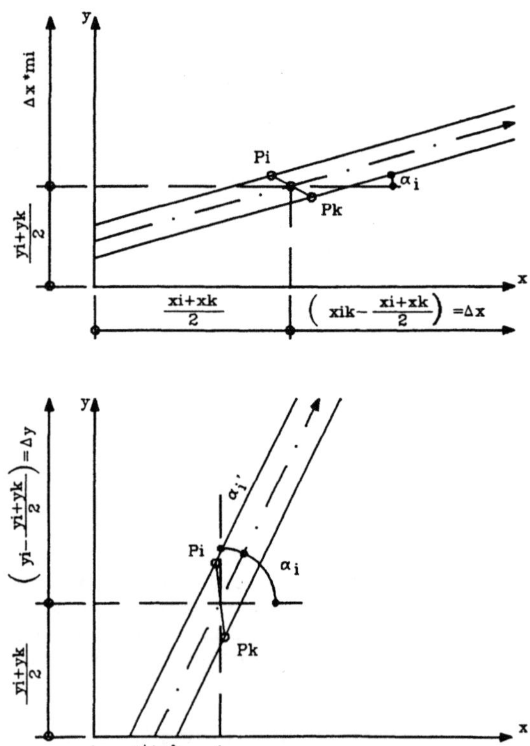

Bild 4.2 Sonderfälle der Steigung einer Geraden (Parallelen)
a. Parallelen mit flacher Neigung ($\alpha \leq 45°$)
b. Parallelen mit steiler Neigung ($\alpha > 45°$)

4.1.2.2 Der Schnittpunkt zweier Geraden

Gegeben ist die Gerade i durch den Punkt i und die Steigung mi, die Gerade k durch den Punkt k und die Steigung mk (Bild 4.1). Die Gleichungen der beiden Geraden lauten

Gerade i : y = yi + mi * xi
Gerade k : y = yk + mk * xk

wobei xi, yi, xk und yk die Koordinaten der Punkte i und k, sowie mi und mk die Steigungen der Geraden i und k sind.
Der Geradenschnittpunkt ergibt sich dann durch Gleichsetzung der beiden Gleichungen zu

xik = { yi - yk -mi*xi + mk*xk } / [mk-mi]

yik = { yi*mk - yk*mi + mi*mk * [xk-xi] } / [mk-mi] ...(4.2)

Es können nun folgende Sonderfälle unterschieden werden (Bilder 4.2a und 4.2b):

a. Ist mi = mk und mi=mk <= 45°, so liegen flach geneigte Parallelen vor. Der Schnittpunkt liegt theoretisch im Unendlichen, wird jedoch für die praktische Berechnung zu 1.63E16 festgelegt. Die y-Koordinate wird an dieser Stelle in der Mitte zwischen den beiden Parallelen vereinbart. Diese Lösung gilt auch für $\alpha = 0$.

   xik = 1.63 D16

   yik = [yi + yk] / 2 + mi * { xik - [xi+xk]/2 } ...(4.3a)

b. Ist mi = mk und mi=mk > 45°, so liegen steil geneigte Parallelen vor. Der Schnittpunkt wird analog Fall a vereinbart, wobei mi' der Kehrwert der Parallelensteigung ist, nämlich mi' = tan [90°-αi]. Diese Lösung gilt auch für $\alpha = 90°$.

   yik = 1.63 D16

   xik = [xi + xk] / 2 + mi'* { yik - [yi+yk] / 2 } ...(4.3b)

   Die Programmierung dieser Aufgabe erfolgt im Unterprogramm SCHNITTPUNKT im Modul GEOMETRI.PBX

4.1.2.3 Sekante und Kreis (Bild 4.3)

Gegeben ist der Punkt Pp auf einer Geraden, die den Steigungswinkel αik und damit die Steigung mik aufweist. Ferner ist der Kreismittelpunkt Pm und der Kreisradius R gegeben. Gesucht sind die Schnittpunkte Pi und Pk zwischen Gerade und Kreis.

Die Gleichungen des Kreises und der Geraden lauten

$[xm - x]^2 + [ym - y]^2 = R^2$

y = yp + mik * [x - xp] ...(4.4)

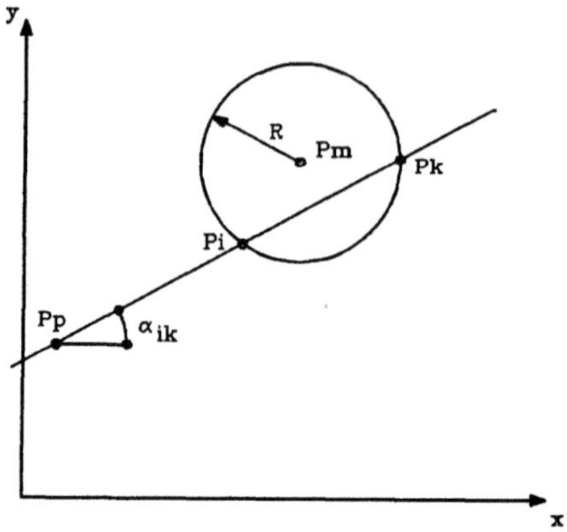

Bild 4.3 Sekante und Kreis

Die Entwicklung der Schnittpunktgleichungen erfolgt aus programmtechnischen Gründen getrennt für die Geradensteigungen $\alpha ik <= 45°$ und $\alpha ik > 45°$.

a. Für $\alpha ik <= 45°$ wird die Geradengleichung erweitert auf
[y-ym] = [yp-ym] + mik * [x-xm] - mik * [xp-xm].
Durch Einsetzen in die Kreisgleichung und entsprechende Umformungen erhält man mit den Abkürzungen

A = mik * [xm-xp] + [ym-yp]

B = A / [1+mik²]

C1 = R² / [1+mik²] - B² ...(4.5)

die Schnittpunkte i und k zu

xi = xm - B * mik - √C1

yi = yp + mik * [xi-xp]

xk = xm - B * mik + √C1

yk = yp + mik * [xk-xp] ...(4.6)

Die Diskriminante C1 gibt darüber Auskunft, ob die Gerade den Kreis schneidet, berührt oder meidet:

C1 > 0 --> Zwei Schnittpunkte
C1 = 0 --> Tangente
C1 < 0 --> Keine reelle Lösung ...(4.7)

b. Für den Fall $\alpha ik > 45°$ werden folgende Formeln verwendet:

A = mik * [xm-xp] + [ym-yp]

B = A / [1+mik²]

C2 = mik² / [1+mik²] * [R² - A * B] ...(4.8)

Die Schnittpunkte i und k erhält man hierfür zu

$yi = ym + B - \sqrt{C2}$

$xi = xp + [yi-yp] / mik$

$yk = ym + B + \sqrt{C2}$

$xk = xp + [xk-xp] / mik$ ...(4.9)

Die Diskriminante C2 gibt wieder darüber Auskunft, ob die Gerade den Kreis schneidet, berührt oder meidet:

$C2 > 0$	-->	Zwei Schnittpunkte
$C2 = 0$	-->	Tangente
$C2 < 0$	-->	Keine reelle Lösung ...(4.10)

c. Sonderfall $\alpha ik = 90°$ ($mik = \infty$)
In diesem Sonderfall steht die Sekante senkrecht. Es ergeben sich die vereinfachten Formeln

$C3 = R^2 - [xm-xp]^2$

$xi = xp \quad ; \quad yi = ym - \sqrt{C3}$

$xk = xp \quad ; \quad yk = ym + \sqrt{C3}$ ...(4.11)

Die Aussagen der Diskriminante gelten auch hier.

Diese Aufgabe ist in dem Unterprogramm SEKANTE programmiert (Modul GEOMETRI.PBX).

4.1.2.4 Tangente und Kreis (Bild 4.4)

Gegeben ist ein Punkt Pp außerhalb des Kreises, der Kreismittelpunkt Pm sowie der Kreisradius R. Gesucht werden die Koordinaten der Tangierungspunkte.

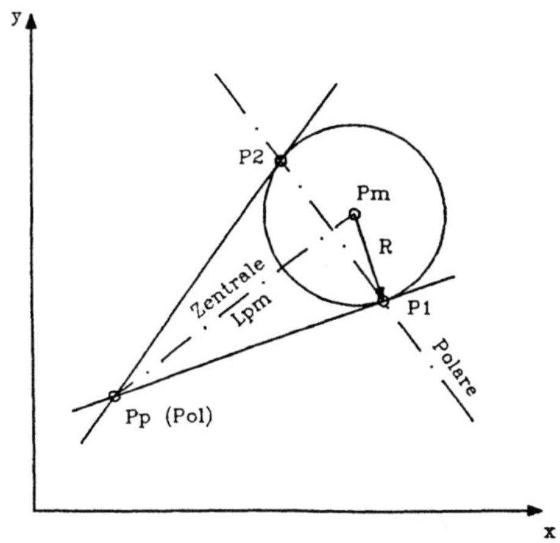

Bild 4.4 Tangenten an den Kreis

Zur Lösung dieser Aufgabe wird die Kreisgleichung

$$[x-xm]^2 + [y-ym]^2 = R^2$$

mit der Gleichung der Polaren

$$[xp-xm]*[x-xm] + [yp-ym]*[y-ym] = R^2$$

verknüpft. Es werden hierzu die Transformationen

$$v = xm - x \; ; \quad a = xm - xp$$
$$w = ym - y \; ; \quad b = ym - yp$$
$$c = R^2 / [a^2+b^2] \qquad ...(4.12)$$

vorgenommen. Dann lauten die Gleichungen für Kreis und Polare

$$v^2 + w^2 = R^2$$
$$a*v + b*w = R^2 \qquad ...(4.13)$$

Durch Auflösung der beiden Gleichungen und bei Beachtung der Transformationen nach Gl. (4.12) erhält man

$$w = b * c \pm a * \sqrt{[c*(1-c)]}$$

$$v = [\ R^2 - b * w\ ] / a$$

$$y = ym - w$$

$$x = xm - v \qquad ...(4.14)$$

Sonderfälle der Lage des Punktes Pp:

Der Abstand des Punktes Pp vom Kreismittelpunkt Pm beträgt Lpm. (Dieser Abstand ermittelt sich mit Hilfe des pythagoräischen Lehrsatzes).

a. Ist Lpm = R, dann liegt der Punkt Pp auf dem Kreis und ist somit selbst Tangierungspunkt.
b. Ist Lpm < R, so liegt der Punkt Pp innerhalb des Kreises, so daß keine Tangente möglich ist.

Im Unterprogramm TANGENTE des Moduls GEOMETRI.PBX ist diese Aufgabe programmiert.

4.1.2.5 Fläche und Schwerpunkt eines Kreisabschnitts (Bilder 4.5a, 4.5b)

Gegeben sind die Punkte Pf und Pg auf dem Kreis (als Begrenzung des Kreisabschnittes) sowie der Kreismittelpunkt Pm und der Radius R. Der zusätzliche Hilfspunkt Pk muss berechnet werden.

a. Hilfspunkt Pk (Bild 4.6)
   Der Winkel θs zwischen der Horizontalen und der Sekante ergibt sich zu
   $\theta s = [\ yg - yf\ ] / [\ xg - xf\ ]$.
   Daraus ermittelt sich der Steigungswinkel αN der Normalen zu
   $\alpha N = 90° + \theta s$.

Die Schnittpunkte Pk1 und Pk2 werden wie in Abschn. 4.1.2.3 berechnet. Für die Normalkrümmung einer Kreisgleitfläche ist der untere Punkt Pk1, für negative Krümmung (Gegenkrümmung) der obere Punkt Pk2 maßgebend.

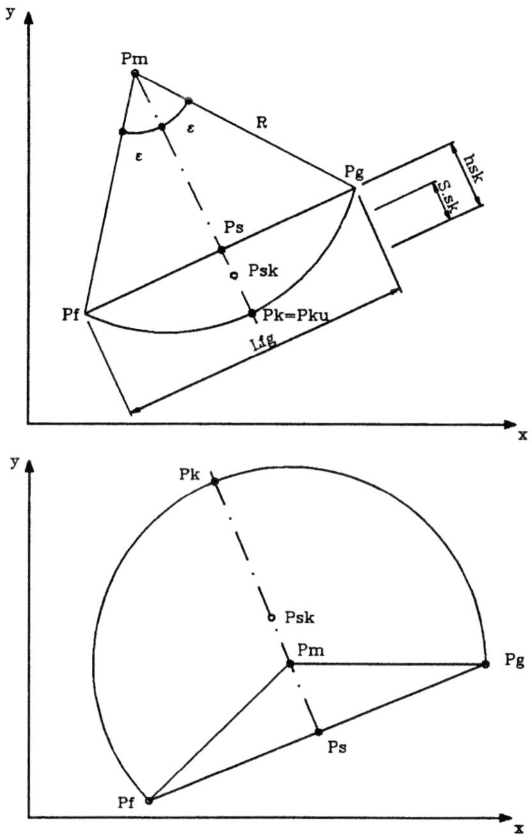

Bild 4.5 Fläche und Schwerpunkt eines Kreisabschnittes
a. Unterer Kreisabschnitt (bei positiver Gleitflächenkrümmung)
b. Oberer Kreisabschnitt (bei negativer Gleitflächenkrümmung)

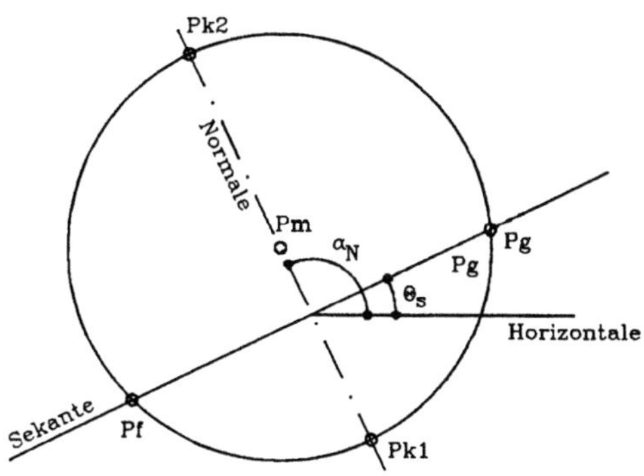

Bild 4.6 Hilfspunkte auf dem Kreis

b. Fläche des Kreisabschnitts
Die Koordinaten des Hilfspunktes Ps ergeben sich zu
xs = [xg + xf] / 2
ys = [yg + yf] / 2.
Der Abstand des Hilfspunktes Psk vom Hilfspunkt beträgt (vgl. beliebige math. Formelsammlungen)

$$hsk = \sqrt{[ys - yk]^2 + [xk - xs]^2}$$

Damit kann man nach bekannten Formeln den Öffnungswinkel ϵ be rechnen. Für xk ist entweder xk1 oder xk2 zu setzen.
Es ergibt sich
$\cos(\epsilon) = 1 - hsk / R$
und damit der Winkel ϵ.
Die Fläche des Kreisabschnitts ist somit

$$Afk = R^2/ 2 * \{ 2*\epsilon - \sin(2\epsilon) \} \qquad ...(4.15)$$

c. Die Koordinaten des Schwerpunktes sk
Zunächst wird die Länge Lfg der Strecke Pf bis Pg nach dem pythagoräischen Lehrsatz bestimmt. Der Abstand des Schwerpunktes Psk vom Hilfspunkt Pk kann nach bekannten Formelsammlungen zu
Ssk = R - Lfg^3 / [12*Afk]
berechnet werden. Die Koordinaten des Schwerpunktes ergeben sich sodann zu

$$xsk = xk - [xk-xs] * Ssk/hsk$$

$$ysk = yk - [yk-ys] * Ssk/hsk \qquad ...(4.16)$$

Mit xk1, yk1 ergibt sich hieraus der Schwerpunkt des Kreisabschnittes nach Bild 4.5a, mit xk2, yk2 nach Bild 4.5b.

Das Unterprogramm KREISABSCHNITT (Modul GEOMETRI.PBX) behandelt diese Aufgabe programmtechnisch.

4.1.3 Die Geometrie von Stützwand und Böschung

Die Geometrie von Stützwand und Böschung wird durch die Eingabewerte α (Wandneigung), β (Böschungsneigung) und δ (Wandreibungswinkel bzw. Erddruckneigung) beschrieben (Bild 4.7). Die Wandhöhe h ist für die Ermittlung von Erddruck- und Erdwiderstandsbeiwerten nicht von Bedeutung. Wo der Berechnungsparameter auftritt, kann derselbe zu h = 1 gesetzt werden. Weitere Eingabewerte sind das Raumgewicht τ und der Kohäsionswert
c.red = c / (Gamma*h),
auf die weiter unten noch eingegangen wird.
Der Mittelpunkt Pm des Kreises, der die Kreisgleitfläche bildet, ist entweder durch die Mittelpunktskoordinaten xm, ym oder durch die Werte r1 und θ1 (vgl. Grundbautaschenbuch [2]) gegeben. Aus diesen Eingangswerten werden zunächst die Koordinaten der Punkte P0, P1, P2, Pm, Psp, Psk und Ps ermittelt.

Koordinaten des Wand-Fußpunktes P0 (Koordinatenursprung):

$$x0 = 0 \quad ; \quad y0 = 0 \qquad ...(4.17a)$$

Koordinaten des Wand-Kopfpunktes P1:

$x1 = h * \tan(\alpha)$; $y1 = h$ ...(4.17b)

Kreismittelpunkt Pm:
Der Radius des Gleitkreises ergibt sich zu

$R = \sqrt{[\ xm^2 + ym^2\ ]}$ ...(4.17c)

Werden die Koordinaten xm,ym nicht gewählt, sondern über die Eingabewerte r1 und θ1 bestimmt, so ergeben sich

$$xm = x1 - r1 * \sin(\theta 1 - 90°)$$
$$ym = y1 + r1 * \cos(\theta 1 - 90°) \quad ...(4.17d)$$

Schnittpunkt P2 zwischen Gleitkreis und Böschungslinie:
Die Koordinaten x2, y2 werden nach Abschn. 4.1.2.3 berechnet.

Angriffspunkt P4 des Erdwiderstandes:
Die Koordinaten nur für Erdeigengewicht ohne Kohäsion lauten

$xg4 = x1 / 3$; $yg4 = y1 / 3$

Die Koordinaten nur für Kohäsion ohne Erdeigengewicht sind

$xc4 = x1 / 2$; $yc4 = y1 / 2$.

Die Koordinaten x4, y4 im kombinierten Fall müssen durch Iteration ermittelt werden (s.u.).

Schwerpunkt Ps des Gleitkörpers:
Der Gleitkörper setzt sich zusammen aus dem Dreieck $\overline{P0\ P1\ P2}$ mit dem Schwerpunkt Psp und aus dem Kreisabschnitt unterhalb des Dreiecks mit dem Schwerpunkt Psk. Diese beiden Teilschwerpunkte werden mit Hilfe des Toolbox-Moduls "QUERSCHN.PBX" und der Prozedur KREISABSCHNITT (s. Kap. 2 und Abschn. 4.1.2.4) berechnet. Das Gesamtgewicht und der Gesamtschwerpunkt ergibt sich dann hieraus zu

$G = Gp + Gs = Gamma * (Ap+Ak)$

$$xs = [\ Gp * xsp + Gk * xsk\ ] / G$$
$$ys = [\ Gp * ysp + Gk * ysk\ ] / G \quad ...(4.17e)$$

4.1.4 Weitere Parameter (Bild 4.7)

Radius Rr des Reibungskreises [2]:

$Rr = R * \sin(\phi)$ ...(4.18a)

Schnittpunkt P3g0:
Dies ist der Schnittpunkt zwischen der Gewichtskraft G und der Erdwiderstandskraft (ohne Kohäsion) Ep.g0.
Die Steigung der Geraden (auf der Ep.g0 liegt) ist $m43 = \tan(\delta-\alpha)$.
Somit ergeben sich die Koordinaten von P3g0 zu

$$x3g0 = xs$$
$$y3g0 = yg4 + [\ x3g0 - xg4\ ] * \tan(\delta-\alpha) \quad ...(4.18b)$$

Streckenlänge $\overline{Pm\ P3g0}$:

$$Lm3g0 = \sqrt{\{ [x3g0 - xm]^2 + [y3g0 - ym] \}} \qquad ...(4.18c)$$

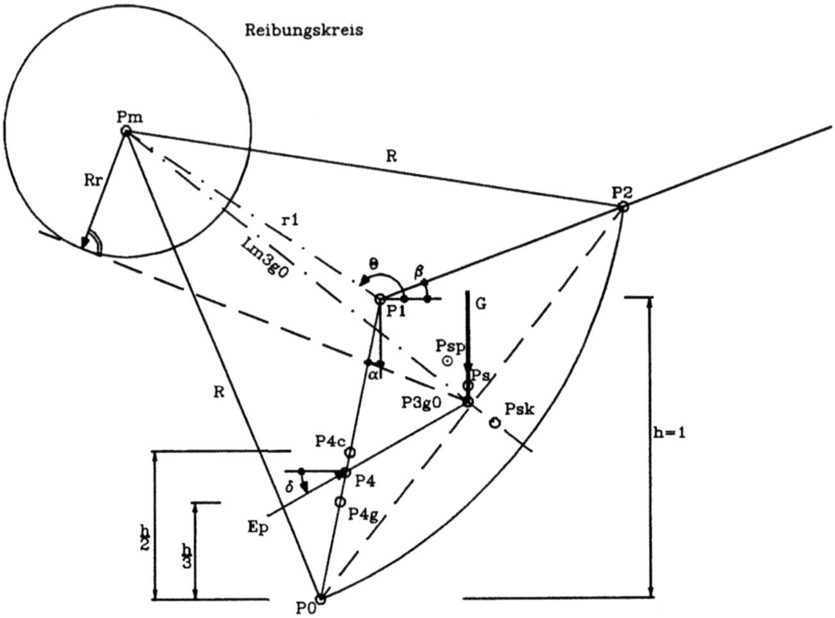

Bild 4.7 Geometrie von Stützwand, Böschung, Gleitkreis und Reibungskreis

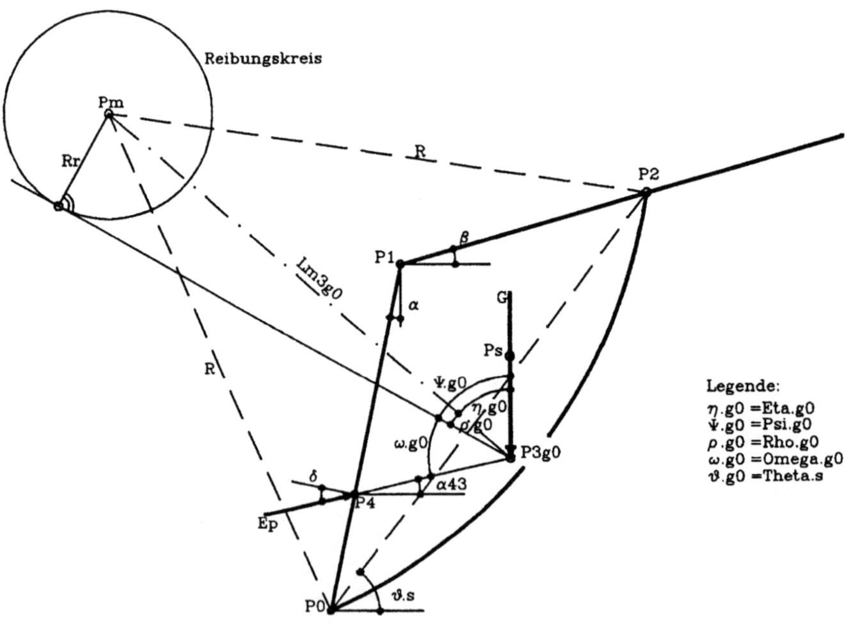

Bild 4.8 Winkelbeziehungen für Erd-Eigenlast ohne Kohäsion

4.1.5 Winkelbeziehungen ohne Berücksichtigung der Kohäsion (Bild 4.8)

Winkel Rho.g0 zwischen der Strecke Lm3g0 und der Tangente an den Reibungskreis:

Rho.g0 = asin(Rr/Lm3g0) ...(4.19a)

Winkel zwischen der Strecke Lm3g0 und der Gewichtskraft G:

Eta.g0 = atan{[x3g0 - xm] / [ym - y3g0]} ...(4.19b)

Winkel Psi.g0 zwischen der Gewichtskraft G und der Tangente an den Reibungskreis sowie Winkel Omega.g0 zwischen der Erdwiderstandskraft Ep.g0 und der Tangente an den Reibungskreis:

Psi.g0 = Rho.g0 + Eta.g0

Omega.g0 = 90° - Psi.g0 + δ - α ...(4.19c)

4.1.6 Erdwiderstand ohne Kohäsion (Bild 4.9)

Der Erdwiderstand Ep.g0 unter Ausschluß der Kohäsion kann aus den Parametern der Gln. (4.17e), (4.19c) mit Hilfe des Sinussatzes einfach bestimmt werden. Aus

G / sin(Omega.g0) = Ep.g0 / sin(Psi.g0)

ergibt sich der Erdwiderstand zu

Ep.g0 = G * [sin(Psi.g0) / sin(Omega.g0)] ...(4.20a)

und der Erdwiderstandsbeiwert zu

Kp.g = 2*Ep.g0/(Gamma*h^2) ...(4.20b)

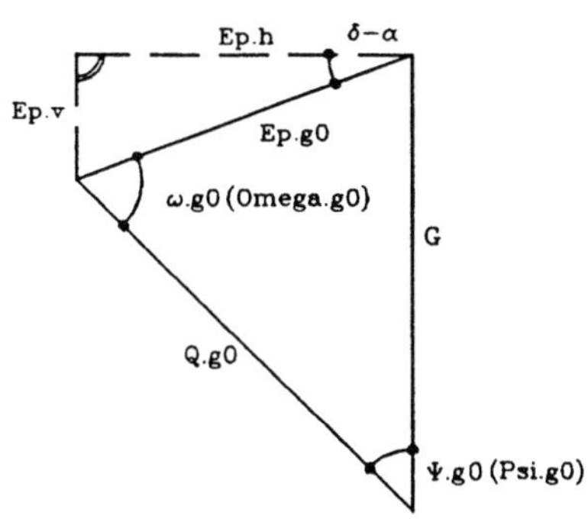

Bild 4.9 Ermittlung des Erdwiderstandes ohne Kohäsion

4.1.7 Die Kohäsionskraft Ckraft (Bild 4.10)

Unter der Kohäsionskraft Ckraft sei die Kraft verstanden, welche in Richtung der Sehne L02 wirkt. Die in der Kreisgleitfläche (tangential) wirkende inkrementale Kohäsionskraft Ci.t beträgt Ci.t = c.red * R * dæ. Der in der Sehnenrichtung wirkende Anteil beträgt Ci.s = c.red * R * cos(æ) * dæ. Daraus ermittelt sich die Kohäsionskraft zu

$$\text{Ckraft} = 2 * \text{c.red} * R * \int_0^{\text{öw}} \cos(\text{æ})\, d\text{æ}$$

$$= 2 * \text{c.red} * R * \sin(\text{öw})$$

Mit sin(öw) = 0.5*L02/R ergibt sich daraus endgültig mit der Sehnenlänge

$$\text{L02} = \sqrt{\{ (x2)^2 + (y2)^2 \}} \qquad \text{...(4.21a)}$$

die Kohäsionskraft zu

$$\text{Ckraft} = \text{c.red} * \text{L02} \qquad \text{... (4.22)}$$

Ferner ist die Richtung der Kohäsionskraft gegeben durch den Winkel Theta.s. Dieser ergibt sich zu

$$\text{Theta.s} = \text{atan}\ (y2/x2) \qquad \text{...(4.21b)}$$

Der Abstand Rc der Ckraft vom Gleitkreismittelpunkt Pm ermittelt sich aus der Momentengleichung

$$\text{Ckraft} * \text{Rc} = 2 * \text{c.red} * R * \int_0^{\text{öw}} R * d\text{æ}$$

zu

$$\text{Rc} = 2 * R^2 * \text{öw} / \text{L02} \qquad \text{... (4.23)}$$

Daraus ergeben sich die Koordinaten des Punktes Pc (Schwerpunkt der Kohäsionskraft) zu

$$\text{xc} = \text{xm} + \text{Rc} * \sin(\text{Theta.s})$$

$$\text{yc} = \text{ym} - \text{Rc} * \cos(\text{Theta.s}) \qquad \text{... (4.24)}$$

Die Resultierende Qres aus der Gewichtskraft G und der Kohäsionskraft Ckraft ergibt sich nach Bild 4.11 zu

$$\text{Qres} = \sqrt{G^2 + \text{Ckraft}^2 + 2 * G * \text{Ckraft} * \sin(\text{Theta.s})} \qquad \text{...(4.25a)}$$

und die Neigung Theta.res der Resultierenden Qres ist

$$\text{Theta.res} = \text{asin}\ \{ [G+\text{Ckraft}*\sin(\text{theta.s})]/\text{Qres} \} \qquad \text{...(4.25b)}$$

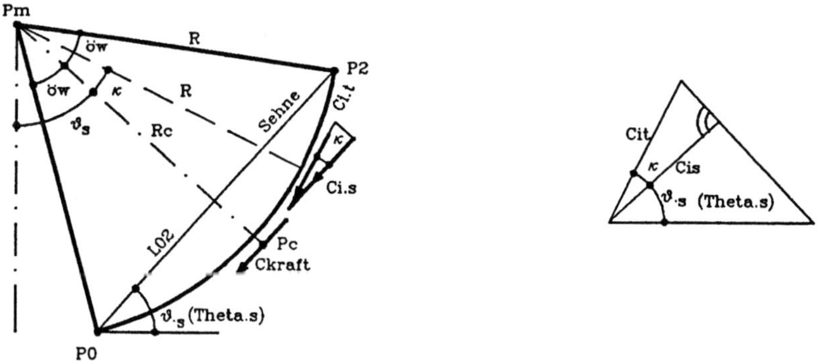

Bild 4.10 Die Wirkung der Kohäsion

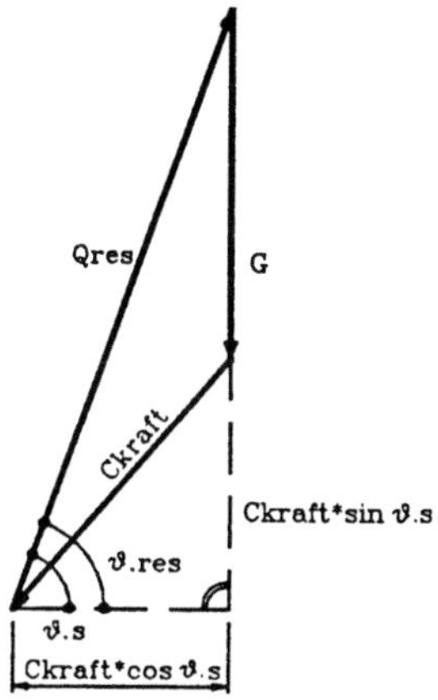

Bild 4.11 Die Ermittlung von Q.res

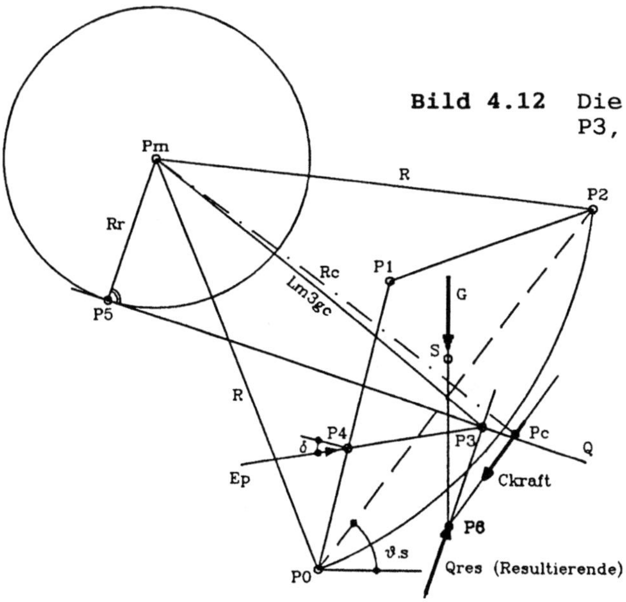

Bild 4.12 Die Schnittpunkte P3, P5 und P6

4.1.8 Schnittpunkte P3, P5 und P6 (Bild 4.12)

Aus der Lage der Gewichtskraft G und der Gleichung der Geraden Ckraft
$y = yc - [\, xc - x \,] * \tan(Theta.s)$
ergeben sich die Koordinaten des Schnittpunktes P6 als Schnittpunkt zwischen dem Gewicht G und der Kohäsionskraft Ckraft zu

$$x6 = xs$$

$$y6 = yc - [\, xc - xs \,] * \tan(Theta.s) \qquad \text{...(4.26)}$$

Der Schnittpunkt P3 zwischen der Resultierenden Qres und dem Erdwiderstand Ep.gc wird mit Hilfe der in Abschn. 4.1.2.2 gezeigten Algorithmen ermittelt. Analog erfolgt die Ermittlung des Punktes P5 (Tangente vom Punkt P3 an den Reibungskreis) nach Abschn. 4.1.2.4.

Die Strecke Lm3gc zwischen P3 und Pm ergibt sich zu

$$Lm3gc = \sqrt{\{\, [x3gc - xm]^2 + [y3gc - ym] \,\}} \qquad \text{...(4.27)}$$

4.1.9 Winkelbeziehungen mit Berücksichtigung der Kohäsion (Bild 4.13)

Winkel Rho(gc) zwischen der Strecke Lm3gc und der Tangente an den Reibungskreis:

$$Rho.gc = \operatorname{asin}(Rr/Lm3gc) \qquad \text{...(4.28a)}$$

Winkel zwischen der Strecke Lm3gc und der Gewichtskraft G:

$$Eta.gc = \operatorname{atan}\{\, [x3gc - xm] \,/\, [ym - y3gc] \,\} \qquad \text{...(4.28b)}$$

Winkel Psi.gc zwischen der Gewichtskraft G und der Tangente an den den Reibungskreis sowie Winkel Omega.gc zwischen der Erddruckkraft Ep.gc und der Tangente an den Reibungskreis:

$$Psi.gc = Rho.gc + Eta.gc$$

$$Omega.gc = 90° - Psi.gc + \delta - \alpha \qquad \text{...(4.28c)}$$

4.1.10 Erdwiderstand mit Kohäsion (Bild 4.13)

Der Erdwiderstand Ep.gc mit Einschluß der Kohäsion kann aus den Parametern der Gln. (4.25a), (4.28c) mit Hilfe des Sinussatzes einfach bestimmt werden. Aus

$$Qres \,/\, \sin(Omega.gc) = Ep.gc \,/\, \sin(Psi.gc)$$

ergibt sich der Erdwiderstand zu

$$Ep.gc = Qres * [\, \sin(Psi.gc) \,/\, \sin(Omega.gc) \,] \qquad \text{...(4.29a)}$$

und der Erdwiderstand aus dem kohäsiven Anteil allein zu

$Ep.0c = Ep.gc - Ep.g0$ ...(4.29b)

Somit ergibt sich der Erdwiderstandsbeiwert für den kohäsiven Anteil zu

$Kp.0c = Ep.0c \ / \ c.red$ ...(4.29b)

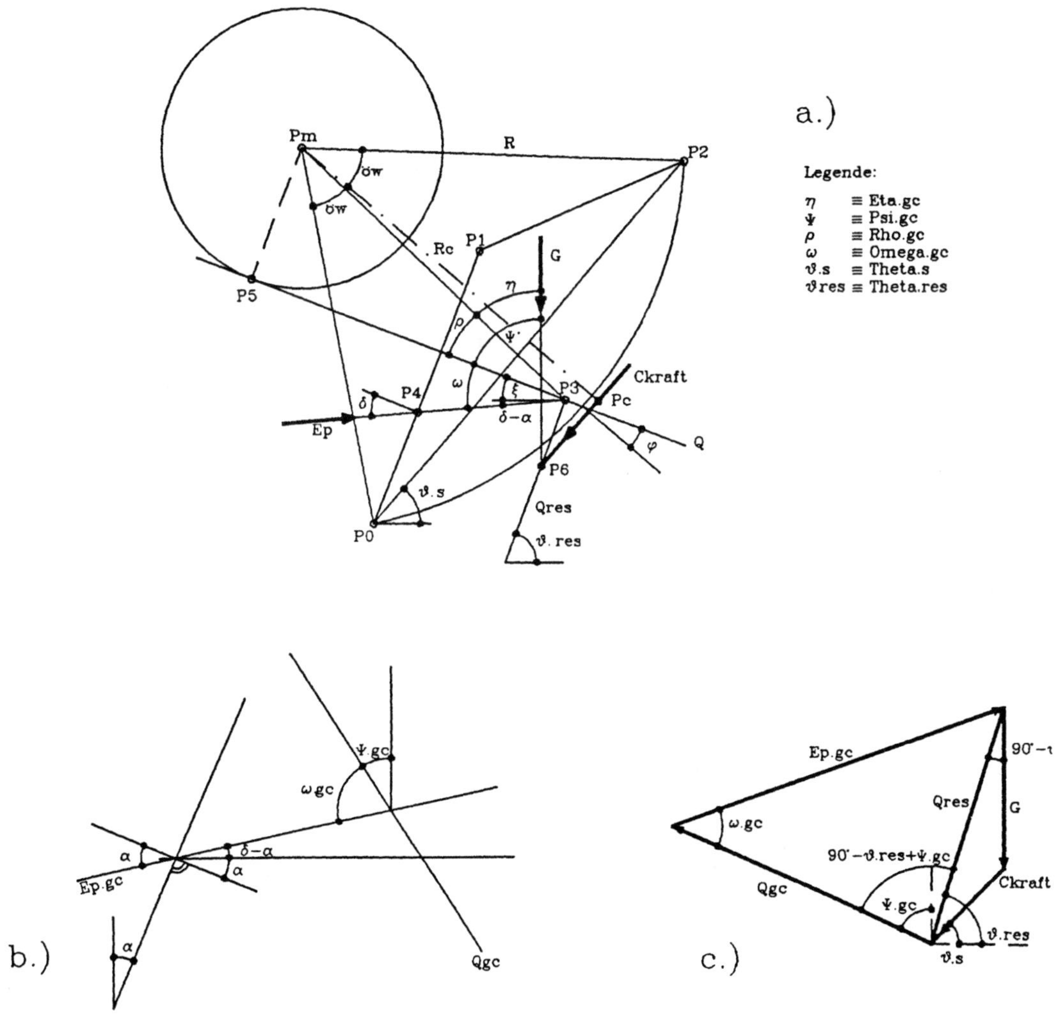

Bild 4.13 Winkelbezeichnungen bei Berücksichtigung von Kohäsion
a. Übersicht
b. Ausschnitt für die Winkel Psi.gc und Omega.gc
c. Ermittlung des Erdwiderstandes mit Kohäsion

Der Beiwert für Erdwiderstand aus Gewicht wurde in Abschn. 4.1.6 Gl. (4.20b) ermittelt

Lage des Angriffspunktes P4 an der Stützwand:
Da die Lage des Punktes P4 sich auf die Größe des Erdwiderstandes auswirkt, müssen Ep.gc und der Punkt P4 durch Iteration ermittelt werden. Die Koordinaten von P4 ergeben sich für jeden Iterationsschritt aus der Gleichung

Ep.gc * y4 = Ep.g0 * h/3 + (Ep.gc - Ep.g0) * h/2

zu

y4 = h/2 * { 1 - 1/3 * Ep.g0 / Ep.gc }

x4 = y4 * tan(α) ...(4.30)

4.2 Gleitflächen mit negativer Krümmung (Bilder 4.14, 4.15)

Obige Ableitungen gelten auch weitgehend für Kreisgleitflächen negativer ("konkaver") Krümmung. Es werden deshalb hier nur die Formeln aufgeführt, welche sich für konkave Krümmung ändern.

Gesamtgewicht und Gesamtschwerpunkt:

G = Gp - Gs = Gamma * (Ap-Ak)

xs = [Gp*xsp - Gk*xsk] / G

ys = [Gp*ysp - Gk*ysk] / G ...(4.31a)

Die Koordinaten des Punktes Pc (Schwerpunkt der Kohäsionskraft) ergeben sich für konkave Krümmung zu

xc = xm + Rc * sin(Theta.s)

yc = ym - Rc * cos(Theta.s) ...(4.31b)

Der Erdwiderstand ermittelt sich wie für konvexe Krümmung.

Steigungswinkel der Kreisgleitfläche im Punkt P0:
Es ist zu prüfen, ob die Gleitfläche nicht in die Wand einschneidet (Bild 4.16). Hierzu dient die Ermittlung des Steigungswinkels α0 der Tangente im Punkt P0.

α0 = atan{ [xm - x0] / [y0 - ym] } ...(4.31c)

Damit kein Einschneiden stattfindet, muß α0 ≤ [90° - 0] sein.

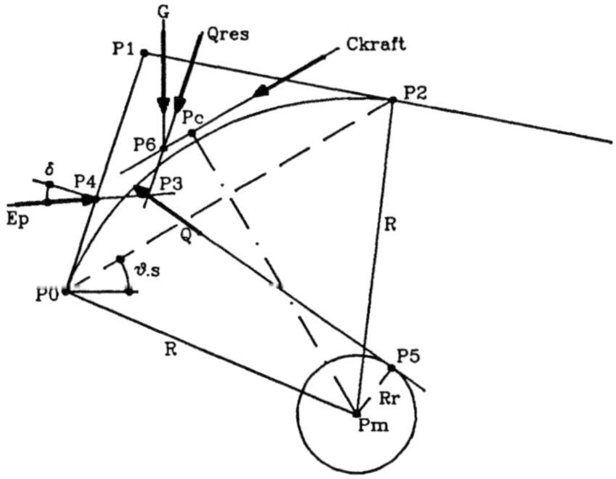

Bild 4.14 Gleitfläche mit negativer Krümmung

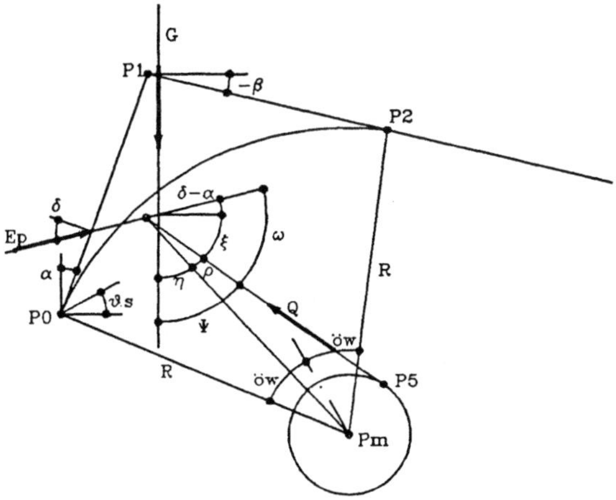

Bild 4.15 Winkelbeziehungen bei negativer Gleitflächenkrümmung

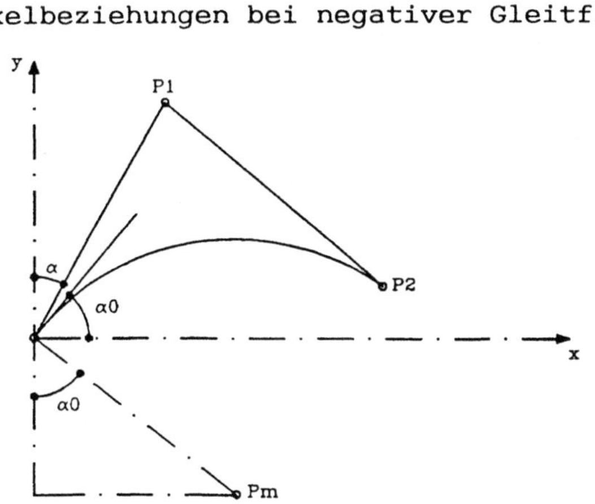

Bild 4.16 Randbedingungen der Gleitfläche am Wandfuß P0

4.3 Die Programmierung des Erdwiderstandes mit Kreisgleitflächen

4.3.1 Allgemeines

Für das Programm EPKREIS wird keine Datei angelegt, da sowohl Eingabe als auch Ausgabe nur aus wenigen Werten bestehen. Damit jedoch Eingabewerte und Ergebnisse nicht nur über eine Hardcopy des Bildschirminhalts gedruckt zur Verfügung stehen, ist ein programmgesteuerter Ausdruck vorgesehen.
Das Programm besteht aus den Programmteilen

- Allgemeines
  mit Definitionen und der Liste der Variablen
- Eingabe
  der Werte Phi(°), Beta(°), Alpha(°), Delta(°) und c.red(-)
- Verzweigung
  Hier wird aufgrund einer einzugebenden Kennziffer entweder zur Eingabe, zur Berechnung des minimalen Ep-Wertes, zur Berechnung eines vorgegebenen Kreismittelpunktes (Zwangsgleitfläche) oder zum Ausdruck der Ergebnisse verzweigt
- Konvexer Kreisbogen
  Hier wird der Ep-Wert für die positive (konvexe) Gleitflächen krümmung unter Benutzung des Unterprogrammes EPKREISKONVEX ermittelt
- Konkaver Kreisbogen
  Hier wird der Ep-Wert für die negative (konkave) Gleitflächenkrümmung unter Benutzung des Unterprogrammes EPKREISKONKAV ermittelt
- Erdwiderstandsbeiwerte
  Hier wird entschieden welche Gleitflächenform die ungünstigste ist, bzw. ob die ebene Gleitfläche zugrundegelegt werden kann. Ferner erfolgt die Ausgabe der Ergebnisse auf dem Bildschirm.
- Unterprogramm EPKREISKONVEX
- Unterprogramm EPKREISKONKAV
- Einbinden der $INCLUDE-Dateien
  Die erforderlichen Programme der TOOLBOX werden mit in das Programm eingebunden

4.3.2 Die Iterationstechnik zur Berechnung des minimalen Ep-Wertes

Der "Rechenkern" des Programms ist in den Teilen "Konvexer" Kreisbogen" und "Konkaver Kreisbogen" enthalten. Beide Programmteile sind parallel aufgebaut (in folgenden Erläuterungen wird ohne Angabe der Kreisbogenform stets der konvexe Kreisbogen gemeint).

Zunächst erfolgt das "Einfangen" des Minimumbereiches durch ein sich veränderndes und verschiebendes Raster von angenommenen Gleitflächen, definiert durch den jeweiligen Gleitflächenpol, d.h. Kreismittelpunkt des Gleitkreises. Begonnen wird mit einem relativ feinmaschigen Netz (Bild 4.17a, 4.17b) um den Koordinatennullpunkt P0 (0,0), der mit dem Fußpunkt der Wand identisch ist. Dieser Bezugspunkt des gerade aufgespannten Netzes wird mit Pm.0 bezeichnet.

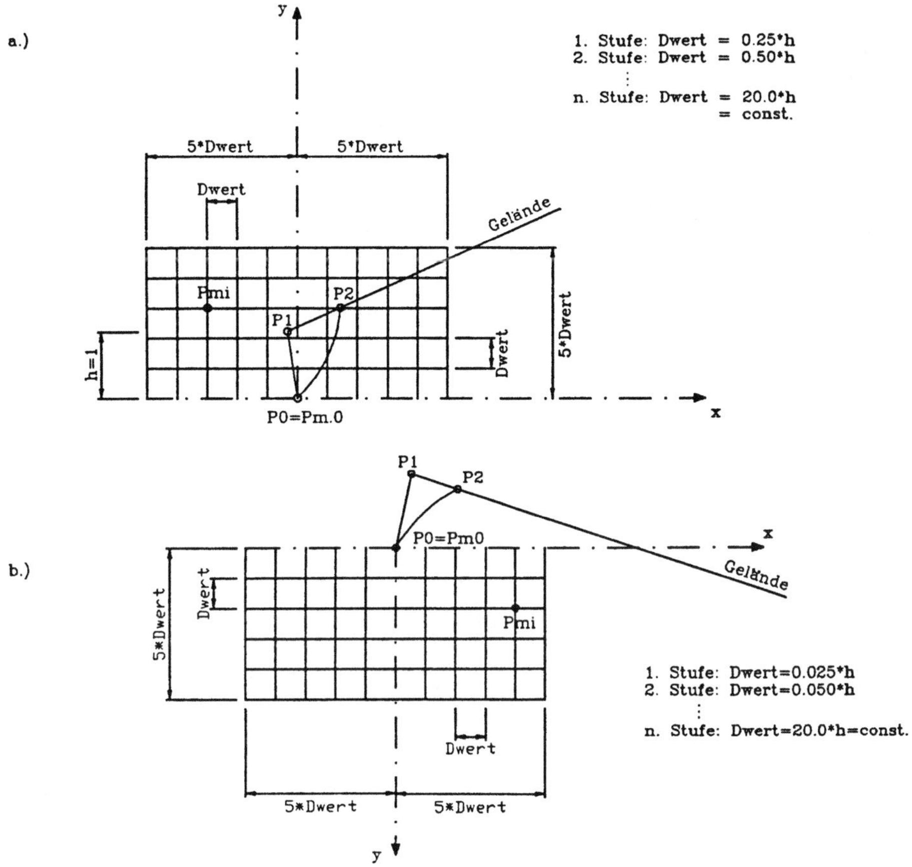

Bild 4.17 Einfangen des Minimumbereiches
a. Konvexe Gleitfläche **b.** Konkave Gleitfläche

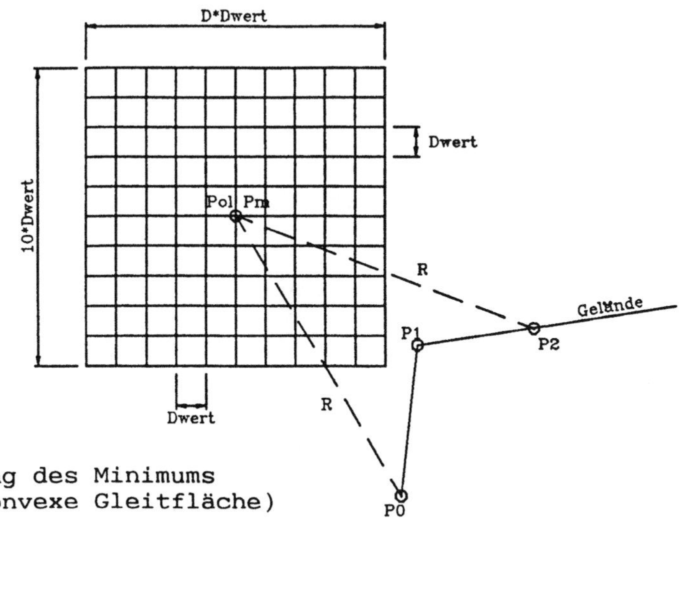

Bild 4.18 Berechnung des Minimums
(gezeigt für eine konvexe Gleitfläche)

Es wird nun zunächst derjenige Rasterpunkt gesucht, der in dem gerade aufgespannten Raster den kleinsten Ep-Wert liefert. Dieser Rasterpunkt wird dann als neuer Bezugspunkt Pm.0 gesetzt. Von diesem Punkt aus wird mit vergrößerten Maschenweiten "Dwert" ein neues Raster aufgespannt (wieder ± 5 * Dwert in x-Richtung und + 5 * Dwert in y-Richtung).
Dieser Mechanismus wird solange fortgesetzt, bis der kleinste Ep-Wert der sich verschiebenden Raster erreicht ist bzw. bis das Raster nicht mehr verschoben wird. Hierbei wird die jeweilige Vergrößerung der Maschenweite Dwert nur bis zu einen oberen Grenzwert vorgenommen. Eine weitere obere Grenze ist für die Koordinaten des Bezugspunktes Pm.0 eingebaut. Wenn nämlich der Punkt Pm.0 mehr als 500 * h vom Wandfuß entfernt liegt, ist die Berechnung mit ebenen Gleitflächen hinreichend genau.

Nach Erreichen des wahrscheinlichen Minimumbereichs erfolgt die Berechnung des Minimums, d.h. die Suche nach dem wirklich minimalen Ep-Wert. Diese Berechnung erfolgt im Prinzip analog den vorstehenden Ausführungen, nur daß die Berechnung mit demjenigen Pol beginnt, der beim "Einfangen des Minimums" als maßgebender Punkt ermittelt wurde (Bild 4.18). Ferner wird das Rasternetz jetzt nicht mehr rechteckig, sondern quadratisch mit (10*Dwert/10*Dwert) aufgespannt und der Dwert wird bei jedem neuen Raster anstatt vergrößert nunmehr mit 0.1 verkleinert. Iteriert wird so lange, bis der Dwert einen unteren Grenzwert erreicht. Wenn die Differenz der ermittelten Ep-Werte einen weiteren Grenzwert unterschreitet, wird die Iteration ebenfalls beendet. Falls der Gleitflächenpol mehr als 200*h vom Fußpunkt der Wand entfernt liegt, wird zur Berechnung mit ebenen Gleitflächen verzweigt.

Der Dwert wird mit dem oberen Grenzwert 4*h (bei Ep-Werten > 10^5) bzw. mit 2*h begrenzt. Sonst wird der Dwert jeweils zu 0.1*Dwert des vorhergehenden Dwertes festgelegt.

Die eigentlichen Berechnungen erfolgen jeweils in den Unterprogrammen EPKREISKONVEX und EPKREISKONKAV, welche entsprechend oft aufgerufen werden müssen. Hier sind die in Abschn. 4.1 beschriebenen Algorithmen programmiert, so daß sich eine Beschreibung dieser Aufgaben in diesem Abschnitt erübrigt.

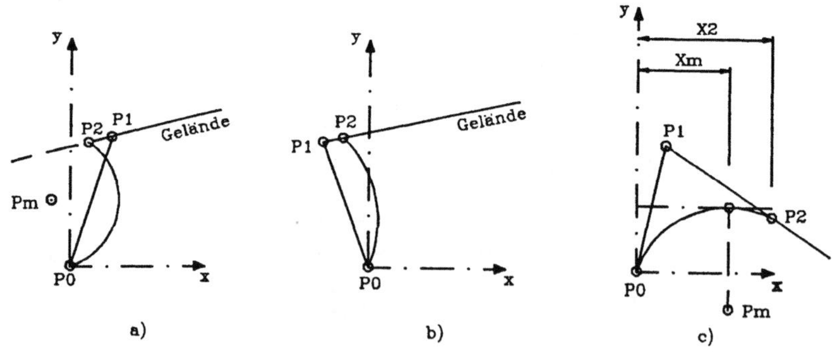

Bild 4.19 Grenzen der Randbedingungen (Gleitkreise)
a. Gleitkreis schneidet die Wand
b. Extrem überhängender Gleitkreis
c. Nach "unten" geneigter konkaver Gleitkreis

4.3.3 Ausschluß von unwahrscheinlichen Randbedingungen

Bei der Programmierung sind noch folgende Einschränkungen zu beachten bzw. es werden zusätzlich folgende Grenzen gesetzt (Bilder 4.19a bis 4.19c):

a) Wenn x2 < x1 schneidet der Gleitkreis die Wand. Dieser Fall ist auszuschließen.
b) Wenn x2 < x0 (also x2 < 0) dann "kippt" der Gleitkreis nach vorn. Dieser Fall wird ausgeschlossen, da dermaßen überhängende Gleitkreise unwahrscheinlich sind. Generell werden jedoch überhängende Kreise berücksichtigt (vgl [5]).
c) Bei konkaver Gleitflächenkrümmung wird noch der Fall ausgeschlossen, daß die Gleitfläche eine Gegenkrümmung aufweist, d.h. im Schnittpunkt Kreis-Gelände (P2) nach unten geneigt ist. Bei aktivem Erddruck wäre diese Abgrenzung sofort einsichtig, da der betreffende Teil des Gleitkörpers nicht mehr zur Wand hin abrutschen kann. Dies muß zwar nicht bedeuten, daß auch beim Erdwiderstand dieser Bereich nicht mit herangezogen werden kann, jedoch erscheint diese Möglichkeit nur theoretisch brauchbar.
d) Weitere geometrische, statische und kinematische Unverträglichkeiten werden durch entsprechende Abfragen ebenfalls aus geschaltet.

4.4 Variablennamen und deren Bedeutung

Stringvariablen

F1$ - F2$	Formatstrings
FD$	"
FA$	Ausschalten des Fettdrucks
FE$	Einschalten " "
FIRMA$	Adressenstring
GLEIT$	Beschreibung der Gleitflächenkrümmung
HZ$	Text für Info-String
KARTE$	Kennwort für die Grafikkartenerkennung
KENN$	Kennung der Gleitflächenart
KONVEXKENN$	Kennung der konvexen Gleitflächen
KONVEXGLEIT$	Beschreibung der konvexen Gleitflächenkrümmung
KONKAVKENN$	Kennung der konkaven Gleitflächen
KONKAVGLEIT$	Beschreibung der konkaven Gleitflächenkrümmung
LL$	Linienstring
L1$ - L3$	"
LT1$ - LT4$	"
PARAM$	Steuerstring
TOA$	Überschriften
TOB$	"
T1$-T5$	Tabellenüberschriften
TA$	Überschrift für die Ausgabe der Ergebnisse
TEXT$ ()	Stringarray für die Titelüberschriften
ZUST$	Kennung ob aktiver oder passiver Grenzzustand

Integervariablen im Hauptprogramm

IKZ	Kenn- und Steuerziffer
HF%	Hintergrundfarbe
VF%	Vordergrundfarbe

Integervariablen

	Zusätzlich in UP EPKREISKONVEX u. EPKREISKONKAV:
IIN	Anzahl der Ecken des Gewichtspolygons

DBL-Realvariablen im Hauptprogramm

ALPHA	α in Bogenmaß
ALPHAGRAD	α in Altgrad
BETA	β in Bogenmaß
BETAGRAD	β in Altgrad
BOG	Umrechnungsfaktor Altgrad -> Bogenmaß
CRED	Bezogener Kohäsionswert c / (Gamma*h)
DELTA	δ in Bogenmaß
DELTAGRAD	δ in Altgrad
DELTHET	Auf 1. Quadranten reduziertes T1GRAD in Bogenmaß
DWERT	Rastermaß für die Iteration
EPGO	Gesamterdwiderstand inf. Reibung
EPGC	inf. Reibung + Kohäsion
EP.O	Iterationswert Ep bei Suche des Minimumbereichs
EP.ALT	" " "
EP.URALT	" " "
EP.OG	Iterationswert Epg bei Berechnung des Minimums
EPGO.MIN	" Epg " "
EPGC.MIN	" Ep " "
EPGOKAV	EPGO für konkave Gleitfläche bei Einzeleingabe
EPGCKAV	EPGC für konkave Gleitfläche bei Einzeleingabe
EPGOVEX	EPGO für konvexe Gleitfläche bei Einzeleingabe
EPGCVEX	EPGC für konvexe Gleitfläche bei Einzeleingabe
EPGC.EBEN	Gesamterdwiderstand für ebene Gleitfläche
EPGO.KAV	EPGO für konkave Gleitfläche bei Iteration
EPGC.KAV	EPGC " " "
EPGO.VEX	EPGO für konvexe Gleitfläche bei Iteration
EPGC.VEX	EPGC " " "
EP.PRN	Gesamt-Ep für Bildschirmausgabe Zwischenwerte
EPG.PRN	Ep inf.Reibg. f.Bildschirmausgabe Zwischenwerte
EPC.PRN	Ep inf.Kohäs. f.Bildschirmausgabe Zwischenwerte
KG	Erdw.st.beiwert inf. Reibung: Ebene Gleitfläche
KC	" inf. Kohäsion: " "
KG.H	Horizontalanteil von KG
KC.H	" von KC
KG.V	Vertikalanteil von KG
KC.V	" von KC
KPG	Gesamterdwiderstandsbeiwert inf. Reibung
KPC	inf. Kohäsion
KPG.H	Horizontalanteil von KPG
KPC.H	" von KPC
KPG.V	Vertikalanteil von KPG
KPC.V	" von KPC
KPGO	Erdwiderstandsbeiwert nur für Reibung
KPGO.H	Horizontalanteil von KPGO
KPGO.V	Horizontalanteil von KPGO
KPOC	Erdwiderstandsbeiwert nur für Kohäsion
KPOC.H	Horizontalanteil von KPOC
KPOC.V	Horizontalanteil von KPOC
KG.KAV	Erdw.st.beiw. f.Φ: ebene Gleitfl. im Fall KONKAV
KC.KAV	" c: " " "

DBL-Realvariablen im Hauptprogramm

KG.VEX	Erdw.st.beiw. f.Φ: ebene Gleitfl. im Fall KONVEX
KC.VEX	" c: " " "
PHI	Φ in Bogenmaß
PHIGRAD	Φ in Altgrad
PI	3.14159...
SCHRANKE	Unterer Grenzwert 10^-38
R1	Abstand Pm - P1 (bei Einzeleingabe)
T1GRAD	Winkel zw. Horizontalen u. R1 (bei Einzeleing.)
TG	Gleitflächenwinkel Halbraum in Bogenmaß
TG.0	Iterationszwischenwerte der Halbraumgleitfläche
TG.MIN	" " "
TG.KAV	Gleitflächenwinkel Halbraum im Fall "Konkav"
TG.VEX	im Fall "Konvex"
THETAGLEIT	Gleitflächenwinkel Halbraum in Altgrad
THETAGRAD	Ebener Gleitflächenwinkel (°) n. COULOMB/GROSS
THETA.KAV	Ebener Gleitflächenwinkel (°) im Fall "Konkav"
THETA.VEX	im Fall "Konvex"
XM , YM	Koordinaten des Spiralenpols
XM.0 , YM.0	Iterationswerte des Pols beim Einfangen
XM.ALT ,YM.ALT	" " " " "
XM.MIN ,YM.MIN	Iterationswerte beim Berechnen des Minimums
XM.KAV ,YM.KAV	" im Fall "Konkav"
XM.VEX ,YM.VEX	" im Fall "Konvex"

DBL-Realvariablen zusätzl. in UP EPKREISKONVEX u. EPKREISKONKAV

AFP	Fläche des Polygons [Gewicht f. Gamma = 1]
AFK	Fläche des Kreissektors [Gewicht f. Gamma = 1]
ALPHA	Neigung der Wand (Bogenmaß)
ALFA43	Steigungswinkel der Geraden P4-P3 (Bogenmaß)
ALFANORMALE	Steigungswinkel αN (Rad) der Normalen (Bild 4.6)
BETA	Geländeneigungswinkel (Bogenmaß)
BOG	Umrechnungsfaktor Altgrad-Bogenmaß
CRED	Bezogene Kohäsion c / (Gamma*h)
CKRAFT	Kohäsionskraft
DELTA	Wandreibungswinkel (Bogenmaß)
EPG0	Erdwiderstand inf. Reibung
EPGC	Erdwiderstand inf. Reibung + Kohäsion
ETAG0	Winkel zwischen LM3G0 und G
ETAGC	" " LM3GC und G
GP	Gewichtskraft (Gamma = 1) des Polygons
GK	Gewichtskraft (Gamma = 1) des Kreissektors
G	Gesamtgewichtskraft (Gamma = 1) GP+GK
LM3G0	Abstand P3g0 - Pm
LM3GC	Abstand P3gc - Pm
M43	Steigung der Geraden P4 - P3
MRESULT	Steigung der Resultierenden
OEFFNUNGSWINKEL	Winkel ÖW nach Bild 4.10 und 4.13
OMEGAG0	Winkel Omega.g0 nach Bild 4.13
OMEGAGC	" Omega.gc " " "
PHI	Reibungswinkel des Bodens (Rad)
PI	3.14159...
PSIG0	Winkel Psi.g0 nach Bild 4.13
PSIGC	" Psi.gc " " "
R	Radius des Gleitkreises
RC	Abstand Pc - Pm (Abst. CKRAFT bis Pm)

DBL-Realvariablen	zusätzl. in UP EPKREISKONVEX u. EPKREISKONKAV
RR	Radius des Reibungskreises
RESULT	Resultierende aus G und CKRAFT
RHOG0	Winkel Rho.g0 nach Bild 4.13
RHOGC	" Rho.gc " " "
SCHRANKE1	Unterer Grenzwert für Abfragen
SEHNE02	Sehnenlänge P0 - P2
SINRHOG0	sin(Rho.g0)
SINRHOGC	sin(Rho.gc)
SINTHETARES	sin(Theta.Res)
SINWINKEL	Sin(ÖW)
TANALF	tan(α)
THETARESULT	Winkel zw. Result. u. Horizontale (Bild 4.11)
THETASEHNE	Winkel zw. Sehne (SEHNE02) u. Horiz. (Bild 4.11)
X1 , Y1	Koordinaten des Wandkopfes P1
X2 , Y2	Koordinaten des Schnittpunktes P2
X3G0 , Y3G0	Koordinaten des Schnittpunktes P3.g0
X3GC , Y3GC	Koordinaten des Schnittpunktes P3.gc
X4G0 , Y4G0	Koordinaten des Schnittpunktes P4.g0
X4GC , Y4GC	Koordinaten des Schnittpunktes P4.gc
X5G0 , Y5G0	Koordinaten des Schnittpunktes P5.g0
X5GC , Y5GC	Koordinaten des Schnittpunktes P5.gc
X6 , Y6	Koordinaten des Schnittpunktes P6
XC , YC	Koordinaten des Punktes Pc (Bild 4.10)
XM , YM	Koordinaten des Spiralenpols
XK1 , YK1	Koordinaten des Punktes Pk1 (Bild 4.6)
XK2 , YK2	Koordinaten des Punktes Pk2 (Bild 4.6)
X2I , Y2I	Schnittpunkt Pi der Sekante nach Bild 4.3
X2K , Y2K	Schnittpunkt Pk der Sekante nach Bild 4.3
XKO , YKO	Hilfspunkt Pko: Oberer Schn.pkt n. Bild 4.5b
XKU , YKU	Hilfspunkt Pku: Unterer Schn.pkt n. Bild 4.5a
XSP , YSP	Schwerpunktkoordinaten Polygon
XSK , YSK	Schwerpunktkoordinaten Kreissektor
XS , YS	Schwerpunktkoordinaten Gleitkörper
X( ) , Y( )	Array der Koordinaten f. UP "QUERSCHNITT"
YVERGLEICH	Hilfswert

4.5 Beispiele

Es wird der Erdwiderstand für eine bestimmte Kombination von Eingabewerten mit und ohne Kohäsion berechnet. Wie zu sehen ist, wird bei dem Ansatz der Kohäsion nicht nur der eigentliche Kohäsionswiderstand geweckt, sondern auch der Erdwiderstand nur aus Reibung wird verändert. Dies resultiert aus der gemeinsamen, einen größeren Erdwiderstand hervorrufenden Gleitfläche. Will man also den Gesamteinfluß der Kohäsion beurteilen, so sollte man nicht nur die Unterschiede zwischen Ep inf. g und Ep inf. c betrachten, sondern auch die Differenz von Ep nur inf. g und Ep infolge g+c.

4.5.1 Beispiel 4.1

Erdwiderstand mit Kreisgleitflächen bei positiver (konvexer) bzw. negativer (konkaver) Gleitflächenkrümmung

---

Bodenkennwerte:

Reibungswinkel	Phi	(°)	=	30
Böschungswinkel	Beta	(°)	=	25
Wandneigung	Alpha	(°)	=	10
Wandreibungswinkel	Delta	(°)	=	-20
Kohäsionswert	c.red	(-)	=	0

Erdwiderstandsbeiwerte:

Gleitflächenkrümmung: Konvexe Gleitfläche

Lage des Gleitflächenpols:

xm/h	ym/h
0.40	1.03

Reibung:
Kpg = 10.532
Kpg.h = 9.121
Kpg.v = -5.266

Kohäsion:
Kpc = 0.000
Kpc.h = 0.000
Kpc.v = 0.000

4.5.2 Beispiel 4.2

Erdwiderstand mit Kreisgleitflächen bei positiver (konvexer) bzw. negativer (konkaver) Gleitflächenkrümmung

---

Bodenkennwerte:

Reibungswinkel	Phi	(°)	=	30
Böschungswinkel	Beta	(°)	=	25
Wandneigung	Alpha	(°)	=	10
Wandreibungswinkel	Delta	(°)	=	-20
Kohäsionswert	c.red	(-)	=	0.2

Erdwiderstandsbeiwerte:

Gleitflächenkrümmung: Konvexe Gleitfläche

Lage des Gleitflächenpols:

xm/h	ym/h
0.46	1.52

Reibung:
Kpg = 11.773
Kpg.h = 10.196
Kpg.v = -5.887

Kohäsion:
Kpc = 17.018
Kpc.h = 14.738
Kpc.v = -8.509

5 Spiralgleitflächen

5.1 Theoretische Grundlagen

5.1.1 Allgemeines

Die Ermittlung von Erdwiderstandsbeiwerten unter Verwendung der logarithmischen Spirale als Gleitfläche hat gegenüber der Berechnung mit Kreisgleitflächen gewisse Vorteile. Bei dieser Kurve gehen die resultierenden Spannungen an der Gleitfläche alle durch den Spiralenpol, da diese Spannungen unter dem Winkel Φ (also dem Reibungswinkel) gegen die jeweiligen Gleitflächenlote geneigt sind. Der Rechenaufwand wird also bei logarithmischen Spiralgleitflächen trotz der komplizierteren Funktionsgleichung summa summarum geringer ausfallen als bei der Kreisgleitfläche.

5.1.2 Geometrische Fragestellungen

5.1.2.1 Die Geometrie von Stützwand und Böschung

Die Geometrie von Stützwand und Böschung wird wiederum durch die Eingabewerte α (Wandneigung), β (Böschungsneigung) und δ (Wandreibungswinkel bzw. Erddruckneigung) beschrieben (vgl. Bild 5.1).

Die Wandhöhe h ist, wie bereits in Kap. 3 erwähnt, für die Ermittlung von Erddruck- und Erdwiderstandsbeiwerten nicht von Bedeutung. Wo dieser Berechnungsparameter auftritt, kann derselbe zu h = 1 gesetzt werden.
Weitere Eingabewerte sind das Raumgewicht Gamma und der Kohäsionswert c.red = c / (Gamma*h).

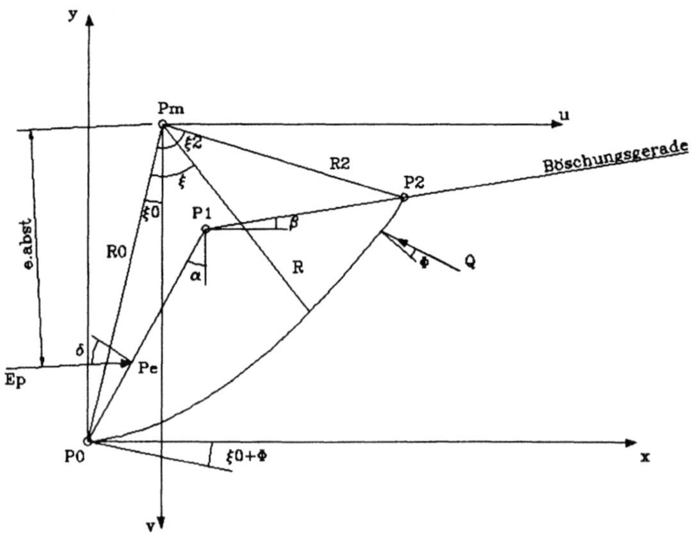

Bild 5.1 Geometrie von Stützwand, Böschung und Spiralgleitfläche

Der Pol der Spirale Pm ist durch die Polkoordinaten xm,ym gegeben.

Die Koordinaten des Wand-Fußpunktes P0 (Koordinatenursprung des x,y-Koordinatensystems), des Wand-Kopfpunktes P1 und des Spiralenpols Pm werden in Abschn. 5.1.2.4 ermittelt.
Der Schnittpunkt P2 zwischen Gleitfläche und Böschungslinie wird in Abschn. 5.1.2.6 berechnet.

Angriffspunkt Pe (=P4) des Erdwiderstandes:
Die Koordinaten nur für Erdeigengewicht ohne Kohäsion lauten

$$xg4 = x1 / 3 \quad ; \quad yg4 = y1 / 3$$

Die Koordinaten nur für Kohäsion ohne Erdeigengewicht sind

$$xc4 = x1 / 2 \quad ; \quad yc4 = y1 / 2$$

Im Gegensatz zur Erddruckermittlung mit Kreisgleitflächen sind die Koordinaten der Angriffspunkte für Erdeigengewicht und Kohäsion voneinander unabhängig und brauchen für Spiralgleitflächen nicht durch Iteration miteinander verknüpft zu werden.

5.1.2.2 Die Gleichung der logarithmischen Spirale

Die Gleichung lautet in Polarkoordinaten (Bild 5.1)

$$R = R0 * e^{Ç*\tan(\Phi)}$$

mit

$$R0 = \sqrt{[\ xm^2 + ym^2]} \qquad ...(5.1)$$

5.1.2.3 Das transformierte Koordinatensystem u,v (Bild 5.1)

Die geometrischen Beziehungen zwischen logarithmischer Spirale und Böschungsgerade, Wandgerade usw. gestalten sich einfacher, wenn ein Koordinatensystem verwendet wird, das seinen Koordinatenursprung im Pol der Spirale hat, wobei die u-Koordinate positiv nach rechts und die v-Gerade positiv nach unten gerichtet ist.
Die Transformationsformeln lauten

$$u = x - xm$$
$$v = ym - y \qquad ...(5.2a)$$

und die Umkehrung

$$x = xm + u$$
$$y = ym - v \qquad ...(5.2b)$$

Die Transformation der Koordinaten u, v in das Polarkoordinatensystem r,Ç kann mit folgenden Formeln vorgenommen werden:

$$u = r * \sin(Ç-Ç0)$$
$$v = r * \cos(Ç-Ç0) \qquad ...(5.2c)$$

5.1.2.4 Die Koordinaten der Punkte P0, P1 und Pm

Die Koordinaten lauten im x,y-System für den Punkt P0

$x0 = 0 \quad , \quad y0 = 0$

und für den Punkt P1

$$x1 = h * \tan(\alpha) = \tan(\alpha)$$
$$y1 = h = 1 \qquad ...(5.3)$$

Die Koordinaten xm, ym des Punktes Pm sind gegeben bzw. werden gewählt.

Die Koordinaten der Punkte im u,v-System ergeben sich zu

$$u0 = - xm$$
$$v0 = + ym$$

$$u1 = x1 - xm$$
$$v1 = ym - y1$$

$$um = 0$$
$$vm = 0 \qquad ...(5.4)$$

5.1.2.5 Die Gleichung der Böschungsgeraden

Im x,y-Koordinatensystem lautet die Geradengleichung

$$y = h * [1 - \tan(\alpha) * \tan(\beta)] + x * \tan(\beta) \qquad ...(5.5a)$$

Daraus ergibt sich mit Hilfe der Gln. (5.2b) die Geradengleichung im u,v-System zu

$$v = A - u * \tan(\beta) \qquad ...(5.5b)$$

mit der Abkürzung

$$A = ym - xm * \tan(\beta) - h * [1 - \tan(\alpha) * \tan(\beta)] \qquad ...(5.6)$$

Mit Hilfe der Gln. (5.2c) läßt sich die Geradengleichung der Böschung im Polarkoordinatensystem darstellen. Aus der Ausgangsgleichung

$$R * \cos(Ç-Ç0) = A - R * \sin(Ç-Ç0) * \tan(\beta)$$

erhält man nach einigen Umformungen

$$R = A * \cos(\beta) / \cos(Ç-Ç0-\beta) \quad \text{mit}$$

$$Ç0 = \text{atan}\ (xm/ym) \qquad ...(5.7)$$

5.1.2.6 Der Schnittpunkt P2 zwischen Gleitfläche und Böschungsgerade

Die Polarkoordinaten r2, Ç2 des Punktes P2 erhält man durch Gleichsetzen der Spiralengleichung Gl. (5.1) mit der Gl. (5.7) der Böschungsgeraden:

$$R0 * e^{Ç2*\tan(\Phi)} = A * \cos(ß) / \cos(Ç2-Ç0-ß)$$

Durch Umformung erhält man die Bestimmungsgleichung für Ç2 zu

$$R0 * \cos(Ç2-Ç0-ß) * e^{Ç2*\tan(\Phi)} - A * \cos(ß) = 0 \qquad ...(5.8a)$$

aus der sich durch iterative Nullstellensuche der Wert Ç2 ergibt. Die Radialkoordinate R2 ergibt sich dann zu

$$R2 = R0 * e^{Ç2*\tan(\Phi)} \qquad ...(5.8b)$$

Mit Hilfe der Transformationsformeln Gl. (5.2c) ergeben sich dann die Koordinaten im u,v-System zu

$$u2 = R2 * \sin(Ç2-Ç0)$$

$$v2 = R2 * \cos(Ç2-Ç0) \qquad ...(5.9a)$$

und die Koordinaten im x,y-System ermitteln sich aus Gl.(5.2b) zu

$$x2 = xm + u2$$

$$y2 = ym - v2 \qquad ...(5.9b)$$

5.1.3 Fläche und Schwerpunkt eines Spiralen-Sektors (Bild 5.2)

Zunächst wird der Flächeninhalt des Sektors $\overline{P0\ Pm\ P2}$ durch Integration im Polarkoordinatensystem bestimmt:

$$A.0m2 = \int_{0}^{Ç2} \{ 1/2 * R * R * dÇ \}$$

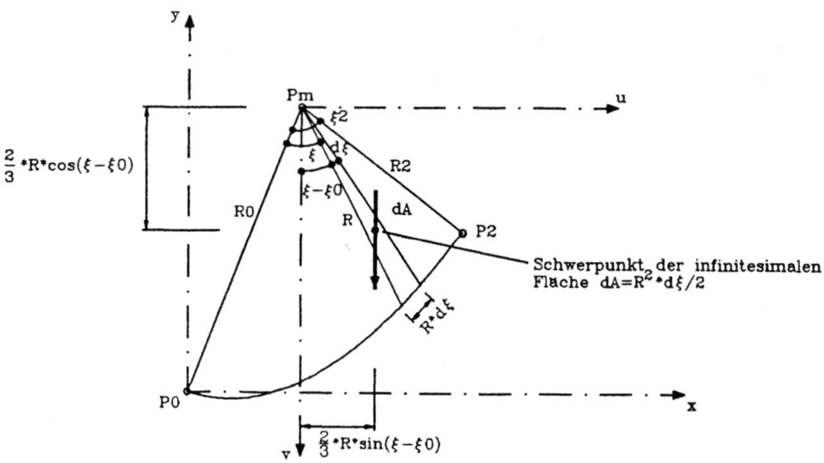

Bild 5.2 Ermittlung von Fläche und Schwerpunkt eines Spiralensektors

Daraus ergibt sich nach Gl. (5.1) die Integrationsaufgabe

$$A.Om2 = R0^2/2 * \int_0^{Ç2} \{ e^{2*Ç*\tan(\Phi)} \} * dÇ$$

Nach Durchführung der Integration und entsprechender Umformung ergibt sich die Fläche zu

$$As = [R2^2 - R0^2] / [4 * \tan(\Phi)] \qquad ...(5.10)$$

Das Flächenmoment der Fläche As um den Pol Pm errechnet sich aus der Integrationsaufgabe

$$M.As = \int_0^{Ç2} \{ 2/3 * R * \sin(Ç-Ç0) \} * dA$$

Nach einigen Substitutionen und Umformungen ergibt sich das bestimmte Integral

$$M.As = (R0)^3 / 3 * \int_0^{Ç2} \{ e^{3*Ç*\tan(\Phi)} * \sin(Ç-Ç0) \} * dÇ$$

aus dem sich nach Ausführung der Integration und entsprechenden Umformungen und Substitutionen das Flächenmoment zu

$$M.As = \{R2^2*[3*\tan(\Phi)*u2-v2]-R0^2*[3*\tan(\Phi)*u0- - v0]\}/\{3*[1+9*\tan^2(\Phi)]\} \qquad ...(5.11)$$

ergibt.

Der Abstand des Schwerpunktes Pss vom Pol Pm läßt sich für das u,v-Koordinatensystem aus der Gleichung

$$As * us.s = M.As$$ zu

$$us.s = M.As / As \qquad ...(5.12)$$

bestimmen. Die Koordinate xs des Schwerpunktes Pss im x,y-Koordinatensystem ergibt sich sodann zu

$$xs.s = xm + us.s \qquad ...(5.13)$$

Schwerpunkt Ps des Gleitkörpers:

Der Gleitkörper setzt sich zusammen aus dem Spiralensektor As mit

dem Schwerpunkt Pss abzüglich des Dreiecks $\overline{P0\ P1\ P2}$ mit dem Schwerpunkt Psp. Die Fläche Ap des Dreiecks und der Schwerpunkt Psp wird im x,y-Koordinatensystem mit Hilfe des Toolbox-Moduls "QUERSCHN.PBX" berechnet. Das Flächenmoment des Dreiecks um den Pol Pm ermittelt sich zu

$$M.Ap = Ap * [xsp - xm] \qquad ...(5.14)$$

Das Gesamtgewicht und das Gesamtflächenmoment ergibt sich dann zu

$G = Gs - Gp = \tau * (As-Ap)$

$M.A = M.As - M.Ap$ ...(5.15)

und der Gesamtschwerpunkt im u,v-Koordinatensystem errechnet sich zu

$u(s) = M.A / [As - Ap]$ ...(5.16a)

$x(s) = xm + u(s)$ ...(5.16b)

5.1.4 Weitere Parameter

Angriffspunkt Pe des Erdwiderstandes an der Wand:

Die Koordinaten im x,y-Koordinatensystems wurden bereits in Abschn. 5.4.2.1 erwähnt. Im u,v-Koordinatensystem ergibt sich

$ue = xe - xm$
$ve = ym - ye$ ...(5.17)

Hebelarm von Ep zum Pol (Bild 5.1):

Aus der Momentengleichung

$Ep * e.abst = Eph * [ym - ye] + Epv * [xe - xm]$

ergibt sich mit den Erdwiderstandskomponenten

$Eph = Ep * \cos(\delta-\alpha)$
$Epv = Ep * \sin(\delta-\alpha)$

$e.abst = [ym-ye] * \cos(\delta-\alpha) - [xm-xe] * \sin(\delta-\alpha)$ ...(5.18)

5.1.5 Erdwiderstand ohne Kohäsion

Der Erdwiderstand Ep.g0 unter Ausschluß der Kohäsion kann aus den Parametern der Gln. (5.15) und (5.18), also mit Hilfe des Polmomentes M.A und des Abstandes e.abst zu

$Ep.g = (Gamma*h^2) * M.A / e.abst$

bestimmt werden.

Der Erdwiderstandsbeiwert ergibt sich hieraus zu

$Kp.g = 2*Ep.g/(Gamma*h^2)$ ...(5.19)

5.1.6 Erdwiderstand infolge Kohäsion

Der Erdwiderstand Ep.c nur aus Kohäsion kann nach Therzaghi [9] getrennt von dem Einfluß des Erdeigengewichtes ermittelt werden. Aus der Gleichgewichtsbedingung

$$dM.c = R^2 * c.red * dÇ = c.red * R0^2 * e^{2*Ç*\tan(\Phi)} * dÇ$$

ergibt sich mit Hilfe der Gln. (5.1) das Polmoment M.c zu

$$M.c = c.red * R0^2 * \int_0^{Ç2} \{ e^{2*Ç*\tan(\Phi)} \} * dÇ$$

Nach Durchführung der Integration ergibt sich nach einigen Umformungen

$$M.c = c.red * [R2^2 - R0^2] / [2 * \tan(\Phi)] \qquad ...(5.20)$$

und der Erdwiderstand Ep.c

$$Ep.c = M.c / e.abst$$

Somit ergibt sich der Erdwiderstandsbeiwert für den kohäsiven Anteil zu

$$Kp.c = Ep.c / c.red \qquad ...(5.21)$$

5.2 Gleitflächen mit negativer Krümmung (Bild 5.3)

Obige Ableitungen gelten auch weitgehend für Spiralgleitflächen mit negativer ("konkaver") Krümmung. Es werden deshalb hier nur die Formeln aufgeführt, welche sich für konkave Krümmung ändern.

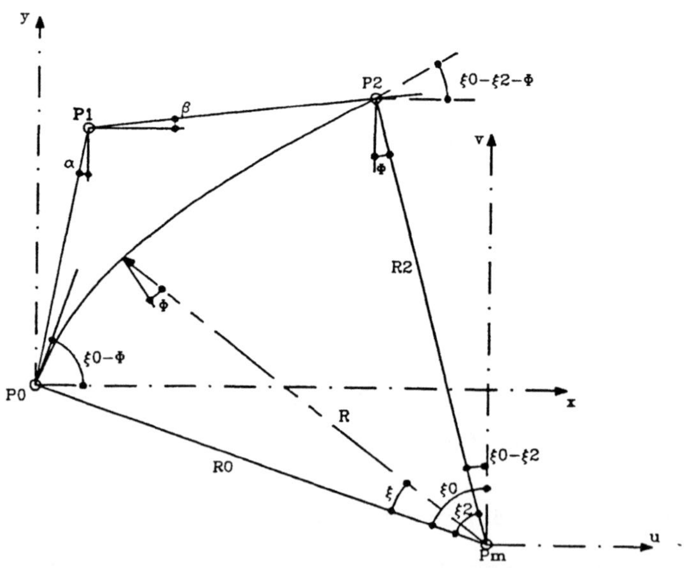

Bild 5.3 Geometrie der negativ ("konkav") gekrümmten Spiralgleitfläche

5.2.1 Die Gleichung der logarithmischen Spirale

Die Gleichung lautet in Polarkoordinaten (Bild 5.3)

$$R = R0 * e^{-Ç*\tan(\Phi)}$$

mit

$$R0 = \sqrt{[xm^2 + ym^2]} \qquad ...(5.22)$$

5.2.2 Das transformierte Koordinatensystem u,v (Bild 5.3)

Die geometrischen Beziehungen zwischen logarithmischer Spirale und Böschungsgerade, Wandgerade usw. werden auch für die konkave Krümmung durch ein Koordinatensystem beschrieben, das seinen Koordinatenursprung im Pol der Spirale hat. Die positive u-Koordinate weist wieder nach rechts, die positive v-Gerade ist nun jedoch nach oben gerichtet.
Die Transformationsformeln lauten hierfür

$$u = x - xm$$
$$v = y - ym \qquad ...(5.23a)$$

und die Umkehrung

$$x = xm + u$$
$$y = ym + v \qquad ...(5.23b)$$

Die Transformation der Koordinaten u,v in das Polarkoordinatensystem r,Ç kann kann weiterhin mit den Formeln Gl. (5.2c) vorgenommen werden.

5.2.3 Die Koordinaten der Punkte P0, P1 und Pm

Die Koordinaten lauten im x,y-System für den Punkt wie für positive Gleitflächenkrümmung.

Die Koordinaten der Punkte im u,v-System ergeben sich zu

$$u0 = -xm$$
$$v0 = -ym$$

$$u1 = x1 - xm$$
$$v1 = y1 - ym$$

$$um = 0$$
$$vm = 0 \qquad ...(5.24)$$

5.2.4 Die Gleichung der Böschungsgeraden

Im x,y-Koordinatensystem gilt für die Geradengleichung weiterhin die Gl. (5.5a).
Daraus ergibt sich mit Hilfe der Gln. (5.23b) die Geradengleichung im u,v-System zu

$v = A + u * \tan(\beta)$ ...(5.25)

mit der Abkürzung

$A = - ym + xm * \tan(\beta) + h * [1 - \tan(\alpha) * \tan(\beta)]$ ...(5.26)

Mit Hilfe der Gln. (5.2c) läßt sich die Geradengleichung der Böschung wiederum im Polarkoordinatensystem darstellen. Aus der Ausgangsgleichung

$R * \cos(Ç-Ç0) = A + R * \sin(Ç-Ç0) * \tan(\beta)$

erhält man nach entsprechenden Umformungen

$R = A * \cos(\beta) / \cos(Ç-Ç0+\beta)$ ...(5.27)

Der Winkel Ç0 errechnet sich hierfür zu

$Ç0 = - \operatorname{atan}(xm/ym)$ für $xm/ym \leq 0$

$Ç0 = 180° - \operatorname{atan}(xm/ym)$ für $xm/ym > 0$ ...(5.28)

5.2.5 Der Schnittpunkt P2 zwischen Gleitfläche und Böschungsgerade

Die Polarkoordinaten r2,Ç2 des Punktes P2 erhält man wie folgt: Durch Gleichsetzen der Spiralengleichung Gl.(5.22) mit der Gleichung Gl. (5.27) der Böschungsgeraden ergibt sich wieder die Bestimmungsgleichung für Ç2, nunmehr zu

$$R0 * \cos(Ç2-Ç0+\beta) * e^{-Ç2*\tan(\Phi)} - A * \cos(\beta) = 0 \quad ...(5.29a)$$

aus der sich durch iterative Nullstellensuche der Wert Ç2 ergibt. Die Radialkoordinate R2 ergibt sich dann zu

$$R2 = R0 * e^{- Ç2*\tan(\Phi)} \quad ...(5.29b)$$

Mit Hilfe der Transformationsformeln Gl. (5.2c) ergeben sich dann die Koordinaten im u,v-System wieder wie mit den Gln. (5.9a) und die Koordinaten im x,y-System aus Gl. (5.23b) zu

$x2 = xm + u2$

$y2 = ym + v2$ ...(5.29c)

5.2.6 Fläche und Schwerpunkt des Spiralen-Sektors

Der Flächeninhalt As des Sektors P0 Pm P2

$As = [R0^2 - R2^2] / [4 * \tan(\Phi)]$ ...(5.30)

sowie das Flächenmoment der Fläche As um den Pol Pm

$$M.As = \{R0^2*[3*\tan(\Phi)*u0+v0]- -R2^2*[3*\tan(\Phi)*u2+v2]\}/\{3*[1+9*\tan^2(\Phi)]\} \quad ... (5.31)$$

ermitteln sich analog den bei positiver Gleitflächenkrümmung gezeigten Formeln. Zu beachten sind jedoch die Vorzeichen. So ist sowohl die Fläche als auch das Flächenmoment negativ, was bei der Addition für den Gesamtgleitkörper zu berücksichtigen ist.

Der Abstand des Schwerpunktes Pss vom Pol Pm läßt sich für das u,v-Koordinatensystem und für das x,y-Koordinatensystem mit Hilfe der Gln. (5.12) und (5.13) bestimmen.

Schwerpunkt Ps des Gleitkörpers:

Die Fläche des Polygons $\overline{\text{P0 P1 P2 Pm}}$ wird mit Hilfe des Toolbox moduls "QUERSCHN.PBX" ermittelt. Das Flächenmoment des Polygons um den Pol Pm ermittelt sich zu

M.Ap = Ap * [xm - xsp] ...(5.32)

Das Gesamtgewicht und das Gesamtflächenmoment ergibt sich dann zu

G = Gp + Gs = τ * (Ap+As)

M.A = M.Ap + M.As ...(5.33)

und der Gesamtschwerpunkt im u,v-Koordinatensystem errechnet sich zu

u(s) = M.A / [Ap - As] ...(5.34a)

x(s) = xm + u(s) ...(5.34b)

5.2.7 Weitere Parameter

Aus der Momentengleichung

Ep * e.abst = Eph * [ye - ym] + Epv * [xm - xe]

ergibt sich mit den Erdwiderstandskomponenten

Eph = Ep * cos(δ-α)
Epv = Ep * sin(δ-α)

e.abst = [ye-ym] * cos(δ-α) - [xe-xm] * sin(δ-α) ...(5.35)

Ansonsten gilt Kap. 5.1.4.

5.2.8 Erdwiderstand ohne Kohäsion

Die Aussagen des Kap. 5.1.5 gelten auch hier.

5.2.9 Erdwiderstand infolge Kohäsion

Die Aussagen des Kap. 5.1.5 gelten auch hier analog.

Das Polmoment M.c ergibt sich für negative Krümmung zu

M.c = c.red * [$R0^2$ - $R2^2$] / [2 * tan(Φ)] ...(5.36) und der Erdwiderstand Ep.c

Ep.c = M.c / E.abst ...(5.37)

Somit lautet der Erdwiderstandsbeiwert für den kohäsiven Anteil

Kp.c = Ep.c / c.red ...(5.38)

5.3 Die Programmierung des Erdwiderstandes mit Spiralgleitflächen

5.3.1 Allgemeines

Für das Programm EPSPIRAL wird wie bei EPKREIS keine Datei angelegt, da sowohl Eingabe als auch Ausgabe nur aus wenigen Werten bestehen. Eingabewerte und Ergebnisse können durch einen programmgesteuerter Ausdruck dokumentiert werden.
Das Programm besteht aus den Programmteilen

- Allgemeines
  mit Definitionen und der Liste der Variablen
- Eingabe
  der Werte Phi (°), Beta (°), Alpha (°), Delta (°), c.red (-).
- Verzweigung
  Hier wird aufgrund einer einzugebenden Kennziffer zur Eingabe, zur Berechnung des minimalen Ep-Wertes, zur Berechnung eines vorgegebenen Spiralenpols (Zwangsgleitfläche) oder zum Ausdruck der Ergebnisse verzweigt.
- Konvexe Spiralenform
  Hier wird der Ep-Wert für die positive (konvexe) Gleitflächen krümmung unter Benutzung des Unterprogrammes EPROTKONVEX ermittelt
- Konkave Spiralenform
  Hier wird der Ep-Wert für die negative (konkave) Gleitflächen krümmung unter Benutzung des Unterprogrammes EPROTKONKAV ermittelt
- Erdwiderstandsbeiwerte
  Hier wird entschieden welche Gleitflächenform die ungünstigste ist bzw. ob die ebene Gleitfläche zugrundegelegt werden kann. Ferner erfolgt die Ausgabe der Ergebnisse auf dem Bildschirm.
- Unterprogramm EPROTKONVEX
- Unterprogramm EPROTKONKAV
- Einbinden der $INCLUDE-Dateien
  Die erforderlichen Programme der TOOLBOX werden mit in das Programm eingebunden.

5.3.2 Die Iterationstechnik zur Berechnung des minimalen Ep-Wertes

Der "Rechenkern" des Programmes ist in den Teilen "Konvexe Spiralenform" und "Konkave Spiralenform" enthalten. Beide Programmteile sind parallel aufgebaut.
Die Ausführungen des Kap. 3.3.2 für das Programm EPKREIS gelten für das vorliegende Programm EPSPIRAL analog. Es sind lediglich die entsprechenden Bezeichnungen und Namen der Programmteile auszutauschen.

Bei der Programmierung sind jedoch noch folgende Einschränkungen zu beachten, bzw. es werden zusätzlich folgende Grenzen gesetzt:

a) Wenn x2 < x1 (vgl. Bild 4.19a) schneidet der Gleitkreis die Wand. Dieser Fall ist auszuschließen.
b) Wenn der Winkel (Ç0+Φ) der Anfangssteigung > 90° wird (Bild 5.1), dann würde sich eine Gleitfläche ausbilden, welche Gleitflächenanteile aufweisen würde die "vor" dem Wandfuß zu liegen kämen. Dieser Fall wird ausgeschlossen.
c) Wenn der Winkel (Ç0-Φ) der Anfangssteigung > (90°- α) wird (Bild 5.3), dann schneidet der Gleitkreis von unten her die Wand. Dieser Fall wird ausgeschlossen.
d) Bei konkaver Gleitflächenkrümmung wird der Fall, daß die Gleitfläche eine Gegenkrümmung aufweist, d.h. im Schnittpunkt P2 Spirale-Gelände nach unten geneigt ist, nicht (wie bei den Kreisgleitflächen) ausgeschlossen. Dieser Fall ist für Spiralgleitflächen nicht so eindeutig zu beurteilen wie für Kreisgleitflächen.
e) Weitere geometrische, statische und kinematische Unverträglichkeiten werden durch entsprechende Abfragen ebenfalls ausgeschaltet.

5.4 Aktiver Erddruck mit Spiralgleitflächen

Die Gleichung der logarithmischen Spirale lautet (in Polarkoordinaten)

$$R = R0 * e^{-\text{Ç}*\tan(\Phi)} \qquad (5.39)$$

Sämtliche sonstigen Gleichungen gelten ansonsten auch für den aktiven Erddruck.
Es genügt somit, bei Φ das Vorzeichen zu wechseln und anstatt nach dem Minimum des Erdwiderstandes nach dem Maximum des Erddruckes zu suchen.
Beispiele für den Erddruck mit Spiralgleitflächen sind in Abschn. 5.7 zu finden.

5.5 Variablennamen und deren Bedeutung

5.5.1 Erdwiderstandsermittlung mit dem Programm EPSPIRAL

Stringvariablen

F1$ - F2$	Formatstrings
FD$	"
FA$	Ausschalten des Fettdrucks
FE$	Einschalten " "
FIRMA$	Adressenstring
GLEIT$	Beschreibung der Gleitflächenkrümmung
HZ$	Text für Info-String
KARTE$	Kennwort für die Grafikkartenerkennung
KENN$	Kennung der Gleitflächenart
KONVEXKENN$	Kennung der konvexen Gleitflächen
KONVEXGLEIT$	Beschreibung der konvexen Gleitflächenkrümmung
KONKAVKENN$	Kennung der konkaven Gleitflächen

Stringvariablen

KONKAVGLEIT$	Beschreibung der konkaven Gleitflächenkrümmung
LL$	Linienstring
L1$ - L3$	"
LT1$ - LT4$	"
PARAM$	Steuerstring
TOA$	Überschriften
TOB$	"
T1$-T5$	Tabellenüberschriften
TA$	Überschrift für die Ausgabe der Ergebnisse
TEXT$ ( )	Stringarray für die Titelüberschriften
ZUST$	Kennung ob aktiver oder passiver Grenzzustand

Integervariablen

	Im Hauptprogramm:
IKZ	Kenn- und Steuerziffer
HF%	Hintergrundfarbe
VF%	Vordergrundfarbe
	Zusätzlich in UP EPROTKONVEX u. EPROTKONKAV:
INN	Anzahl der Ecken des Gewichtspolygons

DBL-Realvariablen im Hauptprogramm

ALPHA	α in Bogenmaß
ALPHAGRAD	α in Altgrad
BETA	ß in Bogenmaß
BETAGRAD	ß in Altgrad
BOG	Umrechnungsfaktor Altgrad -> Bogenmaß
CRED	Bezogener Kohäsionswert c / (Gamma*h)
DELTA	δ in Bogenmaß
DELTAGRAD	δ in Altgrad
DELTHET	Auf 1. Quadranten reduziertes T1GRAD in Bogenmaß
DWERT	Rastermaß für die Iteration
EPG	Gesamterdwiderstand inf. Reibung
EPC	inf. Reibung + Kohäsion
EP.0	Iterationswert Ep bei Suche des Minimumbereichs
EP.ALT	" " "
EP.URALT	" " "
EP.GO	Iterationswert Epg bei Berechnung des Minimums
EPG.MIN	" Epg " "
EPC.MIN	" Epc " "
EPGC.MIN	" Ep " "
EPGKAV	Epg für konkave Gleitfläche bei Einzeleingabe
EPKAV	Ep für konkave Gleitfläche bei Einzeleingabe
EPGVEX	Epg für konvexe Gleitfläche bei Einzeleingabe
EPVEX	Ep für konvexe Gleitfläche bei Einzeleingabe
EPGC.EBEN	Gesamterdwiderstand für ebene Gleitfläche
EPG.KAV	EPGO für konkave Gleitfläche bei Iteration
EPGC.KAV	EPGC " " "
EPG.VEX	EPGO für konvexe Gleitfläche bei Iteration
EPGC.VEX	EPGC " " "
EP.PRN	Gesamt-Ep für Bildschirmausgabe Zwischenwerte
EPG.PRN	Ep inf.Reibg. f.Bildschirmausgabe Zwischenwerte
EPC.PRN	Ep inf.Kohäs. f.Bildschirmausgabe Zwischenwerte

DBL-Realvariablen im Hauptprogramm

KG	Erdw.st.beiwert inf. Reibung: Ebene Gleitfläche
KC	" inf. Kohäsion: " "
KG.H	Horizontalanteil von KG
KC.H	" von KC
KG.V	Vertikalanteil von KG
KC.V	" von KC
KPG	Erdwiderstandsbeiwert inf. Reibung
KPC	inf. Kohäsion
KPG.H	Horizontalanteil von KPG
KPC.H	" von KPC
KPG.V	Vertikalanteil von KPG
KPC.V	" von KPC
KPC.MIN	Iterationswert Kpc bei Berechnung des Minimums
KPCKAV	Erdw.beiwert f. Kohäsion bei Einzeleingabe im Fall KONKAV
KPCVEX	Erdw.beiwert f. Kohäsion bei Einzeleingabe im Fall KONVEX
KG.KAV	Erdw.st.beiw. für Φ: ebene Gleitfläche im Fall KONKAV
KC.KAV	Erdw.st.beiw. für c: " " usw.
KG.VEX	Erdw.st.beiw. für Φ: ebene Gleitfläche im Fall KONVEX
KC.VEX	Erdw.st.beiw. für c: " " usw.
KPC.KAV	Erdw.st.beiw. für c: Spiral-Gleitfläche im Fall KONKAV
KPC.VEX	Erdw.st.beiw. für c: Spiral-Gleitfläche im Fall KONVEX
PHI	Φ in Bogenmaß
PHIGRAD	Φ in Altgrad
PI	3.14159...
SCHRANKE	Unterer Grenzwert 10^-38
R1	Abstand Pm - P1 (bei Einzeleingabe)
T1GRAD	Winkel zw. Horizontalen u. R1 (bei Einzeleing.)
THETAGRAD	Ebener Gleitflächenwinkel (°) n. COULOMB/GROSS
THETA.KAV	Ebener Gleitflächenwinkel (°) im Fall "Konkav"
THETA.VEX	im Fall "Konvex"
XM , YM	Koordinaten des Spiralenpols
XM.0 , YM.0	Iterationswerte des Pols beim Einfangen
XM.ALT ,YM.ALT	" " " " "
XM.MIN ,YM.MIN	Iterationswerte beim Berechnen des Minimums
XM.KAV ,YM.KAV	" im Fall "Konkav"
XM.VEX ,YM.VEX	" im Fall "Konvex"

DBL-Realvariablen zusätzl. in d. UP EPROTKONVEX und EPROTKONKAV

A	Hilfswert (Abkürzung)
AFS	Fläche des Spiralensektors [Gewicht f. Gamma=1]
ALPHA	Neigung der Wand (Bogenmaß)
BETA	Geländeneigungswinkel (Bogenmaß)
BOG	Umrechnungsfaktor Altgrad-Bogenmaß
COSDELALF	$\cos(\delta-\alpha)$
CRED	Bezogene Kohäsion c / (Gamma*h)
DELTA	Wandreibungswinkel (Bogenmaß)
EPG	Erdwiderstand inf. Reibung
EPC	Erdwiderstand inf. Kohäsion
EGABSTAND	Abstand des Erdw.standes Epg vom Pol

DBL-Realvariablen zusätzl. in d. UP EPROTKONVEX und EPROTKONKAV

ECABSTAND	Abstand des Erdw.standes Epc vom Pol
G	Gesamtgewichtskraft (Gamma = 1)
GRENZE	Oberer Grenzwert für Abfragen
HILF1 , HILF2	Hilfswerte
KPC	Erdwiderstandsbeiwert inf. Kohäsion
KSI0	Anfangswinkel Ç0 der Spirale
KSI2	Endwinkel Ç2 der Spirale
	Für die Funktionen XNULL... :
KSIANFANG	Anfangswinkel Ç0 der Spirale
KSIDELTA	Schrittweite Ç0 der Spirale
KSIGRENZ	Grenzwinkel Ç0 der Spirale
MC	Moment der Kohäsionskräfte um den Pol
MG	Moment inf. Gewichtskräfte um den Pol
MGS	Moment des Spiralensektors um den Pol [Gamma=1]
MGP	Moment des Polygons um den Pol [Gamma=1]
PHI	Reibungswinkel f. Boden
PI	3.14159...
R0	Anfangsradius der Spirale
R2	Endradius der Spirale (KSI2,R2 = Koord. P2)
SINDELALF	$\sin(\delta-\alpha)$
SCHRANKE	Unterer Grenzwert für Abfragen
SCHRANK2	Unterer Grenzwert für Abfragen
TANALF	$\tan(\alpha)$
TANBET	$\tan(\beta)$
TANPHI	$\tan(\Phi)$
TNKSI0	tan(Ç0)
U0 , V0	Koordinaten P0 im u,v-System
U2 , V2	Koordinaten P2 im u,v-System
USS	u-Koordinate Schwerpkt. des Spiralensektors
USP	u-Koordinate Schwerpkt. des Polygons
US	u-Koordinate Schwerpkt. des Gleitkörpers
XS	x-Koordinate Schwerpkt. des Gleitkörpers
XEG , YEG	Koordinaten Angriffspkt. Epg an der Stützwand
XEC , YEC	Koordinaten Angriffspkt. Epc an der Stützwand
XM , YM	Koordinaten des Spiralenpols
X0 , Y0	Koordinaten des Wandfußes P0
X1 , Y1	Koordinaten des Wandkopfes P1
X2 , Y2	Koordinaten des Schnittpunktes P2
X() , Y()	Array der Koordinaten f. UP "QUERSCHNITT"
Y2HILF	Hilfswert

Lokale Variablen zusätzl. in d. Funktionen XNULLPOS# und XNULLNEG# - siehe dort!

5.5.2 Erddruckermittlung mit dem Programm EASPIRAL

Stringvariablen

F1$ - F2$	Formatstrings
FD$	"
FA$	Ausschalten des Fettdrucks
FE$	Einschalten " "
FIRMA$	Adressenstring
GLEIT$	Beschreibung der Gleitflächenkrümmung
HZ$	Text für Info-String
KARTE$	Kennwort für die Grafikkartenerkennung

Stringvariablen

KENN$	Kennung der Gleitflächenart
KONVEXKENN$	Kennung der konvexen Gleitflächen
KONVEXGLEIT$	Beschreibung der konvexen Gleitflächenkrümmung
KONKAVKENN$	Kennung der konkaven Gleitflächen
KONKAVGLEIT$	Beschreibung der konkaven Gleitflächenkrümmung
LL$	Linienstring
L1$ - L3$	"
LT1$ - LT4$	"
PARAM$	Steuerstring
TOA$	Überschriften
TOB$	"
T1$-T5$	Tabellenüberschriften
TA$	Überschrift für die Ausgabe der Ergebnisse
TEXT$ ()	Stringarray für die Titelüberschriften
ZUST$	Kennung ob aktiver oder passiver Grenzzustand

Integervariablen

	Im Hauptprogramm:
IKZ	Kenn- und Steuerziffer
HF%	Hintergrundfarbe
VF%	Vordergrundfarbe
	Zusätzlich in UP EAKONVEX u. EAKONKAV:
INN	Anzahl der Ecken des Gewichtspolygons

DBL-Realvariablen im Hauptprogramm

ALPHA	α in Bogenmaß
ALPHAGRAD	α in Altgrad
BETA	ß in Bogenmaß
BETAGRAD	ß in Altgrad
BOG	Umrechnungsfaktor Altgrad -> Bogenmaß
CRED	Bezogener Kohäsionswert c / (Gamma*h)
DELTA	δ in Bogenmaß
DELTAGRAD	δ in Altgrad
DELTHET	Auf 1.Quadranten reduziertes T1GRAD in Bogenmaß
DWERT	Rastermaß für die Iteration
EAG	Gesamterddruck inf. Reibung
EAC	inf. Reibung + Kohäsion
EA.0	Iterationswert Ea bei Suche des Maximumbereichs
EA.ALT	" " "
EA.URALT	" " "
EA.GO	Iterationswert Eag bei Berechnung des Maximums
EAG.MAX	" Eag " "
EAC.MAX	" Eac " "
EAGC.MAX	" Ea " "
EAGKAV	Eag für konkave Gleitfläche bei Einzeleingabe
EAKAV	Ea für konkave Gleitfläche bei Einzeleingabe
EAGVEX	Eag für konvexe Gleitfläche bei Einzeleingabe
EAVEX	Ea für konvexe Gleitfläche bei Einzeleingabe
EAGC.EBEN	Gesamterddruck für ebene Gleitfläche
EAG.KAV	EAGO für konkave Gleitfläche bei Iteration
EAGC.KAV	EAGC " " "
EAG.VEX	EAGO für konvexe Gleitfläche bei Iteration

DBL-Realvariablen im Hauptprogramm

EAGC.VEX	EAGC " " "
EA.PRN	Gesamt-Ea für Bildschirmausgabe Zwischenwerte
EAG.PRN	Ea inf.Reibg. f.Bildschirmausgabe Zwischenwerte
EAC.PRN	Ea inf.Kohäs. f.Bildschirmausgabe Zwischenwerte
KG	Erddruckbeiwert inf. Reibung: Ebene Gleitfläche
KC	" inf. Kohäsion: " "
KG.H	Horizontalanteil von KG
KC.H	" von KC
KG.V	Vertikalanteil von KG
KC.V	" von KC
KAG	Erddruckbeiwert inf. Reibung
KAC	" inf. Kohäsion
KAG.H	Horizontalanteil von KAG
KAC.H	" von KAC
KAG.V	Vertikalanteil von KAG
KAC.V	" von KAC
KAC.MAX	Iterationswert Kac bei Berechnung des Maximums
KACKAV	Erddruckbeiw. f. Kohäsion bei Einzeleingabe im Fall KONKAV
KACVEX	Erddruckbeiw. f. Kohäsion bei Einzeleingabe im Fall KONVEX
KG.KAV	Erddruckbeiwert für Φ: ebene Gleitfläche im Fall KONKAV
KC.KAV	Erddruckbeiw. für c: " " usw.
KG.VEX	Erddruckbeiwert für Φ: ebene Gleitfläche im Fall KONVEX
KC.VEX	Erddruckbeiw. für c: " " usw.
KAC.KAV	Erddruckbeiwert für c: Spiral-Gleitfläche im Fall KONKAV
KAC.VEX	Erddruckbeiw. für c: Spiral-Gleitfläche im Fall KONVEX
PHI	Φ in Bogenmaß
PHIGRAD	Φ in Altgrad
PI	3.14159...
SCHRANKE	Unterer Grenzwert 10^-38
R1	Abstand Pm - P1 (bei Einzeleingabe)
T1GRAD	Winkel zw. Horizontalen u. R1 (bei Einzeleing.)
THETAGRAD	Ebener Gleitflächenwinkel (°) n. COULOMB/GROSS
THETA.KAV	Ebener Gleitflächenwinkel (°) im Fall "Konkav"
THETA.VEX	im Fall "Konvex"
XM , YM	Koordinaten des Spiralenpols
XM.0 , YM.0	Iterationswerte des Pols beim Einfangen
XM.ALT ,YM.ALT	" " " " "
XM.MAX ,YM.MAX	Iterationswerte beim Berechnen des Maximums
XM.KAV ,YM.KAV	" im Fall "Konkav"
XM.VEX ,YM.VEX	" im Fall "Konvex"

DBL-Realvariablen zusätzl. in d. UP EAKONVEX und EAKONKAV

A	Hilfswert (Abkürzung)
AFS	Fläche des Spiralensektors [Gewicht f.Gamma=1]
ALPHA	Neigung der Wand (Bogenmaß)
BETA	Geländeneigungswinkel (Bogenmaß)
BOG	Umrechnungsfaktor Altgrad-Bogenmaß
COSDELALF	$\cos(\delta-\alpha)$
CRED	Bezogene Kohäsion c / (Gamma*h)

DBL-Realvariablen zusätzl. in d. UP EAKONVEX und EAKONKAV

DELTA	Wandreibungswinkel (Bogenmaß)
EAG	Erddruck inf. Reibung
EAC	Erddruck inf. Kohäsion
EGABSTAND	Abstand des Erddruckes Eag vom Pol
ECABSTAND	Abstand des " Eac vom Pol
G	Gesamtgewichtskraft (Gamma = 1)
GRENZE	Oberer Grenzwert für Abfragen
HILF1 , HILF2	Hilfswerte
KAC	Erddruckbeiwert inf. Kohäsion
KSI0	Anfangswinkel Ç0 der Spirale
KSI2	Endwinkel Ç2 der Spirale
	Für die Funktionen XNULL... :
KSIANFANG	Anfangswinkel Ç0 der Spirale
KSIDELTA	Schrittweite Ç0 der Spirale
KSIGRENZ	Grenzwinkel Ç0 der Spirale
MC	Moment der Kohäsionskräfte um den Pol
MG	Moment inf. Gewichtskräfte um den Pol
MGS	Moment des Spiralensektors um den Pol [Gamma=1]
MGP	Moment des Polygons um den Pol [Gamma=1]
PHI	Reibungswinkel f. Boden
PI	3.14159...
R0	Anfangsradius der Spirale
R2	Endradius der Spirale (KSI2,R2 = Koord. P2)
SINDELALF	sin(δ-α)
SCHRANKE	Unterer Grenzwert für Abfragen
SCHRANK2	Unterer Grenzwert für Abfragen
TANALF	tan(α)
TANBET	tan(β)
TANPHI	tan(Φ)
TNKSI0	tan(Ç0)
U0 , V0	Koordinaten P0 im u,v-System
U2 , V2	Koordinaten P2 im u,v-System
USS	u-Koordinate Schwerpkt. des Spiralensektors
USP	u-Koordinate Schwerpkt. des Polygons
US	u-Koordinate Schwerpkt. des Gleitkörpers
XS	x-Koordinate Schwerpkt. des Gleitkörpers
XEG , YEG	Koordinaten Angriffspkt. Eag an der Stützwand
XEC , YEC	Koordinaten Angriffspkt. Eac an der Stützwand
XM , YM	Koordinaten des Spiralenpols
X0 , Y0	Koordinaten des Wandfußes P0
X1 , Y1	Koordinaten des Wandkopfes P1
X2 , Y2	Koordinaten des Schnittpunktes P2
X() , Y()	Array der Koordinaten f. UP "QUERSCHNITT"
Y2HILF	Hilfswert

Lokale Variablen zusätzl. in d. Funktionen XNULLPOS# und XNULLNEG# siehe dort!

5.6 Beispiele für die Berechnung des Erdwiderstandes

Es werden dieselben Werte wie in Abschn. 4.5 (Kreisgleitflächen) verwendet. Die Erläuterungen jenes Kapitels gelten auch hier.

5.6.1 Beispiel 5.1

```
--------------------------------------------------------------
Erdwiderstand mit Spiralgleitflächen bei positiver (konvexer) bzw.
negativer (konkaver) Gleitflächenkrümmung
--------------------------------------------------------------

Bodenkennwerte:

Reibungswinkel       Phi   (°)   =   30
Böschungswinkel      Beta  (°)   =   25
Wandneigung          Alpha (°)   =   10
Wandreibungswinkel   Delta (°)   =  -20
Kohäsionswert        c.red (-)   =    0


Erdwiderstandsbeiwerte:

Gleitflächenkrümmung:  Konvexe Gleitfläche

Lage des Gleitflächenpols:
  xm/h         ym/h
 -0.23         0.85

Reibung:
Kpg   =    14.625
Kpg.h =    12.665
Kpg.v =    -7.312

Kohäsion:
Kpc   =     0.000
Kpc.h =     0.000
Kpc.v =     0.000
```

5.6.2 Beispiel 5.2

```
--------------------------------------------------------------
Erdwiderstand mit Spiralgleitflächen bei positiver (konvexer) bzw.
negativer (konkaver) Gleitflächenkrümmung
--------------------------------------------------------------

Bodenkennwerte:

Reibungswinkel       Phi   (°)   =   30
Böschungswinkel      Beta  (°)   =   25
Wandneigung          Alpha (°)   =   10
Wandreibungswinkel   Delta (°)   =  -20
Kohäsionswert        c.red (-)   =    0.2
```

Erdwiderstandsbeiwerte:

Gleitflächenkrümmung: Konvexe Gleitfläche

Lage des Gleitflächenpols:

xm/h	ym/h
-0.35	1.14

Reibung:
Kpg = 15.548
Kpg.h = 13.465
Kpg.v = -7.774

Kohäsion:
Kpc = 19.461
Kpc.h = 16.854
Kpc.v = -9.731

5.7 Beispiele für die Berechnung des Erddruckes

Es werden dieselben Werte wie in Kap. 3 (Ebene Gleitflächen) für $+\delta$ verwendet. Die Erläuterungen jenes Kapitels gelten auch hier.

5.7.1 Beispiel 5.3

Erddruck mit Spiralgleitflächen bei positiver (konvexer) bzw. negativer (konkaver) Gleitflächenkrümmung

---

Bodenkennwerte:

Reibungswinkel	Phi	(°)	=	25
Böschungswinkel	Beta	(°)	=	15
Wandneigung	Alpha	(°)	=	20
Wandreibungswinkel	Delta	(°)	=	20
Kohäsionswert	c.red	(-)	=	0

Erddruckbeiwerte:

Gleitflächenkrümmung: Konvexe Gleitfläche

Lage des Gleitflächenpols:

xm/h	ym/h
-0.49	3.98

Reibung:
Kag = 0.306
Kag.h = 0.306
Kag.v = 0.000

Kohäsion:
Kac = 0.000
Kac.h = 0.000
Kac.v = 0.000

5.7.2 Beispiel 5.4

Erddruck mit Spiralgleitflächen bei positiver (konvexer) bzw. negativer (konkaver) Gleitflächenkrümmung

---

Bodenkennwerte:

Reibungswinkel	Phi	(°)	=	25
Böschungswinkel	Beta	(°)	=	15
Wandneigung	Alpha	(°)	=	20
Wandreibungswinkel	Delta	(°)	=	20
Kohäsionswert	c.red	(-)	=	0.01

Erddruckbeiwerte:

Gleitflächenkrümmung: Konvexe Gleitfläche

Lage des Gleitflächenpols:

xm/h	ym/h
-0.40	3.45

Reibung:

Kag = 0.306
Kag.h = 0.306
Kag.v = 0.00

Kohäsion:

Kac = 1.653
Kac.h = 1.635
Kac.v = 0.000

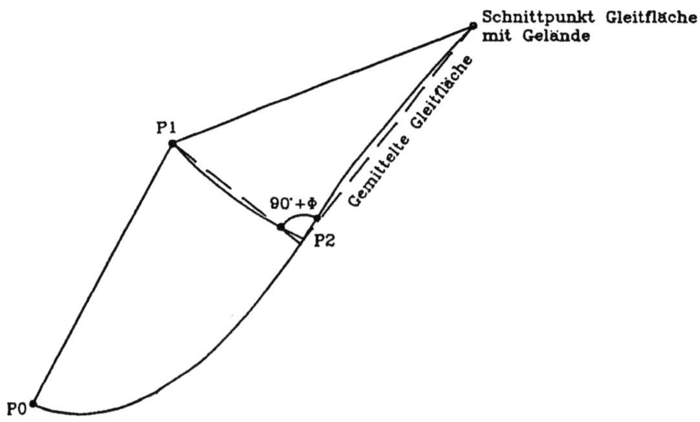

Bild 6.1 Gemittelte ebene Gleitfläche für den Halbraum bei Auftreten von Kohäsion

6 Translation

6.1 Theoretische Grundlagen

6.1.1 Allgemeines

Die Ermittlung von Erdwiderstandsbeiwerten für Translation (vgl. Kap. 1) erfolgt nach dem in [6] beschriebenen **Ohde** - Variationsverfahren. Hierbei wird angenommen, daß der wandferne Bodenbereich keine Beeinflussung durch die Wand erfährt bzw. daß derselbe vernachlässigbar klein bleibt. Der wandferne Bereich ist vom wandnahen Bereich durch die letztmögliche Rankinsche Gegen-Gleitfläche getrennt. Während also im wandfernen Bereich der **Rankinsche** Spannungszustand des Halbraumes herrschen soll, wird der wandnahe Bereich unter Verwendung der logarithmischen Spirale als Gleitfläche (wie in Kap. 5 gezeigt) berechnet. Der Einfluß des wandfernen Bereichs auf den Erdwiderstand der Wand wird dadurch berücksichtigt, daß die Halbraumspannungen als Erdwiderstand auf eine vertikale Ersatzwand berechnet werden. Ein analoges Vorgehen ist bei der Berechnung von Winkelstützmauern bekannt.
Das in [6] gezeigte **Ohde** - Variationsverfahren muß jedoch noch um die Berechnung der Kohäsion erweitert werden. Hierbei entsteht das Problem, daß bei Berücksichtigung der Kohäsion die exakten Lösungsgleichungen für die Halbraumspannungen zu gekrümmten Gleitflächen des Halbraums führen [14], was die Berechnung für den Translationswiderstand erheblich verkompliziert. Wie umfangreiche Vergleichsuntersuchungen des Verfassers zeigen, ist es jedoch hinreichend genau, den wandfernen Bereich der Hinterfüllung auch bei Kohäsion mit ebenen Gleitflächen zu berechnen. Diese ebenen Gleitflächen "mitteln" die gekrümmten Halbraumgleitflächen aus und können für vertikale Spannungsebenen nach den Formeln von **Gross** [10] berechnet werden, wenn $\delta = \beta$ und $\alpha = 0$ gesetzt wird (Bild 6.1).

6.1.2 Geometrische Fragestellungen

6.1.2.1 Die Geometrie von Stützwand und Böschung

Die Geometrie von Stützwand und Böschung ähnelt im wandnahen Bereich der Geometrie des Kap. 5. Für positive (konkave) Gleitflächenkrümmung gilt Bild 6.2, für negative (konvexe) Gleitflächenkrümmung Bild 6.3. Es sind wieder die Eingabewerte α (Wandneigung), β (Böschungsneigung) und δ (Wandreibungswinkel bzw. Erddruckneigung) erforderlich.
Weitere Eingabewerte sind das Raumgewicht Gamma und der bezogene Kohäsionswert c.red = c / (Gamma*h).
Der Übergangspunkt zwischen Spiralgleitfläche und der Gleitfläche des Halbraums wird durch den Punkt P2 definiert.
Der Schnittpunkt zwischen der "Ersatzwand" und der Böschungslinie ist durch P3 gegeben.
Angriffspunkt P4 des Erdwiderstandes:
Die Koordinaten nur für Erdeigengewicht ohne Kohäsion lauten
xg4 = xl / 3 ; yg4 = yl / 3
Die Koordinaten nur für Kohäsion ohne Erdeigengewicht sind
xc4 = xl / 2 ; yc4 = yl / 2 .

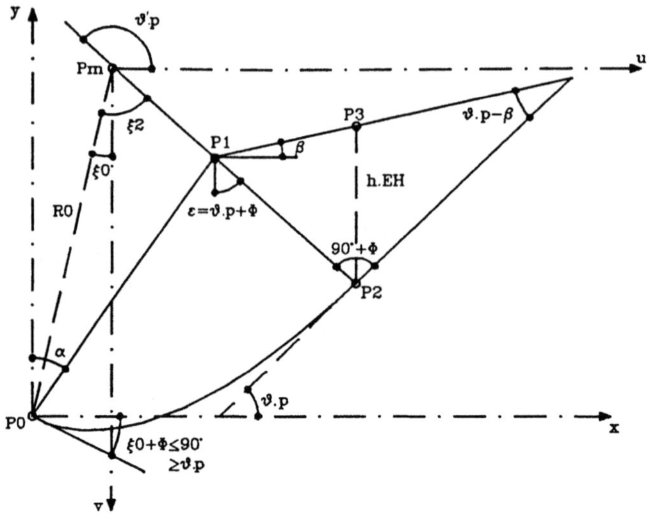

Bild 6.2 Geometrie bei Translation

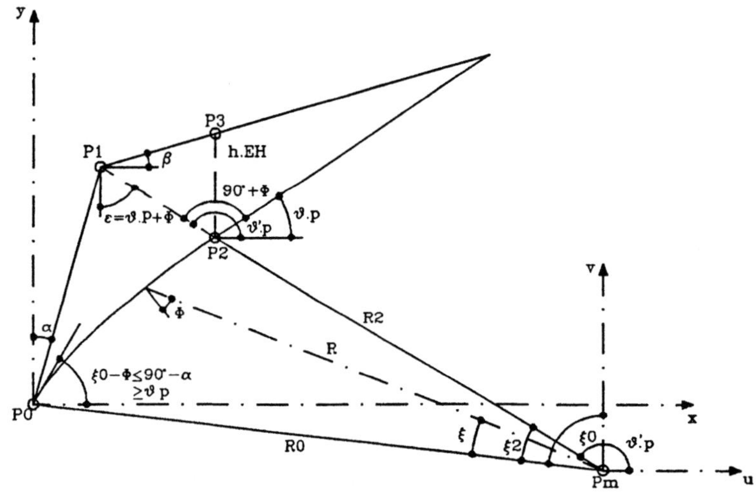

Bild 6.3 Geometrie negativ ("konkav") gekrümmter Spiralgleitfläche

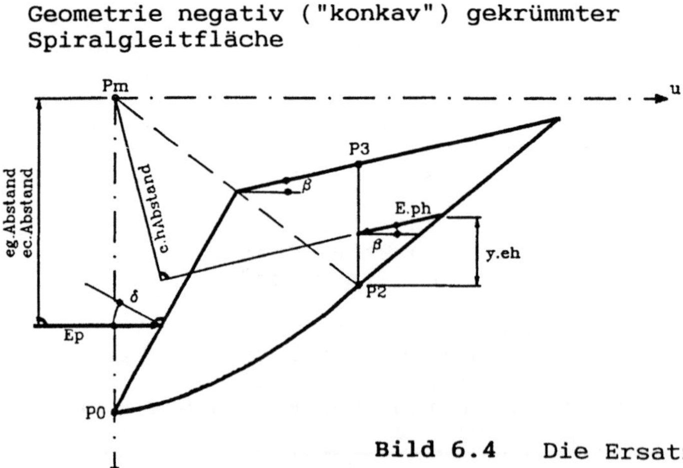

Bild 6.4 Die Ersatzwand P2 - P3

Im Gegensatz zur Erddruckermittlung mit Kreisgleitflächen sind die Koordinaten der Angriffspunkte für Erdeigengewicht und Kohäsion voneinander unabhängig und brauchen für Spiralgleitflächen nicht durch Iteration miteinander verknüpft zu werden.

Die Gleichung der logarithmischen Spirale ist durch Gl. (5.1), das transformierte Koordinatensystem u,v durch die Gln. (5.2) des Kap. 5 gegeben.
Die Koordinaten der Punkte P0 und P1 sowie von Pm sind durch die Gln. (5.3), (5.4) definiert. Hierbei muß bei Pm noch untenstehender Abschn. 6.1.2.2 beachtet werden.

6.1.2.2 Die Gleichung der Gegengleitfläche und die Koordinaten von Pm

Im x,y-Koordinatensystem lautet die Geradengleichung der Gegengleitfläche

$$y = C + x * \tan(\theta.p') \qquad ...(6.1)$$

wobei tan(θ.p') die Steigung der Gegengleitfläche darstellt. θ.p' ergibt sich aus dem Steigungswinkel θ.p der Halbraumgleitfläche zu
$\theta.p' = 90° + \theta.p + \Phi$
Die Konstante C ermittelt sich aus der Bedingung, daß die Gerade durch den Punkt P1 laufen muß zu
$C = y1 - x1 * \tan(\theta.p')$
Daraus ergibt sich die Geradengleichung im x,y-System zu

$$y = y1 + (x - x1) * \tan(\theta.p') \qquad ...(6.2)$$

Die Koordinaten des Spiralenpols ergeben sich nun daraus, daß eine Koordinate (hier xm) frei gewählt wird und die andere Koordinate (hier ym) aus Gl. (6.2) ermittelt wird.
Es ergibt sich also

xm -> iterativ auswählen

$$ym = y1 + (xm - x1) * \tan(\theta.p') \qquad ...(6.3)$$

6.1.2.3 Bestimmung des Punktes P2

Die Polarkoordinaten r2, Ç2 des Punktes P2 erhält man durch Einsetzen des Winkels Ç2 in die Spiralengleichung Gl. (5.1). Der Winkel Ç2 ergibt sich hierbei nach Abschn. 5.1.2.2.
Man erhält für positive Gleitflächenkrümmung

$$Ç2 = Ç0 + \theta.p + \Phi$$

$$R2 = R0 * e^{Ç2*\tan(\Phi)} \qquad ...(6.4)$$

und für negative Gleitflächenkrümmung

$$Ç2 = Ç0 - \theta.p - \Phi$$

$$R2 = R0 * e^{-Ç2*\tan(\Phi)} \qquad ...(6.5)$$

Die Koordinaten im u,v - System und im x,y - System können mit Hilfe der Gln. (5.9a), (5.9b) des Abschnittes 5.1.2.6 ermittelt werden.

6.1.2.4 Koordinaten des Punktes P3

Im u,v - System lauten die Koordinaten mit der Konstanten A nach Gl. (5.6) des Abschn. 5.1.2.5

u3 = u2

v3 = A - u3 * tan(ß) ...(6.6)

Im x,y - System erhält man

x3 = x2

y3 = ym - v3 ...(6.7)

Somit ergibt sich auch die Höhe der Ersatzwand $\overline{\text{P2 P3}}$ zu

h.EH = y3 - y2 = v2 - v3 ...(6.8)

6.1.3 Flächen und Schwerpunkte

Die Fläche As des Spiralensektors $\overline{\text{P0 Pm P2}}$ kann nach Gl. (5.10), das zugehörige Flächenmoment M.As der Fläche As um den Spiralenpol Pm nach Gl. (5.11) ermittelt werden.

Fläche Ap und Schwerpunkt Psp der Polygonfläche P0 Pm P2 P1 werden mit Hilfe des Toolbox-Moduls "QUERSCHN.PBX" berechnet.

Das Flächenmoment M.Ap ergibt sich dann zu

M.Ap = Ap * (xsp - xm) ...(6.9a)

Ebenfalls mit o.g Modul wird auch die Dreiecksfläche $\overline{\text{P1 P2 P3}}$ beberechnet (Fläche Ad). Das entsprechende Flächenmoment M.Ad ist

M.Ad = Ad * (xsd - xm) ...(6.9b)

Die Gesamtfläche A ($\overline{\text{P0 P1 P3 P2}}$) ergibt sich dann zu

A = As - Ap + Ad ...(6.10)

und das Gesamtmoment M.A um den Pol Pm lautet

M.g = M.As - M.Ap + M.Ad ...(6.11)

Hieraus ergibt sich die Schwerpunktkoordinate im u,v-System

us = M.g / A ...(6.12a)

Die Koordinate xs des Schwerpunktes Pss im x,y-Koordinatensystem ergibt sich sodann zu xs.s = xm + us ...(6.12b)

Das Gesamtgewicht ergibt sich somit zu G = Gamma * A

6.1.4 Weitere Parameter

Angriffspunkt Pe des Erdwiderstandes an der Wand:

Die Koordinaten im u,v-Koordinatensystems ergeben sich nach Gl. (5.17), der Hebelarm e.gabstand bzw. e.pabstand von Ep zum Pol kann nach Gl. (5.18) ermittelt werden.

Der Erddruck auf die Ersatzwand ermittelt sich, wie in Abschn. 6.1.1 bereits erläutert, nach [10] und wird von dem Toolbox-Modul "COULOMB.PBX" geliefert. Die Hebelarme e.HAbstand infolge Erdeigengewicht bzw. Kohäsion ergeben sich für positive Gleitflächenkrümmung aus der Gleichung

e.HAbstand = (v2 - y.EH)*cos(ß) + u2*sin(ß) ...(6.13a)

und für negative Gleitflächenkrümmung aus

e.HAbstand = (v2 + y.EH)*cos(ß) - u2*sin(ß) ...(6.13b)

Für y.EH gilt hierbei wieder bei Erdeigengewicht

y.EH = h.EH/3

und bei Kohäsion

y.EH = h.EH/2.

Das Moment um den Pol ergibt sich jeweils zu

M.EH = E.PH * e.H.

6.1.5 Erdwiderstand

Der Erdwiderstand Epg unter Ausschluß der Kohäsion ermittelt sich aus dem Gesamtmoment um den Pol

M.gsum = M.g + M.EHg

zu

Ep.g = (Gamma*h²) * M.gsum / e.gabstand ...(6.14)

Der Erdwiderstandsbeiwert ergibt sich hieraus zu

Kp.g = 2*Ep.g/(Gamma*h²) ...(6.15)

Der Erdwiderstand Ep.c nur aus Kohäsion kann wieder getrennt von dem Einfluß des Erdeigengewichtes ermittelt werden.

Mit der Momentensumme um den Pol

M.csum = M.c + M.EHc

ergibt sich

Ep.c = M.c / e.cabstand ...(6.16)

Somit ergibt sich der Erdwiderstandsbeiwert für den kohäsiven Anteil zu

Kp.c = Ep.c / c.red ...(6.17)

6.2 Die Programmierung des Erdwiderstandes bei Translation

6.2.1 Programmaufbau

Für das Programm EPTRANSL wird wie bei EPKREIS und EPSPIRAL keine Datei angelegt, da sowohl Eingabe als auch Ausgabe nur aus wenigen Werten bestehen. Eingabewerte und Ergebnisse können wiederum durch einen programmgesteuerter Ausdruck dokumentiert werden.

Das Programm ist im Aufbau ähnlich dem Programm EPSPIRAL und braucht deshalb nicht detailierter beschrieben zu werden. Auch die Iterationstechnik zur Berechnung des minimalen Ep-Wertes ist der des Programmes EPSPIRAL gleich, nur daß das aufgespannte Iterationsnetz nun allein durch die Polkoordinate xm definiert wird. Die zugehörige Koordinate ym wird vom Programm intern ermittelt.

Geometrische, statische und kinematische Unverträglichkeiten werden durch entsprechende Abfragen ebenfalls ausgeschaltet.

6.2.2 Variablennamen und deren Bedeutung

Stringvariablen

F1$ - F2$	Formatstrings
FD$	"
FA$	Ausschalten des Fettdrucks
FE$	Einschalten " "
FIRMA$	Adressenstring
GLEIT$	Beschreibung der Gleitflächenkrümmung
HZ$	Text für Info-String
KARTE$	Kennwort für die Grafikkartenerkennung
KENN$	Kennung der Gleitflächenart
KONVEXKENN$	Kennung der konvexen Gleitflächen
KONVEXGLEIT$	Beschreibung der konvexen Gleitflächenkrümmung
KONKAVKENN$	Kennung der konkaven Gleitflächen
KONKAVGLEIT$	Beschreibung der konkaven Gleitflächenkrümmung
LL$	Linienstring
LS2$ - LS3$	"
LT1$ - LT4$	"
PARAM$	Steuerstring
TOA$	Überschriften
TOB$	"

Stringvariablen

T1$-T5$	Tabellenüberschriften
TA$	Überschrift für die Ausgabe der Ergebnisse
TEXT$ ()	Stringarray für die Titelüberschriften
ZUST$	Kennung ob aktiver oder passiver Grenzzustand

Integervariablen

	Im Hauptprogramm:
IKZ	Kenn- und Steuerziffer
IKK	" " "
HF%	Hintergrundfarbe
VF%	Vordergrundfarbe
	Zusätzlich in den UP EPKONVEX und EPKONKAV:
INN	Anzahl der Ecken des Gewichtspolygons

DBL-Realvariablen im Hauptprogramm

ALPHA	α in Bogenmaß
ALPHAGRAD	α in Altgrad
BETA	ß in Bogenmaß
BETAGRAD	ß in Altgrad
BOG	Umrechnungsfaktor Altgrad -> Bogenmaß
CRED	Bezogener Kohäsionswert c / (Gamma*h)
DELTA	δ in Bogenmaß
DELTAGRAD	δ in Altgrad
DWERT	Rastermaß für die Iteration
EPG	Gesamterdwiderstand inf. Reibung
EPC	inf. Kohäsion
EP.O	Iterationswert Ep bei Suche des Minimumbereichs
EP.ALT	" " "
EP.URALT	" " "
EP.GO	Iterationswert Ep bei Berechnung des Minimums
EPG.MIN	" " "
EPC.MIN	" " "
EPGC.MIN	" " "
EP.KAV	Gesamterdwiderstand für konkave Gleitfläche
EPG.KAV	Erdwiderstand inf. Reibung f. konkave Gleitfl.
EPC.KAV	" inf. Kohäsion " "
EP.VEX	Gesamterdwiderstand für konvexe Gleitfläche
EPG.VEX	Erdwiderstand inf. Reibung f. konvexe Gleitfl.
EPC.VEX	" inf. Kohäsion " "
KG	Erdw.st.beiwert inf. Reibung: Ebene Gleitfläche
KC	" inf. Kohäsion: " "
KG.H	Horizontalanteil von KG
KC.H	" von KC
KG.V	Vertikalanteil von KG
KC.V	" von KC
KPG	Gesamterdwiderstandsbeiwert inf. Reibung
KPC	inf. Kohäsion
KPG.H	Horizontalanteil von KPG
KPC.H	" von KPC
KPG.V	Vertikalanteil von KPG
KPC.V	" von KPC
KPC.MIN	Iterationswert Kpc bei Berechnung des Minimums

DBL-Realvariablen im Hauptprogramm

KG.KAV	Erdw.st.beiw. f.Φ: ebene Gleitfl.im Fall KONKAV
KC.KAV	" c: " " "
KG.VEX	Erdw.st.beiw. f.Φ: ebene Gleitfl.im Fall KONVEX
KC.VEX	" c: " " "
KPC.KAV	Erdw.st.beiw. inf. Kohäsion f. konkave Gleitfl.
KPC.VEX	" inf. " f. konvexe Gleitfl.
PHI	Φ in Bogenmaß
PHIGRAD	Φ in Altgrad
PI	3.14159...
SCHRANKE	Unterer Grenzwert 10^-38
TG	Gleitflächenwinkel Halbraum in Bogenmaß
TG.0	Iterationszwischenwerte der Halbraumgleitfläche
TG.MIN	" " "
TG.KAV	Gleitflächenwinkel Halbraum im Fall "Konkav"
TG.VEX	im Fall "Konvex"
THETAGLEIT	Gleitflächenwinkel Halbraum in Altgrad
THETAGRAD	Ebener Gleitflächenwinkel (°) n. COULOMB/GROSS
THETA.KAV	Ebener Gleitflächenwinkel (°) im Fall "Konkav"
THETA.VEX	im Fall "Konvex"
XM , YM	Koordinaten des Spiralenpols
XM.0 , YM.0	Iterationswerte des Pols beim Einfangen
XM.ALT ,YM.ALT	" " " " "
XM.MIN ,YM.MIN	Iterationswerte beim Berechnen des Minimums
XM.KAV ,YM.KAV	" im Fall "Konkav"
XM.VEX ,YM.VEX	" im Fall "Konvex"

DBL-Realvariablen zusätzlich in den UP EPKONVEX und EPKONKAV

A	Hilfswert (Abkürzung)
AFS	Fläche des Spiralensektors [Gewicht f. Gamma=1]
ALPHAGR	Neigung der Ersatzwand (=0)
BETAGR	Geländewinkel f. Ersatzwand
COSBET	cos(ß)
COSDELALF	cos(δ-α)
CRED	Bezogene Kohäsion c / (Gamma*h)
DELTAGR	Wandreibungswinkel der Ersatzwand (=ß)
EGOH	Erdwiderstand inf. Reibung auf die Ersatzwand
EOCH	Erdwiderstand inf. Kohäsion auf die Ersatzwand
EHABSTAND	Abstand des Erdw.standes EGOH bzw EOCH vom Pol
EGABSTAND	Abstand des Erdw.standes Epg vom Pol
ECABSTAND	Abstand des Erdw.standes Epc vom Pol
G	Gesamtgewichtskraft (Gamma = 1)
GRENZE	Oberer Grenzwert für Abfragen
HEH	Höhe der Ersatzwand (P2 - P3)
HILF1 , HILF2	Hilfswerte
KSI0	Anfangswinkel Ç0 der Spirale
KSI2	Endwinkel Ç2 der Spirale
MC	Moment der Kohäsionskräfte um den Pol
MCSUM	Momentensumme inf. Kohäsion + EOCH um den Pol
MGSUM	Momentensumme inf. Reibung + EGOH um den Pol
MEH	Moment EGOH um den Pol
MEHC	Moment EOCH um den Pol
MGS	Moment des Spiralensektors um den Pol [Gamma=1]
MGP	Moment des Polygons um den Pol [Gamma=1]
MG	Momentensumme um den Pol [Gamma=1] inf. Gewicht
PHIGR	Reibungswinkel f. Boden hinter der Ersatzwand

DBL-Realvariablen	zusätzlich in den UP EPKONVEX und EPKONKAV
R0	Anfangsradius der Spirale
R2	Endradius der Spirale (KSI2,R2 = Koord. P2)
SINDELALF	sin(δ-α)
SINBET	sin(ß)
SCHRANKE	Unterer Grenzwert für Abfragen
SCHRANK2	Unterer Grenzwert für Abfragen
TANALF	tan(α)
TANBET	tan(ß)
TANPHI	tan(Φ)
TG	Gleitflächenwinkel des Halbraums (Bogenmaß)
TGGEGEN	Winkel der Gegengleitfläche d. Halbraums (B.maß)
TNKSI0	tan(Ç0)
U0 , V0	Koordinaten P0 im u,v-System
U2 , V2	Koordinaten P2 im u,v-System
U3 , V3	Koordinaten P3 im u,v-System
USS	u-Koordinate Schwerpkt. des Spiralensektors
USP	u-Koordinate Schwerpkt. des Polygons
US	u-Koordinate Schwerpkt. des Gleitkörpers
XS	x-Koordinate Schwerpkt. des Gleitkörpers
XEG , YEG	Koordinaten Angriffspkt. Epg an der Stützwand
XEC , YEC	Koordinaten Angriffspkt. Epc an der Stützwand
XM , YM	Koordinaten des Spiralenpols
X0 , Y0	Koordinaten des Wandfußes P0
X1 , Y1	Koordinaten des Wandkopfes P1
X2 , Y2	Koordinaten des Schnittpunktes P2
X3 , Y3	Koordinaten des Schnittpunktes P3
X() , Y()	Array der Koordinaten f. UP "QUERSCHNITT"
YEH	Angriffspunkt von EG0H bzw E0CH an Ersatzwand

6.3 Beispiele

Der Erdwiderstand wird wie in Kapitel 4.5 und 5.6 bestimmt. Die Aussagen des Kapitels 4.5 gelten auch hier.

6.3.1 Beispiel 6.1

Erdwiderstand mit Kreisgleitflächen bei positiver (konvexer) bzw. negativer (konkaver) Gleitflächenkrümmung

----

Bodenkennwerte:

Reibungswinkel	Phi	(°)	=	30
Böschungswinkel	Beta	(°)	=	25
Wandneigung	Alpha	(°)	=	10
Wandreibungswinkel	Delta	(°)	=	-20
Kohäsionswert	c.red	(-)	=	0

Erdwiderstandsbeiwerte:

Gleitflächenkrümmung: Konvexe Gleitfläche

Lage des Gleitflächenpols:

xm/h	ym/h
-0.28	0.91

Reibung:
Kpg = 14.643
Kpg.h = 12.681
Kpg.v = -7.321

Kohäsion:
Kpc = 0.000
Kpc.h = 0.000
Kpc.v = 0.000

6.3.2 Beispiel 6.2

Erdwiderstand mit Kreisgleitflächen bei positiver (konvexer) bzw. negativer (konkaver) Gleitflächenkrümmung
----

Bodenkennwerte:

Reibungswinkel	Phi	(°)	=	30
Böschungswinkel	Beta	(°)	=	25
Wandneigung	Alpha	(°)	=	10
Wandreibungswinkel	Delta	(°)	=	-20
Kohäsionswert	c.red	(-)	=	0.2

Erdwiderstandsbeiwerte:

Gleitflächenkrümmung: Ebene Gleitfläche

Lage des Gleitflächenpols:

xm/h	ym/h
-0.22	0.98

Reibung:
Kpg = 15.261
Kpg.h = 13.216
Kpg.v = -7.630

Kohäsion:
Kpc = 18.411
Kpc.h = 15.944
Kpc.v = -9.205

7 Erdwiderstandstabellen

Nachstehend sind Erdwiderstandstafeln für **Rotation** mit verschiedenen Kohäsionswerten zu finden. Diese Werte für Rotation wurden unter Zugrundelegung von Kreisgleitflächen ermittelt. Werte für Translation können mit dem auf Diskette bereitgestellten Programm EPTRANSL ermittelt werden; Dies gilt auch für Spiralgleitflächen.
Zur Frage wann "Rotation" oder "Translation" vorliegt, sollte man den sehr aufschlußreichen Aufsatz von Weißenbach [5] heranziehen. Für die meisten baupraktischen Berechnungen wird man allerdings "Rotation" unterstellen können. Für die Berechnung solcher Erdwiderstandsbeiwerte sind gekrümmte Gleitflächen erforderlich. Hierbei ist die Kreisgleitfläche die klassische Form der gekrümmten Gleitfläche und wird deshalb für die Berechnung benutzt.
Für Kreisgleitflächen sind zwar in einigen Taschen- und Tabellenbüchern ausführliche Tafeln für Erdwiderstandsbeiwerte abgedruckt - z.B. in [2] - , jedoch ohne Berücksichtigung der Kohäsion. Es fehlen also Tabellen für den Fall Reibung und Kohäsion. Solche Tabellen werden hier bereitgestellt.
In den Tabellen werden nur negative Wandreibungswinkel berücksichtigt. Diese Annahme deckt wohl die Normalfälle bei Erdwiderstandsberechnungen ab (hierzu vgl. z. B. [16]). Sollte jedoch für entsprechende Belastungen und Konstruktionen ein positiver Wandreibungswinkel erforderlich werden, so müssen die auf Diskette bereitgestellten Programme zur Berechnung der maßgebenden Erdwiderstandsbeiwerte benutzt werden. Auch zur Frage der Richtung (d.h. Vorzeichen) und Größe des Wandreibungswinkels sollte man den Aufsatz von Weißenbach [5] heranziehen.
Folgender Wertebereich wird von den Erdwiderstandstafeln abgedeckt:

Kohäsion	C.red	=	0			
		=	0.01			
		=	0.10			
Reibungswinkel	Φ	von	25°	bis 45°	in Schritten von 5°	
Böschungswinkel	β	von	$-\Phi$	bis $+\Phi$	in Schritten von 5°	
Wandneigungswinkel	α	von	-30°	bis +30°	in Schritten von 10°	
Wandreibungswinkel	δ	=	0			
		=	$-1/3 * \Phi$			
		=	$-1/2 * \Phi$			
		=	$-2/3 * \Phi$			
		=	$-\Phi$			

Die Tabellen enthalten im Tabellenkopf einige Informationen, die noch kurz erläutert werden sollen.
Der Gleitflächentyp kann konvex (X), konkav (V) oder eben (E) sein. Für den Fall X und V zeigt das linke Info-Kästchen des Tabellenkopfes die Reihenfolge der in den Tafeln enthaltenen Werte an, nämlich die Erdwiderstandsbeiwerte Kpr (Reibung), Kpc (Kohäsion) sowie die Mittelpunktskoordinaten xm und ym des maßgebenden Gleitkreises. Hinter dem Kpr-Wert wird durch den Buchstaben X oder V der Typ der Gleitfläche definiert.
Ist der Gleitflächentyp jedoch E (eben), so entfallen die Mittelpunktskoordinaten xm und ym. Stattdessen wird der Gleitflächenwinkel Theta in (°) angegeben (rechtes Info-Kästchen).

Bezüglich der Vorzeichen von Wandneigung und Böschungswinkel wird auf die Bilder des Abschnittes 4. verwiesen.
Der bezogene Kohäsionswert C.red (dimensionslos) ist zu (Bild 3.2)
C.red = c / (Gamma*h)
anzusetzen, wobei h die Stützwandhöhe bedeutet.

Der Erdwiderstand berechnet sich mit Hilfe der Tabellenwerte oder der programmgesteuerten Berechnungswerte wie folgt :

Erdwiderstand infolge Reibung : $Epg = Kpg * Gamma * h^2 / 2$

Erdwiderstand infolge Kohäsion : $Epc = Kpc * c * h$

Für beide Fälle gilt : $Ep.h = Ep * \cos(\delta-\alpha)$
$Ep.v = Ep * \sin(\delta-\alpha)$

Zu beachten ist hierbei, daß in die Formel für Epc nicht der bezogene Kohäsionswert C.red sondern c eingesetzt wird.

Typ : X = Konvex V = Konkav E = Eben

Kreisgleitfläche

Kpr Typ Kpc xm ym	bzw. für Typ = E	Kpr E Kpc Theta (°)

C.red = 0.00 Φ = 25
β = -25.00

α / δ	-30	-20	-10	0	10	20	30
0	0.51 E 0.00 -25.00	0.60 E 0.00 -25.00	0.70 E 0.00 -25.00	0.82 E 0.00 -25.00	0.98 E 0.00 -25.00	1.20 E 0.00 -25.00	1.53 E 0.00 -25.00
1/3*Φ	0.47 E 0.00 -25.00	0.58 E 0.00 -25.00	0.69 E 0.00 -25.00	0.83 E 0.00 -25.00	1.01 E 0.00 -25.00	1.28 E 0.00 -25.00	1.69 E 0.00 -25.00
-1/2*Φ	0.46 E 0.00 -25.00	0.57 E 0.00 -25.00	0.69 E 0.00 -25.00	0.84 E 0.00 -25.00	1.04 E 0.00 -25.00	1.33 E 0.00 -25.00	1.79 E 0.00 -25.00
-2/3*Φ	0.45 E 0.00 -25.00	0.57 E 0.00 -25.00	0.70 E 0.00 -25.00	0.86 E 0.00 -25.00	1.08 E 0.00 -25.00	1.40 E 0.00 -25.00	1.93 E 0.00 -25.00
-Φ	0.44 E 0.00 -25.00	0.57 E 0.00 -25.00	0.72 E 0.00 -25.00	0.91 E 0.00 -25.00	1.17 E 0.00 -25.00	1.59 E 0.00 -25.00	2.31 E 0.00 -25.00

C.red = 0.00 Φ = 25
β = -20.00

α / δ	-30	-20	-10	0	10	20	30
0	0.90 V 0.00 1.50 -4.49	0.98 V 0.00 1.50 -3.30	1.09 V 0.00 2.00 -9.20	1.26 V 0.00 2.30 -15.60	1.49 V 0.00 2.50 -20.10	1.86 E 0.00 -0.49	2.43 E 0.00 -2.75
-1/3*Φ	0.92 V 0.00 2.18 -63.80	1.03 V 0.00 2.26 -38.20	1.18 V 0.00 2.42 -39.30	1.39 E 0.00 -0.88	1.69 E 0.00 -2.21	2.17 E 0.00 -3.96	2.98 X 0.00 4.42 27.90
-1/2*Φ	0.92 E 0.00 -1.99	1.06 E 0.00 -1.37	1.22 E 0.00 -1.53	1.46 E 0.00 -2.33	1.81 E 0.00 -3.64	2.37 X 0.00 4.62 34.82	3.30 X 0.00 3.00 11.88
-2/3*Φ	0.93 E 0.00 -3.08	1.08 E 0.00 -2.56	1.27 E 0.00 -2.78	1.54 E 0.00 -3.60	1.95 X 0.00 4.90 41.30	2.59 X 0.00 3.10 15.20	3.65 X 0.00 2.60 7.58
-Φ	0.96 X 0.00 3.50 31.30	1.15 E 0.00 -4.51	1.39 E 0.00 -4.86	1.74 X 0.00 2.90 17.70	2.27 X 0.00 2.50 10.14	3.10 X 0.00 2.24 6.01	4.44 X 0.00 2.15 3.91

C.red = 0.00 Φ = 25
β = -15.00

α / δ	-30	-20	-10	0	10	20	30
0	1.11 V 0.00 1.37 -1.72	1.19 V 0.00 1.70 -3.00	1.32 V 0.00 1.89 -3.77	1.51 V 0.00 1.99 -4.00	1.82 V 0.00 2.48 -7.83	2.30 V 0.00 4.30 -24.30	3.08 X 0.00 -0.70 21.00
-1/3*Φ	1.20 V 0.00 2.00 -5.30	1.32 V 0.00 2.10 -5.90	1.49 V 0.00 2.30 -7.30	1.76 V 0.00 2.50 -9.30	2.18 V 0.00 5.58 -39.36	2.82 X 0.00 0.08 13.96	3.86 X 0.00 1.00 5.80
-1/2*Φ	1.24 V 0.00 2.10 -6.80	1.38 V 0.00 2.24 -7.90	1.58 V 0.00 2.50 -10.30	1.90 V 0.00 5.42 -36.30	2.38 X 0.00 -0.54 17.60	3.12 X 0.00 0.76 6.94	4.30 X 0.00 1.18 4.18
-2/3*Φ	1.28 V 0.00 2.30 -9.60	1.45 V 0.00 2.44 -10.90	1.69 E 0.00 7.31	2.05 X 0.00 -1.50 25.40	2.59 X 0.00 0.50 8.40	3.43 X 0.00 0.98 4.65	4.76 X 0.00 1.30 3.30
-Φ	1.38 E 0.00 6.11	1.60 E 0.00 5.56	1.91 X 0.00 0.00 11.30	2.37 X 0.00 0.64 5.80	3.06 X 0.00 0.93 3.71	4.09 X 0.00 1.10 2.60	5.70 X 0.00 1.28 1.96

Typ : X = Konvex V = Konkav E = Eben

Kreisgleitfläche

Kpr Kpc xm ym	Typ	bzw. für Typ = E	Kpr E Kpc Theta (°)

C.red = 0.00 Φ = 25
β = -10.00

δ \ α	-30	-20	-10	0	10	20	30
0	1.33 V 0.00 1.28 -0.88	1.41 V 0.00 1.57 -1.54	1.56 V 0.00 1.86 -2.37	1.81 V 0.00 2.19 -3.53	2.19 V 0.00 4.10 -10.10	2.77 X 0.00 -5.48 25.02	3.71 X 0.00 -0.17 6.25
-1/3*Φ	1.49 V 0.00 1.70 -2.10	1.62 V 0.00 1.99 -3.09	1.84 V 0.00 2.62 -5.30	2.17 V 0.00 7.80 -23.94	2.68 X 0.00 -1.70 11.00	3.46 X 0.00 0.11 4.73	4.69 X 0.00 0.70 3.20
-1/2*Φ	1.57 V 0.00 1.98 -3.29	1.73 V 0.00 2.46 -4.91	1.98 V 0.00 5.10 -14.20	2.37 X 0.00 -3.49 17.15	2.95 X 0.00 -0.20 5.40	3.83 X 0.00 0.46 3.41	5.22 X 0.00 0.80 2.50
-2/3*Φ	1.66 V 0.00 2.50 -5.30	1.84 V 0.00 4.30 -11.64	2.14 X 0.00 -7.54 31.58	2.58 X 0.00 -0.61 6.64	3.23 X 0.00 0.26 3.73	4.22 X 0.00 0.66 2.63	5.74 X 0.00 0.94 2.06
-Φ	1.83 X 0.00 -6.10 25.80	2.09 X 0.00 -1.20 8.20	2.46 X 0.00 -0.10 4.40	3.01 X 0.00 0.35 2.96	3.81 X 0.00 0.63 2.17	4.98 X 0.00 0.83 1.69	6.75 X 0.00 1.02 1.36

C.red = 0.00 Φ = 25
β = -5.00

δ \ α	-30	-20	-10	0	10	20	30
0	1.57 V 0.00 1.40 -0.76	1.66 V 0.00 1.65 -1.24	1.84 V 0.00 2.10 -2.20	2.13 V 0.00 3.70 -5.70	2.57 X 0.00 -16.10 39.06	3.25 X 0.00 -1.10 5.60	4.31 X 0.00 0.02 3.49
-1/3*Φ	1.81 V 0.00 1.90 -1.86	1.96 V 0.00 2.65 -3.46	2.21 V 0.00 7.90 -14.90	2.61 X 0.00 -3.50 10.60	3.20 X 0.00 -0.57 4.22	4.09 X 0.00 0.20 2.70	5.46 X 0.00 0.57 2.23
-1/2*Φ	1.94 V 0.00 2.50 -3.21	2.12 V 0.00 4.90 -8.50	2.41 X 0.00 -7.70 19.90	2.86 X 0.00 -0.98 4.94	3.53 X 0.00 0.00 2.90	4.52 X 0.00 0.40 2.26	6.06 X 0.00 0.70 1.90
-2/3*Φ	2.07 V 0.00 4.32 -7.30	2.28 X 0.00 -15.10 36.10	2.62 X 0.00 -1.50 5.90	3.12 X 0.00 -0.30 3.40	3.87 X 0.00 0.24 2.34	4.97 X 0.00 0.50 1.90	6.64 X 0.00 0.80 1.60
-Φ	2.33 X 0.00 -2.10 7.00	2.61 X 0.00 -0.70 4.00	3.04 X 0.00 0.00 2.50	3.65 X 0.00 0.30 1.90	4.52 X 0.00 0.50 1.60	5.77 X 0.00 0.70 1.30	7.65 X 0.00 0.90 1.07

C.red = 0.00 Φ = 25
β = 0.00

δ \ α	-30	-20	-10	0	10	20	30
0	1.84 V 0.00 1.53 -0.67	1.94 V 0.00 2.03 -1.39	2.14 V 0.00 3.64 -3.78	2.46 E 0.00 32.50	2.96 X 0.00 -2.10 5.50	3.71 X 0.00 -0.51 3.19	4.88 X 0.00 0.11 2.47
-1/3*Φ	2.17 V 0.00 2.57 -2.25	2.33 V 0.00 6.10 -7.70	2.61 X 0.00 -6.10 11.50	3.05 X 0.00 -1.20 3.90	3.71 X 0.00 -0.27 2.61	4.68 X 0.00 0.20 2.00	6.19 X 0.00 0.50 1.80
-1/2*Φ	2.35 V 0.00 4.50 -5.30	2.54 X 0.00 -15.10 25.40	2.86 X 0.00 -1.70 4.60	3.36 X 0.00 -0.50 2.80	4.09 X 0.00 0.04 2.10	5.17 X 0.00 0.37 1.74	6.85 X 0.00 0.70 1.50
-2/3*Φ	2.52 E 0.00 32.59	2.75 X 0.00 -2.60 5.96	3.12 X 0.00 -0.72 3.05	3.67 X 0.00 -0.10 2.20	4.48 X 0.00 0.20 1.80	5.65 X 0.00 0.50 1.47	7.45 X 0.00 0.70 1.30
-Φ	2.88 X 0.00 -1.15 3.53	3.17 X 0.00 -0.38 2.37	3.61 X 0.00 0.02 1.80	4.25 X 0.00 0.28 1.46	5.16 X 0.00 0.50 1.20	6.46 X 0.00 0.66 1.05	8.41 X 0.00 0.80 0.90

Typ : X = Konvex V = Konkav E = Eben

Kreisgleitfläche

Kpr Typ Kpc xm ym	bzw. für Typ = E	Kpr E Kpc Theta (°)

C.red = 0.00 Φ = 25
β = 5.00

α δ	-30	-20	-10	0	10	20	30
0	2.13 V 0.00 1.90 -0.80	2.23 V 0.00 3.34 -2.34	2.45 V 0.00 23.58 -25.50	2.80 X 0.00 -3.14 5.28	3.34 X 0.00 -1.02 2.98	4.15 X 0.00 -0.29 2.29	5.42 X 0.00 0.16 1.97
-1/3*Φ	2.56 V 0.00 5.50 -4.90	2.72 X 0.00 -13.10 16.70	3.02 X 0.00 -1.90 3.80	3.49 X 0.00 -0.67 2.46	4.20 X 0.00 -0.13 1.94	5.24 X 0.00 0.22 1.66	6.86 X 0.00 0.50 1.50
-1/2*Φ	2.78 E 0.00 40.91	2.97 X 0.00 -2.50 4.40	3.32 X 0.00 -0.90 2.60	3.85 X 0.00 -0.28 1.98	4.63 X 0.00 0.09 1.65	5.78 X 0.00 0.37 1.44	7.54 X 0.00 0.62 1.30
-2/3*Φ	3.01 X 0.00 -3.80 5.88	3.23 X 0.00 -1.19 2.89	3.62 X 0.00 -0.42 2.06	4.20 X 0.00 0.00 1.60	5.04 X 0.00 0.25 1.42	6.27 X 0.00 0.48 1.25	8.15 X 0.00 0.70 1.12
-Φ	3.45 X 0.00 -0.69 2.21	3.72 X 0.00 -0.23 1.71	4.16 X 0.00 0.06 1.40	4.81 X 0.00 0.28 1.20	5.73 X 0.00 0.46 1.04	7.05 X 0.00 0.60 0.90	9.01 X 0.00 0.80 0.80

C.red = 0.00 Φ = 25
β = 10.00

α δ	-30	-20	-10	0	10	20	30
0	2.43 V 0.00 3.30 -1.50	2.53 V 0.00 12.70 -9.40	2.75 X 0.00 -4.70 5.40	3.13 X 0.00 -1.70 3.00	3.71 X 0.00 -0.70 2.20	4.58 X 0.00 -0.17 1.84	5.94 X 0.00 0.20 1.70
-1/3*Φ	2.96 X 0.00 -16.30 15.00	3.12 X 0.00 -2.70 3.60	3.43 X 0.00 -1.07 2.32	3.92 X 0.00 -0.40 1.80	4.66 X 0.00 -0.05 1.58	5.78 X 0.00 0.20 1.50	7.48 X 0.00 0.50 1.32
-1/2*Φ	3.24 X 0.00 -3.74 4.50	3.42 X 0.00 -1.35 2.50	3.77 X 0.00 -0.58 1.88	4.32 X 0.00 -0.16 1.57	5.13 X 0.00 0.13 1.39	6.34 X 0.00 0.40 1.20	8.17 X 0.00 0.60 1.16
-2/3*Φ	3.51 X 0.00 -1.68 2.74	3.72 X 0.00 -0.73 1.95	4.10 X 0.00 -0.27 1.59	4.69 X 0.00 0.03 1.37	5.57 X 0.00 0.30 1.20	6.83 X 0.00 0.47 1.10	8.77 X 0.00 0.68 1.01
-Φ	4.02 X 0.00 -0.46 1.62	4.25 X 0.00 -0.13 1.35	4.67 X 0.00 0.10 1.17	5.30 X 0.00 0.28 1.03	6.21 X 0.00 0.44 0.92	7.52 X 0.00 0.60 0.82	9.52 X 0.00 0.80 0.70

C.red = 0.00 Φ = 25
β = 15.00

α δ	-30	-20	-10	0	10	20	30
0	2.74 V 0.00 11.90 -5.90	2.82 X 0.00 -6.30 5.10	3.06 X 0.00 -2.06 2.58	3.45 X 0.00 -1.00 1.98	4.06 X 0.00 -0.46 1.72	4.98 X 0.00 -0.10 1.60	6.42 X 0.00 0.21 1.49
-1/3*Φ	3.37 X 0.00 -3.62 3.46	3.51 X 0.00 -1.48 2.16	3.82 X 0.00 -0.72 1.72	4.33 X 0.00 -0.30 1.51	5.10 X 0.00 0.00 1.36	6.27 X 0.00 0.30 1.20	8.04 X 0.00 0.49 1.20
-1/2*Φ	3.69 X 0.00 -1.85 2.37	3.85 X 0.00 -0.88 1.78	4.20 X 0.00 -0.40 1.50	4.75 X 0.00 -0.09 1.34	5.60 X 0.00 0.20 1.20	6.83 X 0.00 0.37 1.13	8.74 X 0.00 0.59 1.06
-2/3*Φ	4.02 X 0.00 -1.10 1.80	4.18 X 0.00 -0.51 1.52	4.56 X 0.00 -0.20 1.40	5.14 X 0.00 0.07 1.19	6.02 X 0.00 0.28 1.09	7.32 X 0.00 0.47 1.00	9.33 X 0.00 0.70 0.90
-Φ	4.56 X 0.00 -0.30 1.30	4.73 X 0.00 -0.07 1.14	5.11 X 0.00 0.13 1.02	5.71 X 0.00 0.29 0.92	6.63 X 0.00 0.40 0.90	7.91 X 0.00 0.59 0.75	9.89 X 0.00 0.76 0.67

Typ : X = Konvex V = Konkav E = Eben

Kreisgleitfläche

Kpr Kpc xm ym	Typ	bzw. für Typ = E	Kpr Kpc Theta (°)	E

C.red = 0.00 Φ = 25
β = 20.00

α / δ	-30	-20	-10	0	10	20	30
0	3.03 X 0.00 -6.90 3.90	3.11 X 0.00 -2.30 2.10	3.35 X 0.00 -1.50 1.90	3.75 X 0.00 -0.70 1.60	4.39 X 0.00 -0.34 1.47	5.37 X 0.00 0.00 1.40	6.88 X 0.00 0.24 1.36
-1/3*Φ	3.77 X 0.00 -1.85 1.94	3.88 X 0.00 -1.10 1.70	4.19 X 0.00 -0.53 1.42	4.71 X 0.00 -0.20 1.30	5.50 X 0.00 0.04 1.22	6.70 X 0.00 0.27 1.16	8.55 X 0.00 0.49 1.11
-1/2*Φ	4.13 X 0.00 -1.10 1.60	4.26 X 0.00 -0.64 1.42	4.59 X 0.00 -0.30 1.30	5.15 X 0.00 -0.04 1.18	6.00 X 0.00 0.18 1.11	7.27 X 0.00 0.38 1.04	9.24 X 0.00 0.59 0.99
-2/3*Φ	4.48 X 0.00 -0.74 1.44	4.61 X 0.00 -0.37 1.27	4.97 X 0.00 -0.10 1.20	5.54 X 0.00 0.10 1.07	6.42 X 0.00 0.29 1.00	7.76 X 0.00 0.50 0.90	9.81 X 0.00 0.70 0.90
-Φ	5.03 X 0.00 -0.20 1.10	5.14 X 0.00 -0.02 1.01	5.47 X 0.00 0.15 0.92	6.04 X 0.00 0.30 0.85	6.94 X 0.00 0.40 0.80	8.21 X 0.00 0.60 0.70	10.20 X 0.00 0.75 0.63

C.red = 0.00 Φ = 25
β = 25.00

α / δ	-30	-20	-10	0	10	20	30
0	3.32 X 0.00 -3.02 1.86	3.38 X 0.00 -1.64 1.58	3.62 X 0.00 -0.99 1.45	4.04 X 0.00 -0.60 1.40	4.71 X 0.00 -0.30 1.40	5.71 X 0.00 0.00 1.30	7.31 X 0.00 0.25 1.26
-1/3*Φ	4.14 X 0.00 -1.20 1.40	4.24 X 0.00 -0.90 1.40	4.53 X 0.00 -0.41 1.24	5.06 X 0.00 -0.20 1.20	5.86 X 0.00 0.07 1.12	7.10 X 0.00 0.28 1.08	9.01 X 0.00 0.50 1.04
-1/2*Φ	4.54 X 0.00 -0.80 1.30	4.64 X 0.00 -0.50 1.20	4.95 X 0.00 -0.22 1.14	5.50 X 0.00 0.00 1.08	6.36 X 0.00 0.20 1.02	7.66 X 0.00 0.39 0.98	9.68 X 0.00 0.59 0.93
-2/3*Φ	4.91 X 0.00 -0.56 1.21	5.00 X 0.00 -0.30 1.10	5.32 X 0.00 -0.10 1.10	5.88 X 0.00 0.12 0.99	6.76 X 0.00 0.30 0.93	8.10 X 0.00 0.47 0.88	10.20 X 0.00 0.70 0.80
-Φ	5.43 X 0.00 -0.20 1.00	5.47 X 0.00 0.02 0.92	5.75 X 0.00 0.17 0.86	6.30 X 0.00 0.30 0.80	7.21 X 0.00 0.40 0.80	8.46 X 0.00 0.60 0.70	10.49 X 0.00 0.70 0.60

C.red = 0.00 Φ = 30
β = -30.00

α / δ	-30	-20	-10	0	10	20	30
0	0.38 E 0.00 -30.00	0.50 E 0.00 -30.00	0.61 E 0.00 -30.00	0.75 E 0.00 -30.00	0.92 E 0.00 -30.00	1.17 E 0.00 -30.00	1.54 E 0.00 -30.00
-1/3*Φ	0.35 E 0.00 -30.00	0.48 E 0.00 -30.00	0.61 E 0.00 -30.00	0.76 E 0.00 -30.00	0.97 E 0.00 -30.00	1.27 E 0.00 -30.00	1.74 E 0.00 -30.00
-1/2*Φ	0.35 E 0.00 -30.00	0.47 E 0.00 -30.00	0.61 E 0.00 -30.00	0.78 E 0.00 -30.00	1.00 E 0.00 -30.00	1.34 E 0.00 -30.00	1.89 E 0.00 -30.00
-2/3*Φ	0.34 E 0.00 -30.00	0.47 E 0.00 -30.00	0.61 E 0.00 -30.00	0.80 E 0.00 -30.00	1.05 E 0.00 -30.00	1.43 E 0.00 -30.00	2.07 E 0.00 -30.00
-Φ	0.33 E 0.00 -30.00	0.48 E 0.00 -30.00	0.64 E 0.00 -30.00	0.87 E 0.00 -30.00	1.19 E 0.00 -30.00	1.71 E 0.00 -30.00	2.67 E 0.00 -30.00

Typ : X = Konvex V = Konkav E = Eben

Kreisgleitfläche

Kpr Typ Kpc xm ym	bzw. für Typ = E	Kpr E Kpc Theta (°)

C.red = 0.00 Φ = 30
β = -25.00

δ \ α	-30	-20	-10	0	10	20	30
0	0.78 E 0.00 -5.22	0.89 V 0.00 1.50 -8.52	1.04 V 0.00 1.84 -21.70	1.23 E 0.00 -4.06	1.50 E 0.00 -5.16	1.90 E 0.00 -6.75	2.56 E 0.00 -8.73
-1/3*Φ	0.77 E 0.00 -8.29	0.93 E 0.00 -7.28	1.11 E 0.00 -7.12	1.36 E 0.00 -7.64	1.72 E 0.00 -8.71	2.28 E 0.00 -10.22	3.27 X 0.00 13.80 56.80
-1/2*Φ	0.78 E 0.00 -9.38	0.95 E 0.00 -8.52	1.15 E 0.00 -8.45	1.44 E 0.00 -9.03	1.86 E 0.00 -10.12	2.55 X 0.00 31.00 143.00	3.74 X 0.00 6.00 17.80
-2/3*Φ	0.79 E 0.00 -10.30	0.98 E 0.00 -9.58	1.21 E 0.00 -9.61	1.54 E 0.00 -10.25	2.04 E 0.00 -11.38	2.87 X 0.00 6.40 21.20	4.28 X 0.00 4.22 9.64
-Φ	0.82 X 0.00 14.90 66.50	1.06 E 0.00 -11.35	1.36 X 0.00 22.30 103.40	1.81 X 0.00 7.40 27.60	2.51 X 0.00 4.36 12.24	3.66 X 0.00 3.38 6.92	5.62 X 0.00 3.00 4.50

C.red = 0.00 Φ = 30
β = -20.00

δ \ α	-30	-20	-10	0	10	20	30
0	1.00 V 0.00 1.44 -3.60	1.10 V 0.00 1.49 -3.25	1.26 V 0.00 1.59 -3.36	1.50 V 0.00 2.00 -7.10	1.85 V 0.00 2.50 -14.70	2.41 E 0.00 1.99	3.32 E 0.00 -1.07
-1/3*Φ	1.07 V 0.00 1.74 -9.30	1.23 V 0.00 1.92 -10.70	1.45 V 0.00 2.22 -17.90	1.78 V 0.00 2.50 -28.16	2.27 E 0.00 0.00	3.08 X 0.00 2.40 29.80	4.45 X 0.00 2.10 8.90
-1/2*Φ	1.11 V 0.00 2.02 -24.20	1.30 V 0.00 2.50 -25.40	1.56 V 0.00 2.42 -32.90	1.94 E 0.00 0.16	2.54 X 0.00 5.00 116.20	3.51 X 0.00 2.02 11.18	5.13 X 0.00 1.98 5.62
-2/3*Φ	1.15 V 0.00 2.50 -51.00	1.37 V 0.00 2.34 -51.00	1.68 V 0.00 2.50 -120.50	2.13 E 0.00 -1.58	2.84 X 0.00 1.90 13.10	3.99 X 0.00 1.80 6.10	5.88 X 0.00 1.90 3.95
-Φ	1.25 E 0.00 -1.59	1.55 E 0.00 -1.89	1.97 X 0.00 1.92 18.40	2.60 X 0.00 1.60 7.50	3.56 X 0.00 1.58 4.47	5.08 X 0.00 1.60 3.00	7.54 X 0.00 1.70 2.10

C.red = 0.00 Φ = 30
β = -15.00

δ \ α	-30	-20	-10	0	10	20	30
0	1.21 V 0.00 1.19 -1.09	1.33 V 0.00 1.50 -1.99	1.51 V 0.00 1.80 -3.20	1.80 V 0.00 1.99 -4.00	2.24 V 0.00 2.50 -7.80	2.96 V 0.00 5.42 -31.64	4.14 X 0.00 0.02 13.76
-1/3*Φ	1.37 V 0.00 1.80 -4.10	1.55 V 0.00 2.00 -5.10	1.82 V 0.00 2.24 -6.86	2.24 V 0.00 2.50 -9.30	2.89 X 0.00 -2.40 30.30	3.93 X 0.00 0.60 7.70	5.64 X 0.00 1.20 4.60
-1/2*Φ	1.45 V 0.00 1.96 -5.70	1.67 V 0.00 2.18 -7.10	2.00 V 0.00 2.46 -10.00	2.50 E 0.00 6.91	3.28 X 0.00 0.30 9.50	4.51 X 0.00 0.90 4.70	6.50 X 0.00 1.30 3.30
-2/3*Φ	1.54 V 0.00 2.10 -7.52	1.80 V 0.00 2.50 -10.70	2.20 E 0.00 7.24	2.79 X 0.00 -0.10 11.50	3.71 X 0.00 0.80 5.30	5.13 X 0.00 1.08 3.37	7.42 X 0.00 1.33 2.48
-Φ	1.75 E 0.00 6.64	2.12 X 0.00 -0.48 13.22	2.66 X 0.00 0.40 6.30	3.46 X 0.00 0.79 3.74	4.65 X 0.00 1.00 2.60	6.46 X 0.00 1.20 2.00	9.26 X 0.00 1.32 1.48

Typ : X = Konvex V = Konkav E = Eben

Kreisgleitfläche

Kpr Typ Kpc xm ym	bzw. für Typ = E	Kpr E Kpc Theta (°)

C.red = 0.00 Φ = 30
β = -10.00

δ \ α	-30	-20	-10	0	10	20	30
0	1.45 V 0.00 1.30 -0.90	1.58 V 0.00 1.57 -1.54	1.80 V 0.00 1.87 -2.41	2.15 V 0.00 2.29 -3.93	2.71 V 0.00 5.10 -14.10	3.58 X 0.00 -2.58 15.26	5.00 X 0.00 0.10 5.80
-1/3*Φ	1.70 V 0.00 1.80 -2.40	1.91 V 0.00 2.10 -3.50	2.25 V 0.00 2.90 -6.40	2.77 E 0.00 14.84	3.58 X 0.00 -0.70 7.80	4.83 X 0.00 0.40 4.11	6.84 X 0.00 0.87 2.94
-1/2*Φ	1.84 V 0.00 2.04 -3.58	2.10 V 0.00 2.72 -5.97	2.51 V 0.00 10.30 -34.40	3.13 X 0.00 -1.30 9.72	4.08 X 0.00 0.18 4.47	5.54 X 0.00 0.68 3.01	7.86 X 0.00 1.02 2.32
-2/3*Φ	1.99 V 0.00 2.70 -6.10	2.31 V 0.00 7.12 -22.60	2.80 X 0.00 -2.10 12.40	3.53 X 0.00 -0.05 4.96	4.62 X 0.00 0.52 3.14	6.29 X 0.00 0.84 2.32	8.91 X 0.00 1.10 1.90
-Φ	2.32 X 0.00 -2.32 12.65	2.77 X 0.00 -0.40 5.63	3.42 X 0.00 0.23 3.44	4.37 X 0.00 0.60 2.40	5.74 X 0.00 0.78 1.83	7.77 X 0.00 1.00 1.50	10.81 X 0.00 1.15 1.15

C.red = 0.00 Φ = 30
β = -5.00

δ \ α	-30	-20	-10	0	10	20	30
0	1.72 V 0.00 1.44 -0.84	1.87 V 0.00 1.80 -1.50	2.13 V 0.00 2.21 -2.49	2.56 V 0.00 4.10 -6.90	3.22 X 0.00 -8.70 24.30	4.24 X 0.00 -0.80 5.50	5.87 X 0.00 0.20 3.58
-1/3*Φ	2.08 V 0.00 2.01 -2.16	2.33 V 0.00 2.90 -4.30	2.74 V 0.00 9.50 -20.30	3.37 X 0.00 -2.19 8.43	4.31 X 0.00 -0.30 4.10	5.75 X 0.00 0.36 2.81	8.04 X 0.00 0.75 2.25
-1/2*Φ	2.29 V 0.00 2.74 -3.92	2.60 V 0.00 7.10 -14.30	3.09 X 0.00 -3.70 11.90	3.82 X 0.00 -0.51 4.35	4.92 X 0.00 0.19 2.90	6.59 X 0.00 0.58 2.23	9.20 X 0.00 0.89 1.84
-2/3*Φ	2.51 V 0.00 5.70 -11.08	2.89 X 0.00 -5.80 16.84	3.46 X 0.00 -0.85 5.00	4.31 X 0.00 0.00 3.10	5.57 X 0.00 0.44 2.25	7.44 X 0.00 0.70 1.80	10.33 X 0.00 0.98 1.51
-Φ	2.99 X 0.00 -1.22 5.54	3.50 X 0.00 -0.25 3.32	4.25 X 0.00 0.20 2.33	5.31 X 0.00 0.50 1.80	6.82 X 0.00 0.70 1.50	8.97 X 0.00 0.86 1.18	12.20 X 0.00 1.04 0.97

C.red = 0.00 Φ = 30
β = 0.00

δ \ α	-30	-20	-10	0	10	20	30
0	2.02 V 0.00 1.70 -0.90	2.20 V 0.00 2.10 -1.60	2.51 V 0.00 3.50 -3.90	3.00 E 0.00 30.00	3.75 X 0.00 -1.96 5.92	4.91 X 0.00 -0.40 3.46	6.75 X 0.00 0.20 2.80
-1/3*Φ	2.53 V 0.00 2.80 -2.80	2.81 V 0.00 6.70 -9.50	3.28 X 0.00 -5.10 11.10	4.00 X 0.00 -0.97 4.07	5.07 X 0.00 -0.10 2.73	6.69 X 0.00 0.30 2.30	9.23 X 0.00 0.69 1.85
-1/2*Φ	2.81 V 0.00 5.30 -7.10	3.16 X 0.00 -8.50 16.80	3.72 X 0.00 -1.36 4.62	4.55 X 0.00 -0.28 2.87	5.79 X 0.00 0.20 2.20	7.63 X 0.00 0.54 1.80	10.49 X 0.00 0.82 1.56
-2/3*Φ	3.11 X 0.00 -17.50 32.20	3.53 X 0.00 -1.82 5.31	4.18 X 0.00 -0.46 3.05	5.13 X 0.00 0.08 2.21	6.51 X 0.00 0.40 1.80	8.55 X 0.00 0.67 1.50	11.67 X 0.00 0.90 1.30
-Φ	3.75 X 0.00 -0.80 3.40	4.30 X 0.00 -0.15 2.32	5.11 X 0.00 0.20 1.78	6.24 X 0.00 0.44 1.44	7.82 X 0.00 0.63 1.20	10.07 X 0.00 0.80 1.01	13.41 X 0.00 1.00 0.90

Typ : X = Konvex V = Konkav E = Eben

Kreisgleitfläche

Kpr Typ Kpc xm ym	bzw. für Typ = E	Kpr E Kpc Theta (°)

C.red = 0.00 Φ = 30
β = 5.00

δ \ α	-30	-20	-10	0	10	20	30
0	2.37 V 0.00 2.10 -1.00	2.56 V 0.00 3.22 -2.46	2.91 V 0.00 13.10 -15.30	3.46 X 0.00 -3.70 6.80	4.30 X 0.00 -1.00 3.40	5.59 X 0.00 -0.22 2.58	7.63 X 0.00 0.26 2.19
-1/3*Φ	3.02 V 0.00 5.10 -4.90	3.33 X 0.00 -12.10 17.60	3.86 X 0.00 -1.82 4.25	4.65 X 0.00 -0.60 2.80	5.83 X 0.00 -0.02 2.13	7.61 X 0.00 0.35 1.81	10.38 X 0.00 0.66 1.61
-1/2*Φ	3.38 X 0.00 -53.30 71.10	3.77 X 0.00 -2.44 4.98	4.38 X 0.00 -0.78 2.89	5.30 X 0.00 -0.15 2.16	6.65 X 0.00 0.20 1.80	8.65 X 0.00 0.50 1.60	11.72 X 0.00 0.80 1.40
-2/3*Φ	3.77 X 0.00 -3.21 5.93	4.22 X 0.00 -1.00 3.09	4.93 X 0.00 -0.28 2.22	5.96 X 0.00 0.10 1.80	7.44 X 0.00 0.40 1.50	9.61 X 0.00 0.63 1.31	12.93 X 0.00 0.90 1.20
-Φ	4.56 X 0.00 -0.50 2.32	5.13 X 0.00 -0.10 1.80	5.96 X 0.00 0.21 1.45	7.12 X 0.00 0.40 1.20	8.74 X 0.00 0.60 1.10	11.05 X 0.00 0.80 0.90	14.46 X 0.00 0.90 0.70

C.red = 0.00 Φ = 30
β = 10.00

δ \ α	-30	-20	-10	0	10	20	30
0	2.74 V 0.00 2.96 -1.46	2.95 V 0.00 7.70 -6.16	3.33 X 0.00 -7.20 8.86	3.94 X 0.00 -1.76 3.48	4.86 X 0.00 -0.67 2.51	6.27 X 0.00 -0.10 2.10	8.50 X 0.00 0.28 1.89
-1/3*Φ	3.55 X 0.00 -85.50 86.50	3.89 X 0.00 -2.70 4.20	4.46 X 0.00 -1.00 2.60	5.32 X 0.00 -0.37 2.09	6.60 X 0.00 0.00 1.80	8.51 X 0.00 0.36 1.57	11.49 X 0.00 0.64 1.44
-1/2*Φ	4.01 X 0.00 -3.90 5.40	4.41 X 0.00 -1.34 2.93	5.07 X 0.00 -0.51 2.14	6.05 X 0.00 -0.10 1.80	7.49 X 0.00 0.24 1.53	9.61 X 0.00 0.51 1.36	12.87 X 0.00 0.76 1.24
-2/3*Φ	4.48 X 0.00 -1.70 3.20	4.95 X 0.00 -0.65 2.21	5.68 X 0.00 -0.17 1.77	6.77 X 0.00 0.15 1.50	8.32 X 0.00 0.39 1.32	10.59 X 0.00 0.60 1.20	14.03 X 0.00 0.84 1.05
-Φ	5.41 X 0.00 -0.34 1.80	5.95 X 0.00 -0.01 1.47	6.77 X 0.00 0.20 1.30	7.92 X 0.00 0.41 1.08	9.54 X 0.00 0.58 0.94	11.83 X 0.00 0.74 0.81	15.24 X 0.00 0.91 0.69

C.red = 0.00 Φ = 30
β = 15.00

δ \ α	-30	-20	-10	0	10	20	30
0	3.13 V 0.00 6.80 -3.66	3.35 X 0.00 -14.50 12.40	3.77 X 0.00 -2.70 3.50	4.42 X 0.00 -1.10 2.40	5.43 X 0.00 -0.50 2.10	6.95 X 0.00 -0.04 1.80	9.36 X 0.00 0.30 1.70
-1/3*Φ	4.12 X 0.00 -4.70 5.00	4.46 X 0.00 -1.66 2.72	5.07 X 0.00 -0.70 2.00	5.99 X 0.00 -0.30 1.80	7.35 X 0.00 0.10 1.50	9.38 X 0.00 0.36 1.42	12.56 X 0.00 0.60 1.30
-1/2*Φ	4.67 X 0.00 -2.00 2.90	5.07 X 0.00 -0.90 2.20	5.76 X 0.00 -0.40 1.80	6.78 X 0.00 -0.01 1.52	8.30 X 0.00 0.30 1.30	10.51 X 0.00 0.50 1.24	13.93 X 0.00 0.74 1.14
-2/3*Φ	5.22 X 0.00 -1.08 2.23	5.68 X 0.00 -0.50 1.80	6.43 X 0.00 -0.10 1.51	7.53 X 0.00 0.17 1.33	9.14 X 0.00 0.40 1.20	11.48 X 0.00 0.60 1.10	15.05 X 0.00 0.80 1.00
-Φ	6.25 X 0.00 -0.24 1.49	6.72 X 0.00 0.03 1.27	7.50 X 0.00 0.24 1.11	8.63 X 0.00 0.41 0.98	10.22 X 0.00 0.56 0.86	12.55 X 0.00 0.70 0.80	15.95 X 0.00 0.90 0.60

Typ : X = Konvex V = Konkav E = Eben

Kreisgleitfläche

Kpr	Typ	bzw.	Kpr	E
Kpc		für	Kpc	
xm		Typ		
ym		= E	Theta (°)	

C.red = 0.00 Φ = 30
β = 20.00

α / δ	-30	-20	-10	0	10	20	30
0	3.54 X 0.00 -39.46 22.98	3.76 X 0.00 -3.50 3.30	4.20 X 0.00 -1.70 2.40	4.91 X 0.00 -0.83 1.94	5.98 X 0.00 -0.35 1.73	7.62 X 0.00 0.01 1.61	10.21 X 0.00 0.32 1.54
-1/3*Φ	4.70 X 0.00 -2.36 2.68	5.05 X 0.00 -1.14 2.01	5.67 X 0.00 -0.55 1.70	6.64 X 0.00 -0.20 1.60	8.06 X 0.00 0.10 1.40	10.20 X 0.00 0.37 1.30	13.52 X 0.00 0.63 1.22
-1/2*Φ	5.34 X 0.00 -1.30 2.10	5.72 X 0.00 -0.67 1.72	6.42 X 0.00 -0.26 1.51	7.48 X 0.00 0.03 1.36	9.04 X 0.00 0.28 1.24	11.35 X 0.00 0.50 1.15	14.89 X 0.00 0.73 1.07
-2/3*Φ	5.96 X 0.00 -0.78 1.76	6.38 X 0.00 -0.34 1.50	7.13 X 0.00 -0.04 1.33	8.25 X 0.00 0.19 1.21	9.88 X 0.00 0.40 1.10	12.27 X 0.00 0.60 1.00	15.91 X 0.00 0.81 0.91
-Φ	7.04 X 0.00 -0.20 1.30	7.42 X 0.00 0.07 1.14	8.14 X 0.00 0.25 1.01	9.22 X 0.00 0.40 0.90	10.82 X 0.00 0.60 0.80	13.04 X 0.00 0.71 0.71	16.46 X 0.00 0.90 0.60

C.red = 0.00 Φ = 30
β = 25.00

α / δ	-30	-20	-10	0	10	20	30
0	3.94 X 0.00 -4.70 3.00	4.17 X 0.00 -2.20 2.20	4.63 X 0.00 -1.20 1.83	5.38 X 0.00 -0.65 1.65	6.52 X 0.00 -0.27 1.55	8.27 X 0.00 0.04 1.47	11.05 X 0.00 0.30 1.50
-1/3*Φ	5.29 X 0.00 -1.58 1.93	5.62 X 0.00 -0.90 1.70	6.25 X 0.00 -0.43 1.49	7.25 X 0.00 -0.12 1.37	8.76 X 0.00 0.10 1.30	10.97 X 0.00 0.38 1.21	14.44 X 0.00 0.63 1.15
-1/2*Φ	5.99 X 0.00 -1.00 1.70	6.36 X 0.00 -0.50 1.50	7.05 X 0.00 -0.19 1.35	8.14 X 0.00 0.10 1.20	9.73 X 0.00 0.29 1.16	12.11 X 0.00 0.50 1.08	15.79 X 0.00 0.70 1.00
-2/3*Φ	6.68 X 0.00 -0.60 1.50	7.06 X 0.00 -0.30 1.40	7.77 X 0.00 0.00 1.20	8.89 X 0.00 0.21 1.12	10.53 X 0.00 0.40 1.03	12.99 X 0.00 0.60 1.00	16.67 X 0.00 0.80 0.87
-Φ	7.71 X 0.00 -0.10 1.16	8.01 X 0.00 0.09 1.05	8.70 X 0.00 0.30 0.90	9.72 X 0.00 0.40 0.90	11.22 X 0.00 0.56 0.77	13.46 X 0.00 0.71 0.68	16.90 X 0.00 0.90 0.60

C.red = 0.00 Φ = 30
β = 30.00

α / δ	-30	-20	-10	0	10	20	30
0	4.34 X 0.00 -2.70 1.90	4.57 X 0.00 -1.57 1.68	5.05 X 0.00 -0.95 1.56	5.84 X 0.00 -0.53 1.47	7.05 X 0.00 -0.20 1.41	8.90 X 0.00 0.08 1.37	11.86 X 0.00 0.30 1.40
-1/3*Φ	5.85 X 0.00 -1.20 1.60	6.17 X 0.00 -0.70 1.40	6.81 X 0.00 -0.30 1.30	7.83 X 0.00 -0.07 1.26	9.39 X 0.00 0.20 1.20	11.68 X 0.00 0.39 1.15	15.28 X 0.00 0.63 1.10
-1/2*Φ	6.62 X 0.00 -0.78 1.45	6.95 X 0.00 -0.40 1.30	7.64 X 0.00 -0.10 1.20	8.72 X 0.00 0.09 1.16	10.35 X 0.00 0.30 1.09	12.78 X 0.00 0.51 1.03	16.54 X 0.00 0.73 0.96
-2/3*Φ	7.34 X 0.00 -0.50 1.30	7.65 X 0.00 -0.20 1.22	8.34 X 0.00 0.03 1.13	9.45 X 0.00 0.23 1.05	11.10 X 0.00 0.41 0.98	13.56 X 0.00 0.60 0.91	17.33 X 0.00 0.80 0.83
-Φ	8.29 X 0.00 -0.10 1.10	8.49 X 0.00 0.12 0.98	9.09 X 0.00 0.30 0.90	10.06 X 0.00 0.42 0.82	11.55 X 0.00 0.56 0.74	13.78 X 0.00 0.70 0.65	17.28 X 0.00 0.90 0.60

Typ : X = Konvex V = Konkav E = Eben

Kreisgleitfläche

Kpr Typ Kpc xm ym	bzw. für Typ = E	Kpr E Kpc Theta (°)

C.red = 0.00 Φ = 35
β = -35.00

δ \ α	-30	-20	-10	0	10	20	30
0	0.27 E 0.00 -35.00	0.40 E 0.00 -35.00	0.52 E 0.00 -35.00	0.67 E 0.00 -35.00	0.86 E 0.00 -35.00	1.12 E 0.00 -35.00	1.53 E 0.00 -35.00
1/3*Φ	0.25 E 0.00 -35.00	0.38 E 0.00 -35.00	0.52 E 0.00 -35.00	0.69 E 0.00 -35.00	0.91 E 0.00 -35.00	1.24 E 0.00 -35.00	1.77 E 0.00 -35.00
-1/2*Φ	0.24 E 0.00 -35.00	0.37 E 0.00 -35.00	0.52 E 0.00 -35.00	0.70 E 0.00 -35.00	0.95 E 0.00 -35.00	1.33 E 0.00 -35.00	1.96 E 0.00 -35.00
-2/3*Φ	0.24 E 0.00 -35.00	0.37 E 0.00 -35.00	0.53 E 0.00 -35.00	0.73 E 0.00 -35.00	1.01 E 0.00 -35.00	1.45 E 0.00 -35.00	2.22 E 0.00 -35.00
-Φ	0.24 E 0.00 -35.00	0.39 E 0.00 -35.00	0.57 E 0.00 -35.00	0.82 E 0.00 -35.00	1.20 E 0.00 -35.00	1.84 E 0.00 -35.00	3.13 E 0.00 -35.00

C.red = 0.00 Φ = 35
β = -30.00

δ \ α	-30	-20	-10	0	10	20	30
0	0.63 E 0.00 -12.94	0.78 E 0.00 -11.23	0.95 E 0.00 -10.55	1.16 E 0.00 -10.69	1.46 E 0.00 -11.49	1.91 E 0.00 -12.80	2.65 E 0.00 -14.54
-1/3*Φ	0.62 E 0.00 -15.45	0.80 E 0.00 -14.19	1.02 E 0.00 -13.79	1.30 E 0.00 -14.08	1.71 E 0.00 -14.94	2.36 E 0.00 -16.27	3.53 E 0.00 -17.98
-1/2*Φ	0.63 E 0.00 -16.36	0.83 E 0.00 -15.29	1.07 E 0.00 -15.02	1.39 E 0.00 -15.41	1.88 E 0.00 -16.33	2.70 E 0.00 -17.71	4.18 X 0.00 11.00 25.60
-2/3*Φ	0.64 E 0.00 -17.13	0.86 E 0.00 -16.24	1.13 E 0.00 -16.10	1.51 E 0.00 -16.59	2.11 E 0.00 -17.60	3.14 X 0.00 11.40 28.20	5.00 X 0.00 6.60 12.20
-Φ	0.68 X 0.00 15.20 42.70	0.95 E 0.00 -17.86	1.32 X 0.00 50.00 150.00	1.87 X 0.00 12.30 32.12	2.77 X 0.00 6.40 13.30	4.34 X 0.00 4.60 7.30	7.18 X 0.00 3.68 4.31

C.red = 0.00 Φ = 35
β = -25.00

δ \ α	-30	-20	-10	0	10	20	30
0	0.86 V 0.00 0.99 -1.68	1.01 V 0.00 1.42 -5.70	1.20 V 0.00 1.50 -5.04	1.47 V 0.00 1.88 -13.70	1.88 V 0.00 2.34 -47.30	2.48 E 0.00 -4.08	3.51 E 0.00 -6.85
-1/3*Φ	0.93 E 0.00 -3.31	1.14 E 0.00 -2.81	1.40 E 0.00 -3.32	1.77 E 0.00 -4.58	2.33 E 0.00 -6.42	3.29 E 0.00 -8.71	5.02 X 0.00 4.28 14.16
-1/2*Φ	0.96 E 0.00 -5.00	1.20 E 0.00 -4.64	1.50 E 0.00 -5.22	1.95 E 0.00 -6.52	2.66 E 0.00 -8.38	3.88 X 0.00 4.60 17.48	6.03 X 0.00 3.20 7.40
-2/3*Φ	1.00 E 0.00 -6.43	1.27 E 0.00 -6.22	1.63 E 0.00 -6.90	2.18 E 0.00 -8.26	3.08 X 0.00 4.96 21.00	4.59 X 0.00 3.00 7.90	7.23 X 0.00 2.73 4.70
-Φ	1.10 E 0.00 -8.80	1.48 E 0.00 -8.91	2.01 X 0.00 4.50 20.22	2.83 X 0.00 2.80 8.60	4.16 X 0.00 2.38 5.06	6.35 X 0.00 2.20 3.20	10.03 X 0.00 2.15 2.20

Typ : X = Konvex V = Konkav E = Eben

Kreisgleitfläche

Kpr Typ Kpc xm ym	bzw. für Typ = E	Kpr E Kpc Theta (°)

C.red = 0.00 Φ = 35
β = -20.00

α / δ	-30	-20	-10	0	10	20	30
0	1.08 V 0.00 1.30 -2.50	1.23 V 0.00 1.48 -3.16	1.45 V 0.00 1.49 -2.62	1.77 V 0.00 2.00 -6.90	2.27 V 0.00 2.50 -14.30	3.10 E 0.00 2.11	4.50 X 0.00 2.60 59.60
-1/3*Φ	1.23 V 0.00 1.80 -7.50	1.46 V 0.00 2.00 -9.30	1.78 V 0.00 2.18 -15.90	2.27 V 0.00 2.50 -28.08	3.05 E 0.00 -0.18	4.37 X 0.00 1.90 13.90	6.65 X 0.00 1.96 6.18
-1/2*Φ	1.31 V 0.00 2.10 -13.80	1.58 V 0.00 2.02 -15.00	1.98 V 0.00 2.50 -31.30	2.59 E 0.00 0.13	3.58 X 0.00 1.92 19.80	5.21 X 0.00 1.79 6.72	8.01 X 0.00 1.91 4.09
-2/3*Φ	1.40 V 0.00 2.02 -30.20	1.73 V 0.00 2.26 -39.80	2.22 V 0.00 2.50 -120.50	2.98 X 0.00 1.60 19.60	4.19 X 0.00 1.62 7.19	6.19 X 0.00 1.70 4.20	9.54 X 0.00 1.85 2.91
-Φ	1.62 E 0.00 -0.90	2.11 X 0.00 1.40 17.80	2.84 X 0.00 1.30 7.30	3.95 X 0.00 1.40 4.40	5.68 X 0.00 1.50 3.00	8.40 X 0.00 1.55 2.08	12.76 X 0.00 1.66 1.52

C.red = 0.00 Φ = 35
β = -15.00

α / δ	-30	-20	-10	0	10	20	30
0	1.31 V 0.00 1.17 -1.02	1.47 V 0.00 1.47 -1.87	1.73 V 0.00 1.80 -3.20	2.13 V 0.00 2.10 -4.82	2.77 V 0.00 2.50 -8.09	3.82 E 0.00 6.95	5.62 X 0.00 0.60 10.10
-1/3*Φ	1.56 V 0.00 1.70 -3.51	1.83 V 0.00 2.10 -5.50	2.23 V 0.00 2.28 -7.42	2.88 V 0.00 3.70 -20.50	3.91 X 0.00 -0.50 17.10	5.59 X 0.00 0.90 6.07	8.42 X 0.00 1.35 3.88
-1/2*Φ	1.70 V 0.00 1.96 -5.70	2.04 V 0.00 2.22 -7.70	2.55 V 0.00 2.58 -11.30	3.36 X 0.00 -1.10 19.90	4.63 X 0.00 0.69 6.69	6.69 X 0.00 1.10 3.80	10.11 X 0.00 1.45 2.85
-2/3*Φ	1.87 V 0.00 2.30 -8.80	2.28 V 0.00 2.60 -12.30	2.93 X 0.00 -1.40 21.80	3.91 X 0.00 0.50 7.40	5.46 X 0.00 0.98 4.11	7.91 X 0.00 1.25 2.84	11.92 X 0.00 1.49 2.16
-Φ	2.27 X 0.00 -0.60 13.70	2.89 X 0.00 0.20 8.10	3.82 X 0.00 0.71 4.31	5.22 X 0.00 0.90 2.80	7.31 X 0.00 1.11 2.06	10.47 X 0.00 1.26 1.56	15.36 X 0.00 1.40 1.20

C.red = 0.00 Φ = 35
β = -10.00

α / δ	-30	-20	-10	0	10	20	30
0	1.58 V 0.00 1.30 -0.90	1.76 V 0.00 1.58 -1.58	2.07 V 0.00 1.90 -2.55	2.58 V 0.00 2.39 -4.47	3.38 V 0.00 6.10 -19.10	4.68 X 0.00 -1.50 12.54	6.85 X 0.00 0.42 5.48
-1/3*Φ	1.95 V 0.00 1.86 -2.74	2.28 V 0.00 2.16 -3.92	2.80 V 0.00 3.50 -9.20	3.61 X 0.00 -6.32 31.46	4.89 X 0.00 -0.10 6.40	6.93 X 0.00 0.70 3.80	10.30 X 0.00 1.10 2.90
-1/2*Φ	2.18 V 0.00 2.10 -3.91	2.60 V 0.00 3.10 -7.90	3.25 X 0.00 -21.90 95.00	4.26 X 0.00 -0.40 7.20	5.82 X 0.00 0.49 3.99	8.28 X 0.00 0.91 2.83	12.29 X 0.00 1.20 2.20
-2/3*Φ	2.44 V 0.00 3.10 -8.10	2.96 V 0.00 41.50 -165.90	3.76 X 0.00 -0.78 8.39	4.99 X 0.00 0.32 4.21	6.86 X 0.00 0.80 2.90	9.74 X 0.00 1.04 2.16	14.34 X 0.00 1.30 1.70
-Φ	3.05 X 0.00 -0.96 8.39	3.82 X 0.00 0.08 4.37	4.96 X 0.00 0.50 2.89	6.61 X 0.00 0.80 2.20	9.00 X 0.00 0.94 1.61	12.50 X 0.00 1.11 1.27	17.77 X 0.00 1.30 1.00

Typ : X = Konvex V = Konkav E = Eben

Kreisgleitfläche

Kpr Typ	bzw.	Kpr E
Kpc	für	Kpc
xm	Typ	
ym	= E	Theta (°)

C.red = 0.00 Φ = 35
β = -5.00

δ \ α	-30	-20	-10	0	10	20	30
0	1.88 V 0.00 1.48 -0.92	2.10 V 0.00 1.90 -1.80	2.49 V 0.00 2.30 -2.80	3.10 V 0.00 4.40 -8.14	4.07 X 0.00 -6.30 20.50	5.61 X 0.00 -0.60 5.90	8.17 X 0.00 0.40 3.76
1/3*Φ	2.42 V 0.00 2.20 -2.70	2.82 V 0.00 3.28 -5.42	3.46 V 0.00 21.50 -54.30	4.44 X 0.00 -1.40 7.40	5.97 X 0.00 0.01 3.97	8.37 X 0.00 0.57 2.86	12.27 X 0.00 1.00 2.30
-1/2*Φ	2.75 V 0.00 3.08 -5.02	3.26 V 0.00 11.90 -28.30	4.06 X 0.00 -2.09 9.04	5.27 X 0.00 -0.20 4.30	7.12 X 0.00 0.40 2.90	9.97 X 0.00 0.79 2.24	14.52 X 0.00 1.10 1.86
-2/3*Φ	3.13 V 0.00 8.90 -20.50	3.76 X 0.00 -2.80 10.70	4.73 X 0.00 -0.38 4.48	6.18 X 0.00 0.28 2.93	8.35 X 0.00 0.60 2.20	11.61 X 0.00 0.92 1.78	16.72 X 0.00 1.18 1.48
-Φ	3.99 X 0.00 -0.60 4.60	4.90 X 0.00 0.10 2.90	6.21 X 0.00 0.42 2.17	8.07 X 0.00 0.66 1.68	10.71 X 0.00 0.80 1.30	14.43 X 0.00 1.02 1.08	19.97 X 0.00 1.20 0.86

C.red = 0.00 Φ = 35
β = 0.00

δ \ α	-30	-20	-10	0	10	20	30
0	2.23 V 0.00 1.71 -0.95	2.50 V 0.00 2.20 -1.80	2.96 V 0.00 3.90 -4.90	3.69 E 0.00 27.50	4.83 X 0.00 -1.80 6.40	6.62 X 0.00 -0.30 3.90	9.57 X 0.00 0.40 2.90
-1/3*Φ	2.97 V 0.00 3.10 -3.50	3.45 V 0.00 12.50 -20.90	4.21 X 0.00 -3.90 10.20	5.37 X 0.00 -0.72 4.23	7.14 X 0.00 0.08 2.91	9.88 X 0.00 0.53 2.31	14.27 X 0.00 0.90 2.00
-1/2*Φ	3.43 V 0.00 6.30 -9.70	4.03 X 0.00 -5.64 13.40	4.97 X 0.00 -1.00 4.60	6.38 X 0.00 -0.07 2.98	8.49 X 0.00 0.40 2.30	11.71 X 0.00 0.70 1.90	16.76 X 0.00 1.00 1.60
-2/3*Φ	3.94 X 0.00 -8.18 18.18	4.68 X 0.00 -1.28 5.01	5.81 X 0.00 -0.20 3.00	7.46 X 0.00 0.28 2.27	9.89 X 0.00 0.59 1.83	13.51 X 0.00 0.90 1.60	19.04 X 0.00 1.11 1.31
-Φ	5.08 X 0.00 -0.41 3.15	6.10 X 0.00 0.09 2.26	7.54 X 0.00 0.40 1.70	9.54 X 0.00 0.60 1.40	12.31 X 0.00 0.80 1.20	16.20 X 0.00 0.96 0.95	21.92 X 0.00 1.14 0.76

C.red = 0.00 Φ = 35
β = 5.00

δ \ α	-30	-20	-10	0	10	20	30
0	2.64 V 0.00 2.10 -1.10	2.95 V 0.00 3.10 -2.50	3.49 V 0.00 11.50 -14.70	4.34 X 0.00 -4.00 8.14	5.64 X 0.00 -1.00 3.90	7.69 X 0.00 -0.10 2.80	11.02 X 0.00 0.40 2.44
-1/3*Φ	3.61 V 0.00 5.70 -6.30	4.16 X 0.00 -10.70 17.80	5.04 X 0.00 -1.70 4.70	6.38 X 0.00 -0.40 2.90	8.38 X 0.00 0.10 2.40	11.45 X 0.00 0.50 2.00	16.31 X 0.00 0.85 1.74
-1/2*Φ	4.20 X 0.00 -24.10 37.40	4.90 X 0.00 -2.12 5.24	5.97 X 0.00 -0.61 3.13	7.57 X 0.00 0.01 2.34	9.92 X 0.00 0.39 1.92	13.45 X 0.00 0.69 1.65	18.96 X 0.00 1.00 1.50
-2/3*Φ	4.87 X 0.00 -2.50 5.70	5.71 X 0.00 -0.80 3.30	6.97 X 0.00 -0.10 2.35	8.80 X 0.00 0.28 1.89	11.44 X 0.00 0.57 1.58	15.32 X 0.00 0.81 1.36	21.24 X 0.00 1.06 1.18
-Φ	6.29 X 0.00 -0.30 2.40	7.37 X 0.00 0.11 1.84	8.90 X 0.00 0.37 1.49	10.99 X 0.00 0.60 1.20	13.82 X 0.00 0.75 1.04	17.79 X 0.00 0.92 0.86	23.59 X 0.00 1.10 0.70

Typ : X = Konvex V = Konkav E = Eben

Kreisgleitfläche

Kpr Typ Kpc xm ym	bzw. für Typ = E	Kpr E Kpc Theta (°)

C.red = 0.00 Φ = 35
β = 10.00

α / δ	-30	-20	-10	0	10	20	30
0	3.09 V 0.00 2.92 -1.60	3.45 V 0.00 6.70 -5.80	4.07 X 0.00 -9.70 13.00	5.03 X 0.00 -1.95 4.24	6.51 X 0.00 -0.70 3.00	8.81 X 0.00 0.00 2.30	12.53 X 0.00 0.40 2.10
-1/3*Φ	4.33 E 0.00 41.33	4.95 X 0.00 -3.10 5.40	5.95 X 0.00 -1.03 3.13	7.44 X 0.00 -0.28 2.37	9.67 X 0.00 0.20 1.90	13.03 X 0.00 0.51 1.74	18.33 X 0.00 0.82 1.57
-1/2*Φ	5.08 X 0.00 -4.10 6.50	5.85 X 0.00 -1.26 3.32	7.04 X 0.00 -0.40 2.41	8.80 X 0.00 0.06 1.96	11.36 X 0.00 0.40 1.70	15.17 X 0.00 0.67 1.48	21.13 X 0.00 0.90 1.30
-2/3*Φ	5.90 X 0.00 -1.50 3.54	6.82 X 0.00 -0.53 2.47	8.19 X 0.00 -0.03 1.95	10.16 X 0.00 0.29 1.64	13.01 X 0.00 0.60 1.40	17.09 X 0.00 0.80 1.20	23.29 X 0.00 1.03 1.09
-Φ	7.59 X 0.00 -0.18 1.93	8.69 X 0.00 0.10 1.60	10.22 X 0.00 0.37 1.31	12.36 X 0.00 0.60 1.10	15.21 X 0.00 0.70 0.90	19.16 X 0.00 0.90 0.80	24.99 X 0.00 1.07 0.64

C.red = 0.00 Φ = 35
β = 15.00

α / δ	-30	-20	-10	0	10	20	30
0	3.60 V 0.00 5.30 -3.10	4.00 X 0.00 -25.90 24.32	4.69 X 0.00 -3.24 4.62	5.76 X 0.00 -1.25 2.95	7.41 X 0.00 -0.50 2.40	9.96 X 0.00 0.02 2.07	14.07 X 0.00 0.42 1.91
-1/3*Φ	5.13 X 0.00 -5.60 6.66	5.81 X 0.00 -1.78 3.31	6.90 X 0.00 -0.72 2.42	8.54 X 0.00 -0.18 2.00	10.96 X 0.00 0.20 1.70	14.60 X 0.00 0.50 1.60	20.31 X 0.00 0.80 1.45
-1/2*Φ	6.04 X 0.00 -2.20 3.70	6.87 X 0.00 -0.87 2.49	8.16 X 0.00 -0.30 2.00	10.05 X 0.00 0.10 1.71	12.79 X 0.00 0.40 1.51	16.88 X 0.00 0.70 1.40	23.07 X 0.00 0.93 1.23
-2/3*Φ	7.02 X 0.00 -1.02 2.58	7.98 X 0.00 -0.40 2.10	9.43 X 0.00 0.02 1.69	11.50 X 0.00 0.30 1.47	14.49 X 0.00 0.50 1.30	18.71 X 0.00 0.77 1.15	25.16 X 0.00 1.01 1.02
-Φ	8.91 X 0.00 -0.10 1.60	9.97 X 0.00 0.20 1.40	11.45 X 0.00 0.37 1.19	13.51 X 0.00 0.55 1.02	16.35 X 0.00 0.70 0.90	20.31 X 0.00 0.87 0.74	26.14 X 0.00 1.05 0.60

C.red = 0.00 Φ = 35
β = 20.00

α / δ	-30	-20	-10	0	10	20	30
0	4.14 V 0.00 26.42 -16.46	4.58 X 0.00 -5.34 5.24	5.34 X 0.00 -1.96 2.98	6.53 X 0.00 -0.90 2.30	8.34 X 0.00 -0.30 2.00	11.15 X 0.00 0.10 1.80	15.65 X 0.00 0.40 1.80
-1/3*Φ	5.98 X 0.00 -2.79 3.51	6.71 X 0.00 -1.20 2.40	7.89 X 0.00 -0.54 2.01	9.66 X 0.00 -0.10 1.70	12.26 X 0.00 0.20 1.60	16.15 X 0.00 0.51 1.46	22.22 X 0.00 0.79 1.36
-1/2*Φ	7.06 X 0.00 -1.40 2.50	7.93 X 0.00 -0.65 2.05	9.30 X 0.00 -0.20 1.80	11.30 X 0.00 0.10 1.60	14.17 X 0.00 0.40 1.40	18.49 X 0.00 0.70 1.30	24.94 X 0.00 0.91 1.16
-2/3*Φ	8.20 X 0.00 -0.80 2.10	9.16 X 0.00 -0.27 1.74	10.66 X 0.00 0.10 1.50	12.78 X 0.00 0.32 1.35	15.81 X 0.00 0.54 1.20	20.20 X 0.00 0.76 1.08	26.84 X 0.00 0.99 0.96
-Φ	10.20 X 0.00 -0.06 1.46	11.13 X 0.00 0.18 1.26	12.56 X 0.00 0.37 1.09	14.55 X 0.00 0.54 0.96	17.34 X 0.00 0.70 0.80	21.34 X 0.00 0.90 0.70	27.17 X 0.00 1.00 0.60

Typ : X = Konvex V = Konkav E = Eben

Kreisgleitfläche

Kpr Typ Kpc xm ym	bzw. für Typ = E	Kpr E Kpc Theta (°)

C.red = 0.00 Φ = 35
β = 25.00

δ \ α	-30	-20	-10	0	10	20	30
0	4.71 X 0.00 -8.70 5.90	5.18 X 0.00 -2.84 2.98	6.02 X 0.00 -1.40 2.30	7.32 X 0.00 -0.70 2.00	9.30 X 0.00 -0.30 1.90	12.33 X 0.00 0.10 1.70	17.20 X 0.00 0.44 1.63
-1/3*Φ	6.88 X 0.00 -1.85 2.49	7.64 X 0.00 -0.94 2.02	8.90 X 0.00 -0.40 1.70	10.76 X 0.00 -0.06 1.60	13.52 X 0.00 0.24 1.47	17.64 X 0.00 0.50 1.40	24.03 X 0.00 0.80 1.30
-1/2*Φ	8.12 X 0.00 -1.10 2.10	9.00 X 0.00 -0.51 1.77	10.41 X 0.00 -0.13 1.57	12.48 X 0.00 0.16 1.42	15.48 X 0.00 0.41 1.31	19.90 X 0.00 0.65 1.20	26.66 X 0.00 0.90 1.10
-2/3*Φ	9.37 X 0.00 -0.60 1.79	10.31 X 0.00 -0.20 1.56	11.81 X 0.00 0.10 1.40	13.97 X 0.00 0.33 1.25	17.14 X 0.00 0.50 1.20	21.54 X 0.00 0.75 1.03	28.35 X 0.00 1.00 0.90
-Φ	11.38 X 0.00 -0.02 1.33	12.19 X 0.00 0.20 1.16	13.51 X 0.00 0.38 1.03	15.48 X 0.00 0.50 0.90	18.12 X 0.00 0.70 0.80	22.14 X 0.00 0.90 0.70	27.78 X 0.00 1.02 0.55

C.red = 0.00 Φ = 35
β = 30.00

δ \ α	-30	-20	-10	0	10	20	30
0	5.30 X 0.00 -3.92 2.86	5.81 X 0.00 -2.00 2.20	6.71 X 0.00 -1.10 1.90	8.11 X 0.00 -0.58 1.76	10.25 X 0.00 -0.20 1.70	13.54 X 0.00 0.10 1.60	18.76 X 0.00 0.45 1.54
-1/3*Φ	7.79 X 0.00 -1.39 2.00	8.57 X 0.00 -0.80 1.80	9.88 X 0.00 -0.34 1.59	11.84 X 0.00 -0.02 1.48	14.78 X 0.00 0.30 1.40	19.04 X 0.00 0.52 1.30	25.74 X 0.00 0.80 1.20
-1/2*Φ	9.18 X 0.00 -0.90 1.80	10.04 X 0.00 -0.41 1.59	11.48 X 0.00 -0.08 1.45	13.61 X 0.00 0.18 1.33	16.73 X 0.00 0.40 1.20	21.25 X 0.00 0.65 1.14	28.26 X 0.00 0.90 1.10
-2/3*Φ	10.52 X 0.00 -0.48 1.60	11.42 X 0.00 -0.10 1.40	12.88 X 0.00 0.12 1.30	15.09 X 0.00 0.30 1.20	18.17 X 0.00 0.54 1.08	22.71 X 0.00 0.75 0.98	29.65 X 0.00 1.00 0.90
-Φ	12.41 X 0.00 0.02 1.23	13.07 X 0.00 0.22 1.09	14.28 X 0.00 0.39 0.97	16.11 X 0.00 0.54 0.86	18.80 X 0.00 0.70 0.80	22.57 X 0.00 0.84 0.65	28.38 X 0.00 1.00 0.50

C.red = 0.00 Φ = 35
β = 35.00

δ \ α	-30	-20	-10	0	10	20	30
0	5.89 X 0.00 -2.60 2.03	6.44 X 0.00 -1.50 1.80	7.40 X 0.00 -0.91 1.69	8.91 X 0.00 -0.48 1.60	11.20 X 0.00 -0.14 1.54	14.73 X 0.00 0.20 1.50	20.28 X 0.00 0.46 1.47
-1/3*Φ	8.70 X 0.00 -1.10 1.70	9.49 X 0.00 -0.63 1.58	10.84 X 0.00 -0.30 1.50	12.87 X 0.00 0.02 1.39	15.89 X 0.00 0.30 1.30	20.35 X 0.00 0.52 1.24	27.30 X 0.00 0.79 1.18
-1/2*Φ	10.20 X 0.00 -0.71 1.60	11.06 X 0.00 -0.30 1.40	12.48 X 0.00 -0.04 1.36	14.65 X 0.00 0.20 1.26	17.80 X 0.00 0.43 1.18	22.56 X 0.00 0.70 1.10	29.62 X 0.00 0.90 1.00
-2/3*Φ	11.60 X 0.00 -0.39 1.46	12.41 X 0.00 -0.10 1.33	13.85 X 0.00 0.14 1.23	16.00 X 0.00 0.35 1.13	19.13 X 0.00 0.55 1.04	23.92 X 0.00 0.80 1.00	30.71 X 0.00 0.97 0.85
-Φ	13.25 X 0.00 0.05 1.16	13.77 X 0.00 0.23 1.04	14.88 X 0.00 0.39 0.93	16.77 X 0.00 0.50 0.80	19.22 X 0.00 0.68 0.73	23.01 X 0.00 0.84 0.63	28.76 X 0.00 1.01 0.51

Typ : X = Konvex V = Konkav E = Eben

Kreisgleitfläche

Kpr Typ Kpc xm ym	bzw. für Typ = E	Kpr E Kpc Theta (°)

C.red = 0.00 Φ = 40
β = -40.00

δ \ α	-30	-20	-10	0	10	20	30
0	0.18 E 0.00 -40.00	0.30 E 0.00 -40.00	0.43 E 0.00 -40.00	0.59 E 0.00 -40.00	0.79 E 0.00 -40.00	1.06 E 0.00 -40.00	1.49 E 0.00 -40.00
-1/3*Φ	0.16 E 0.00 -40.00	0.29 E 0.00 -40.00	0.43 E 0.00 -40.00	0.60 E 0.00 -40.00	0.84 E 0.00 -40.00	1.20 E 0.00 -40.00	1.78 E 0.00 -40.00
-1/2*Φ	0.16 E 0.00 -40.00	0.28 E 0.00 -40.00	0.43 E 0.00 -40.00	0.62 E 0.00 -40.00	0.89 E 0.00 -40.00	1.31 E 0.00 -40.00	2.01 E 0.00 -40.00
-2/3*Φ	0.16 E 0.00 -40.00	0.29 E 0.00 -40.00	0.44 E 0.00 -40.00	0.66 E 0.00 -40.00	0.96 E 0.00 -40.00	1.46 E 0.00 -40.00	2.35 E 0.00 -40.00
-Φ	0.16 E 0.00 -40.00	0.30 E 0.00 -40.00	0.49 E 0.00 -40.00	0.77 E 0.00 -40.00	1.20 E 0.00 -40.00	2.00 E 0.00 -40.00	3.78 E 0.00 -40.00

C.red = 0.00 Φ = 40
β = -35.00

δ \ α	-30	-20	-10	0	10	20	30
0	0.49 E 0.00 -20.34	0.66 E 0.00 -18.29	0.84 E 0.00 -17.28	1.08 E 0.00 -17.12	1.40 E 0.00 -17.64	1.88 E 0.00 -18.71	2.69 E 0.00 -20.22
-1/3*Φ	0.48 E 0.00 -22.36	0.68 E 0.00 -20.84	0.91 E 0.00 -20.22	1.22 E 0.00 -20.31	1.67 E 0.00 -20.99	2.40 E 0.00 -22.16	3.74 E 0.00 -23.74
-1/2*Φ	0.48 E 0.00 -23.09	0.70 E 0.00 -21.81	0.96 E 0.00 -21.35	1.32 E 0.00 -21.58	1.88 E 0.00 -22.37	2.82 E 0.00 -23.62	4.62 X 0.00 19.20 36.00
-2/3*Φ	0.49 E 0.00 -23.73	0.73 E 0.00 -22.65	1.03 E 0.00 -22.37	1.47 E 0.00 -22.74	2.16 E 0.00 -23.64	3.40 X 0.00 20.96 40.64	5.82 X 0.00 9.30 13.90
-Φ	0.53 X 0.00 13.80 28.10	0.83 E 0.00 -24.14	1.26 E 0.00 -24.20	1.92 X 0.00 45.00 92.50	3.07 X 0.00 9.00 14.70	5.22 X 0.00 5.78 7.40	9.34 X 0.00 4.36 4.06

C.red = 0.00 Φ = 40
β = -30.00

δ \ α	-30	-20	-10	0	10	20	30
0	0.74 V 0.00 1.00 -5.10	0.91 V 0.00 1.00 -2.24	1.14 V 0.00 1.50 -11.30	1.43 E 0.00 -6.28	1.84 E 0.00 -7.88	2.50 E 0.00 -10.00	3.63 E 0.00 -12.52
-1/3*Φ	0.77 E 0.00 -10.84	1.00 E 0.00 -9.91	1.30 E 0.00 -10.07	1.71 E 0.00 -11.05	2.35 E 0.00 -12.65	3.46 E 0.00 -14.74	5.56 X 0.00 9.00 23.90
-1/2*Φ	0.79 E 0.00 -12.30	1.06 E 0.00 -11.59	1.41 E 0.00 -11.89	1.92 E 0.00 -12.96	2.75 E 0.00 -14.63	4.24 X 0.00 10.40 29.90	7.03 X 0.00 5.04 9.60
-2/3*Φ	0.83 E 0.00 -13.56	1.14 E 0.00 -13.06	1.56 E 0.00 -13.52	2.20 E 0.00 -14.70	3.29 X 0.00 11.20 33.36	5.25 X 0.00 4.88 10.02	8.89 X 0.00 3.80 5.42
-Φ	0.94 X 0.00 17.40 59.20	1.38 X 0.00 34.80 121.00	2.02 X 0.00 9.12 27.20	3.07 X 0.00 4.40 10.00	4.87 X 0.00 3.28 5.42	8.02 X 0.00 2.80 3.31	13.55 X 0.00 2.60 2.10

Typ : X = Konvex V = Konkav E = Eben

Kreisgleitfläche

Kpr Typ Kpc xm ym	bzw. für Typ = E	Kpr E Kpc Theta (°)

C.red = 0.00 Φ = 40
β = -25.00

δ \ α	-30	-20	-10	0	10	20	30
0	0.93 V 0.00 0.91 -1.20	1.13 V 0.00 1.34 -4.10	1.37 V 0.00 1.50 -5.04	1.74 V 0.00 1.84 -11.50	2.31 V 0.00 2.26 -40.90	3.18 E 0.00 -3.73	4.75 E 0.00 -7.00
-1/3*Φ	1.09 V 0.00 1.50 -13.80	1.36 V 0.00 1.68 -28.20	1.73 E 0.00 -2.20	2.28 E 0.00 -4.05	3.16 E 0.00 -6.44	4.76 X 0.00 5.50 26.30	7.71 X 0.00 3.20 8.30
-1/2*Φ	1.16 E 0.00 -3.15	1.48 E 0.00 -3.36	1.93 E 0.00 -4.53	2.63 E 0.00 -6.42	3.83 X 0.00 6.90 37.20	5.95 X 0.00 3.18 9.20	9.80 X 0.00 2.80 5.10
-2/3*Φ	1.23 E 0.00 -4.98	1.63 E 0.00 -5.34	2.20 E 0.00 -6.62	3.12 X 0.00 6.90 38.40	4.70 X 0.00 3.06 9.72	7.43 X 0.00 2.56 5.08	12.30 X 0.00 2.50 3.32
-Φ	1.47 E 0.00 -8.08	2.08 X 0.00 4.50 23.90	3.01 X 0.00 2.60 9.00	4.51 X 0.00 2.17 5.04	6.98 X 0.00 2.00 3.20	11.06 X 0.00 1.97 2.14	17.79 X 0.00 2.00 1.50

C.red = 0.00 Φ = 40
β = -20.00

δ \ α	-30	-20	-10	0	10	20	30
0	1.17 V 0.00 1.24 -2.10	1.37 V 0.00 1.46 -2.95	1.65 V 0.00 1.49 -2.62	2.10 V 0.00 2.02 -7.40	2.80 V 0.00 2.42 -15.10	3.99 E 0.00 1.23	6.13 X 0.00 2.40 26.60
-1/3*Φ	1.41 V 0.00 1.50 -4.49	1.73 V 0.00 2.00 -9.30	2.20 V 0.00 2.50 -18.10	2.94 V 0.00 2.50 -34.00	4.17 X 0.00 2.76 66.80	6.34 X 0.00 1.94 9.40	10.20 X 0.00 2.09 5.12
-1/2*Φ	1.56 V 0.00 2.10 -13.00	1.95 V 0.00 2.10 -16.20	2.55 V 0.00 2.42 -41.70	3.53 E 0.00 -1.07	5.17 X 0.00 1.70 9.50	7.99 X 0.00 1.86 5.14	12.93 X 0.00 2.04 3.45
-2/3*Φ	1.72 V 0.00 2.02 -29.80	2.22 V 0.00 2.50 -55.30	3.00 E 0.00 -0.93	4.28 X 0.00 1.70 11.30	6.40 X 0.00 1.70 5.30	9.94 X 0.00 1.80 3.37	16.01 X 0.00 1.97 2.43
-Φ	2.16 X 0.00 1.40 26.20	2.98 X 0.00 1.40 10.20	4.25 X 0.00 1.40 5.20	6.25 X 0.00 1.40 3.10	9.38 X 0.00 1.51 2.23	14.27 X 0.00 1.60 1.60	22.00 X 0.00 1.73 1.17

C.red = 0.00 Φ = 40
β = -15.00

δ \ α	-30	-20	-10	0	10	20	30
0	1.41 V 0.00 1.17 -1.02	1.64 V 0.00 1.47 -1.87	1.99 V 0.00 1.80 -3.20	2.54 V 0.00 2.20 -5.60	3.45 V 0.00 2.50 -8.09	5.00 E 0.00 5.37	7.76 X 0.00 0.98 9.27
-1/3*Φ	1.80 V 0.00 1.80 -4.10	2.18 V 0.00 2.10 -5.90	2.79 V 0.00 2.44 -9.50	3.78 V 0.00 5.50 -40.98	5.42 X 0.00 0.40 11.80	8.19 X 0.00 1.21 5.38	13.03 X 0.00 1.60 3.64
-1/2*Φ	2.03 V 0.00 2.10 -6.60	2.54 V 0.00 2.50 -10.10	3.34 E 0.00 6.63	4.64 X 0.00 0.10 14.20	6.78 X 0.00 1.00 5.50	10.33 X 0.00 1.40 3.60	16.39 X 0.00 1.70 2.70
-2/3*Φ	2.31 V 0.00 2.30 -10.00	2.98 V 0.00 2.50 -13.30	4.02 X 0.00 -0.08 13.90	5.70 X 0.00 0.88 5.71	8.39 X 0.00 1.20 3.50	12.76 X 0.00 1.50 2.60	19.99 X 0.00 1.70 2.00
-Φ	3.06 X 0.00 0.00 11.20	4.13 X 0.00 0.65 5.53	5.77 X 0.00 0.90 3.30	8.26 X 0.00 1.11 2.36	11.99 X 0.00 1.26 1.74	17.58 X 0.00 1.40 1.31	26.14 X 0.00 1.60 1.00

Typ : X = Konvex V = Konkav E = Eben

Kreisgleitfläche

Kpr Typ	bzw.	Kpr E
Kpc xm ym	für Typ = E	Kpc Theta (°)

C.red = 0.00 Φ = 40
β = -10.00

δ \ α	-30	-20	-10	0	10	20	30
0	1.72 V 0.00 1.30 -0.90	1.98 V 0.00 1.60 -1.60	2.40 V 0.00 1.99 -2.90	3.10 V 0.00 2.50 -5.20	4.26 V 0.00 7.10 -25.90	6.21 X 0.00 -0.80 11.40	9.62 X 0.00 0.70 5.60
-1/3*Φ	2.27 V 0.00 1.90 -2.92	2.75 V 0.00 2.30 -4.70	3.54 V 0.00 4.10 -12.80	4.82 X 0.00 -2.50 18.40	6.89 X 0.00 0.30 6.00	10.31 X 0.00 0.94 3.78	16.15 X 0.00 1.36 2.87
-1/2*Φ	2.63 V 0.00 2.30 -4.90	3.28 V 0.00 3.72 -11.32	4.32 X 0.00 -3.92 24.52	5.99 X 0.00 0.10 6.40	8.64 X 0.00 0.78 3.78	12.96 X 0.00 1.20 2.80	20.11 X 0.00 1.50 2.20
-2/3*Φ	3.06 V 0.00 3.66 -11.40	3.92 X 0.00 -5.48 31.36	5.27 X 0.00 -0.10 6.80	7.37 X 0.00 0.64 3.80	10.65 X 0.00 1.00 2.70	15.81 X 0.00 1.27 2.08	24.12 X 0.00 1.53 1.66
-Φ	4.19 X 0.00 -0.21 6.34	5.55 X 0.00 0.43 3.69	7.56 X 0.00 0.70 2.50	10.49 X 0.00 0.95 1.88	14.73 X 0.00 1.10 1.40	20.86 X 0.00 1.27 1.12	30.03 X 0.00 1.45 0.84

C.red = 0.00 Φ = 40
β = -5.00

δ \ α	-30	-20	-10	0	10	20	30
0	2.06 V 0.00 1.56 -1.09	2.38 V 0.00 1.90 -1.80	2.91 V 0.00 2.40 -3.20	3.79 V 0.00 4.70 -9.72	5.23 X 0.00 -5.30 20.50	7.60 X 0.00 -0.30 6.10	11.70 X 0.00 0.62 4.06
-1/3*Φ	2.85 V 0.00 2.29 -3.06	3.46 V 0.00 3.60 -6.78	4.46 X 0.00 -27.90 87.00	6.05 X 0.00 -0.88 7.12	8.58 X 0.00 0.29 4.04	12.68 X 0.00 0.80 3.00	19.54 X 0.00 1.20 2.40
-1/2*Φ	3.37 V 0.00 3.30 -6.10	4.20 V 0.00 53.50 -155.10	5.51 X 0.00 -1.21 7.83	7.55 X 0.00 0.10 4.30	10.75 X 0.00 0.67 2.91	15.81 X 0.00 1.00 2.30	24.05 X 0.00 1.40 1.90
-2/3*Φ	4.01 V 0.00 27.90 -79.10	5.08 X 0.00 -1.50 8.40	6.75 X 0.00 0.00 4.23	9.29 X 0.00 0.50 2.90	13.13 X 0.00 0.88 2.20	19.03 X 0.00 1.15 1.78	28.32 X 0.00 1.43 1.46
-Φ	5.59 X 0.00 -0.20 4.30	7.22 X 0.00 0.30 2.90	9.56 X 0.00 0.64 2.04	12.89 X 0.00 0.90 1.60	17.50 X 0.00 1.00 1.20	24.03 X 0.00 1.20 1.00	33.62 X 0.00 1.37 0.75

C.red = 0.00 Φ = 40
β = 0.00

δ \ α	-30	-20	-10	0	10	20	30
0	2.47 V 0.00 1.80 -1.12	2.86 V 0.00 2.30 -2.10	3.52 V 0.00 3.84 -5.20	4.60 E 0.00 25.00	6.33 X 0.00 -1.71 7.24	9.16 X 0.00 -0.11 4.22	14.00 X 0.00 0.60 3.20
-1/3*Φ	3.56 V 0.00 3.36 -4.28	4.32 V 0.00 11.10 -20.70	5.54 X 0.00 -3.00 9.70	7.47 X 0.00 -0.46 4.44	10.47 X 0.00 0.30 3.10	15.26 X 0.00 0.75 2.48	23.12 X 0.00 1.14 2.11
-1/2*Φ	4.28 V 0.00 9.10 -16.70	5.30 X 0.00 -3.70 11.00	6.89 X 0.00 -0.65 4.65	9.33 X 0.00 0.20 3.00	13.06 X 0.00 0.60 2.40	18.85 X 0.00 1.00 2.00	28.06 X 0.00 1.28 1.69
-2/3*Φ	5.15 X 0.00 -4.50 12.60	6.46 X 0.00 -0.80 4.80	8.45 X 0.00 0.10 3.00	11.40 X 0.00 0.50 2.30	15.78 X 0.00 0.80 1.90	22.34 X 0.00 1.10 1.60	32.50 X 0.00 1.35 1.32
-Φ	7.24 X 0.00 -0.10 3.10	9.11 X 0.00 0.32 2.22	11.72 X 0.00 0.60 1.70	15.29 X 0.00 0.79 1.38	20.23 X 0.00 1.00 1.20	26.98 X 0.00 1.13 0.89	36.88 X 0.00 1.30 0.70

Typ : X = Konvex V = Konkav E = Eben

Kreisgleitfläche

Kpr Typ Kpc xm ym	bzw. für Typ = E	Kpr E Kpc Theta (°)

C.red = 0.00 Φ = 40
β = 5.00

δ \ α	-30	-20	-10	0	10	20	30
0	2.95 V 0.00 2.18 -1.30	3.43 V 0.00 3.28 -3.00	4.23 V 0.00 10.82 -15.14	5.52 X 0.00 -4.40 9.96	7.56 X 0.00 -0.90 4.40	10.88 X 0.00 0.00 3.30	16.49 X 0.00 0.57 2.75
1/3*Φ	4.40 V 0.00 6.30 -7.90	5.32 X 0.00 -8.10 15.80	6.79 X 0.00 -1.47 5.09	9.06 X 0.00 -0.30 3.40	12.55 X 0.00 0.31 2.57	18.01 X 0.00 0.72 2.16	26.87 X 0.00 1.10 1.90
-1/2*Φ	5.37 X 0.00 -14.30 26.00	6.59 X 0.00 -1.78 5.50	8.47 X 0.00 -0.40 3.37	11.29 X 0.00 0.20 2.50	15.53 X 0.00 0.59 2.07	21.97 X 0.00 0.91 1.77	32.16 X 0.00 1.20 1.50
-2/3*Φ	6.51 X 0.00 -2.10 6.00	8.05 X 0.00 -0.52 3.44	10.34 X 0.00 0.10 2.52	13.67 X 0.00 0.48 2.01	18.51 X 0.00 0.77 1.68	25.67 X 0.00 1.00 1.40	36.55 X 0.00 1.30 1.21
-Φ	9.13 X 0.00 -0.04 2.43	11.17 X 0.00 0.32 1.87	13.95 X 0.00 0.56 1.51	17.69 X 0.00 0.75 1.24	22.73 X 0.00 0.90 1.00	29.64 X 0.00 1.09 0.82	39.63 X 0.00 1.27 0.62

C.red = 0.00 Φ = 40
β = 10.00

δ \ α	-30	-20	-10	0	10	20	30
0	3.51 V 0.00 2.90 -1.80	4.08 V 0.00 6.30 -6.00	5.03 X 0.00 -12.94 18.90	6.54 X 0.00 -2.10 5.10	8.92 X 0.00 -0.63 3.40	12.76 X 0.00 0.06 2.76	19.18 X 0.00 0.60 2.40
-1/3*Φ	5.39 E 0.00 37.83	6.48 X 0.00 -3.00 6.10	8.20 X 0.00 -0.90 3.50	10.82 X 0.00 -0.20 2.80	14.77 X 0.00 0.32 2.23	20.89 X 0.00 0.70 1.94	30.69 X 0.00 1.05 1.74
-1/2*Φ	6.63 X 0.00 -3.72 7.00	8.05 X 0.00 -1.12 3.72	10.21 X 0.00 -0.26 2.70	13.41 X 0.00 0.20 2.20	18.10 X 0.00 0.57 1.85	25.16 X 0.00 0.88 1.62	36.19 X 0.00 1.20 1.40
-2/3*Φ	8.08 X 0.00 -1.30 3.90	9.83 X 0.00 -0.35 2.71	12.39 X 0.00 0.10 2.20	16.04 X 0.00 0.47 1.78	21.33 X 0.00 0.70 1.50	28.87 X 0.00 1.00 1.32	40.40 X 0.00 1.26 1.13
-Φ	11.20 X 0.00 0.00 2.10	13.31 X 0.00 0.32 1.65	16.22 X 0.00 0.50 1.40	19.96 X 0.00 0.73 1.14	25.08 X 0.00 0.90 0.90	31.97 X 0.00 1.06 0.76	42.18 X 0.00 1.20 0.60

C.red = 0.00 Φ = 40
β = 15.00

δ \ α	-30	-20	-10	0	10	20	30
0	4.15 V 0.00 4.82 -3.06	4.82 V 0.00 65.50 -65.16	5.93 X 0.00 -3.94 6.08	7.68 X 0.00 -1.40 3.60	10.41 X 0.00 -0.40 2.70	14.77 X 0.00 0.12 2.39	22.00 X 0.00 0.56 2.20
-1/3*Φ	6.52 X 0.00 -6.10 8.20	7.78 X 0.00 -1.80 3.90	9.75 X 0.00 -0.67 2.81	12.70 X 0.00 -0.10 2.30	17.13 X 0.00 0.30 2.00	23.84 X 0.00 0.68 1.78	34.55 X 0.00 1.00 1.60
-1/2*Φ	8.08 X 0.00 -2.13 4.21	9.68 X 0.00 -0.80 2.90	12.09 X 0.00 -0.16 2.28	15.63 X 0.00 0.20 2.00	20.73 X 0.00 0.57 1.69	28.38 X 0.00 0.90 1.50	40.07 X 0.00 1.16 1.34
-2/3*Φ	9.84 X 0.00 -0.90 2.90	11.75 X 0.00 -0.24 2.28	14.53 X 0.00 0.17 1.89	18.46 X 0.00 0.50 1.60	23.97 X 0.00 0.73 1.41	31.95 X 0.00 0.98 1.23	43.98 X 0.00 1.24 1.06
-Φ	13.36 X 0.00 0.05 1.80	15.45 X 0.00 0.32 1.49	18.29 X 0.00 0.53 1.25	22.08 X 0.00 0.70 1.10	27.10 X 0.00 0.90 0.90	34.04 X 0.00 1.00 0.70	44.06 X 0.00 1.20 0.50

Typ : X = Konvex V = Konkav E = Eben

Kreisgleitfläche

Kpr Kpc xm ym	Typ	bzw. für Typ = E	Kpr Kpc Theta (°)	E

C.red = 0.00 Φ = 40
β = 20.00

δ \ α	-30	-20	-10	0	10	20	30
0	4.87 V 0.00 14.14 -9.58	5.64 X 0.00 -7.52 7.92	6.92 X 0.00 -2.30 3.77	8.91 X 0.00 -1.00 2.80	12.00 X 0.00 -0.32 2.39	16.90 X 0.00 0.16 2.16	24.98 X 0.00 0.60 2.00
-1/3*Φ	7.79 X 0.00 -3.10 4.40	9.21 X 0.00 -1.29 2.97	11.41 X 0.00 -0.50 2.40	14.67 X 0.00 -0.02 2.04	19.55 X 0.00 0.40 1.80	26.84 X 0.00 0.70 1.70	38.32 X 0.00 1.00 1.50
-1/2*Φ	9.68 X 0.00 -1.48 3.10	11.43 X 0.00 -0.60 2.40	14.06 X 0.00 -0.09 2.01	17.86 X 0.00 0.27 1.76	23.34 X 0.00 0.57 1.57	31.40 X 0.00 0.85 1.41	43.78 X 0.00 1.14 1.27
-2/3*Φ	11.76 X 0.00 -0.70 2.50	13.77 X 0.00 -0.16 2.00	16.70 X 0.00 0.19 1.71	20.82 X 0.00 0.50 1.50	26.56 X 0.00 0.72 1.32	34.83 X 0.00 0.96 1.16	47.24 X 0.00 1.22 1.01
-Φ	15.52 X 0.00 0.08 1.62	17.52 X 0.00 0.30 1.40	20.22 X 0.00 0.53 1.17	23.88 X 0.00 0.70 1.00	28.95 X 0.00 0.90 0.90	35.65 X 0.00 1.00 0.70	45.52 X 0.00 1.20 0.50

C.red = 0.00 Φ = 40
β = 25.00

δ \ α	-30	-20	-10	0	10	20	30
0	5.66 X 0.00 -18.90 13.50	6.54 X 0.00 -3.64 4.06	7.98 X 0.00 -1.60 2.80	10.23 X 0.00 -0.77 2.38	13.68 X 0.00 -0.23 2.13	19.12 X 0.00 0.19 1.98	28.01 X 0.00 0.58 1.89
-1/3*Φ	9.19 X 0.00 -2.10 3.10	10.75 X 0.00 -0.99 2.45	13.15 X 0.00 -0.40 2.10	16.70 X 0.00 0.03 1.86	21.92 X 0.00 0.37 1.69	29.74 X 0.00 0.68 1.56	42.02 X 0.00 1.00 1.50
-1/2*Φ	11.40 X 0.00 -1.12 2.52	13.27 X 0.00 -0.47 2.10	16.08 X 0.00 -0.04 1.83	20.11 X 0.00 0.29 1.63	25.88 X 0.00 0.57 1.48	34.32 X 0.00 0.84 1.34	47.24 X 0.00 1.13 1.21
-2/3*Φ	13.76 X 0.00 -0.60 2.20	15.82 X 0.00 -0.10 1.81	18.84 X 0.00 0.22 1.58	23.08 X 0.00 0.50 1.40	28.97 X 0.00 0.72 1.25	37.60 X 0.00 1.00 1.10	50.15 X 0.00 1.21 0.96
-Φ	17.59 X 0.00 0.10 1.50	19.36 X 0.00 0.34 1.27	21.93 X 0.00 0.53 1.10	25.50 X 0.00 0.70 1.00	30.21 X 0.00 0.85 0.80	37.05 X 0.00 1.00 0.70	46.75 X 0.00 1.20 0.50

C.red = 0.00 Φ = 40
β = 30.00

δ \ α	-30	-20	-10	0	10	20	30
0	6.52 X 0.00 -5.80 4.44	7.50 X 0.00 -2.45 2.89	9.12 X 0.00 -1.28 2.37	11.62 X 0.00 -0.60 2.10	15.44 X 0.00 -0.17 1.95	21.41 X 0.00 0.22 1.85	31.12 X 0.00 0.59 1.79
-1/3*Φ	10.68 X 0.00 -1.60 2.50	12.36 X 0.00 -0.80 2.13	14.95 X 0.00 -0.30 1.89	18.76 X 0.00 0.10 1.70	24.30 X 0.00 0.38 1.60	32.60 X 0.00 0.70 1.50	45.46 X 0.00 1.00 1.39
-1/2*Φ	13.21 X 0.00 -0.90 2.20	15.15 X 0.00 -0.37 1.89	18.09 X 0.00 0.00 1.69	22.29 X 0.00 0.30 1.54	28.29 X 0.00 0.57 1.40	37.05 X 0.00 0.84 1.28	50.41 X 0.00 1.12 1.16
-2/3*Φ	15.78 X 0.00 -0.44 1.91	17.84 X 0.00 -0.06 1.67	20.88 X 0.00 0.24 1.49	25.16 X 0.00 0.48 1.34	31.16 X 0.00 0.71 1.20	39.99 X 0.00 1.00 1.10	52.70 X 0.00 1.20 0.93
-Φ	19.45 X 0.00 0.14 1.39	21.10 X 0.00 0.40 1.20	23.36 X 0.00 0.53 1.05	26.70 X 0.00 0.68 0.91	31.34 X 0.00 0.84 0.77	37.92 X 0.00 1.00 0.63	47.76 X 0.00 1.20 0.50

Typ : X = Konvex V = Konkav E = Eben

Kreisgleitfläche

Kpr Typ Kpc xm ym	bzw. für Typ = E	Kpr E Kpc Theta (°)	

C.red = 0.00 Φ = 40
β = 35.00

δ \ α	-30	-20	-10	0	10	20	30
0	7.43 X 0.00 -3.50 2.90	8.52 X 0.00 -1.85 2.32	10.31 X 0.00 -1.10 2.10	13.06 X 0.00 -0.52 1.92	17.24 X 0.00 -0.11 1.82	23.73 X 0.00 0.24 1.75	34.22 X 0.00 0.60 1.71
1/3*Φ	12.23 X 0.00 -1.28 2.17	14.00 X 0.00 -0.67 1.92	16.76 X 0.00 -0.20 1.70	20.77 X 0.00 0.10 1.60	26.60 X 0.00 0.40 1.52	35.28 X 0.00 0.69 1.43	48.78 X 0.00 1.00 1.30
-1/2*Φ	15.03 X 0.00 -0.75 1.96	17.01 X 0.00 -0.30 1.75	20.03 X 0.00 0.04 1.59	24.38 X 0.00 0.30 1.50	30.60 X 0.00 0.60 1.30	39.54 X 0.00 0.84 1.24	53.26 X 0.00 1.12 1.12
-2/3*Φ	17.76 X 0.00 -0.36 1.76	19.75 X 0.00 -0.02 1.56	22.77 X 0.00 0.26 1.41	27.07 X 0.00 0.49 1.28	33.18 X 0.00 0.70 1.20	41.81 X 0.00 0.94 1.03	54.90 X 0.00 1.19 0.90
-Φ	21.04 X 0.00 0.16 1.31	22.33 X 0.00 0.36 1.15	24.56 X 0.00 0.50 1.00	27.69 X 0.00 0.68 0.88	32.45 X 0.00 0.80 0.70	38.72 X 0.00 1.00 0.60	48.58 X 0.00 1.20 0.50

C.red = 0.00 Φ = 40
β = 40.00

δ \ α	-30	-20	-10	0	10	20	30
0	8.38 X 0.00 -2.53 2.21	9.58 X 0.00 -1.50 2.00	11.54 X 0.00 -0.90 1.90	14.56 X 0.00 -0.40 1.70	19.06 X 0.00 -0.07 1.71	26.05 X 0.00 0.27 1.67	37.29 X 0.00 0.61 1.64
-1/3*Φ	13.81 X 0.00 -1.00 1.90	15.64 X 0.00 -0.56 1.77	18.50 X 0.00 -0.19 1.65	22.69 X 0.00 0.13 1.55	28.78 X 0.00 0.41 1.46	37.80 X 0.00 0.69 1.38	51.73 X 0.00 1.00 1.30
-1/2*Φ	16.83 X 0.00 -0.64 1.80	18.82 X 0.00 -0.20 1.60	21.86 X 0.00 0.07 1.51	26.27 X 0.00 0.34 1.40	32.57 X 0.00 0.59 1.30	41.90 X 0.00 0.80 1.20	55.78 X 0.00 1.12 1.09
-2/3*Φ	19.62 X 0.00 -0.29 1.64	21.50 X 0.00 0.02 1.49	24.47 X 0.00 0.27 1.35	28.77 X 0.00 0.50 1.20	34.80 X 0.00 0.72 1.12	43.68 X 0.00 0.90 1.00	56.75 X 0.00 1.19 0.87
-Φ	22.31 X 0.00 0.18 1.26	23.37 X 0.00 0.37 1.11	25.38 X 0.00 0.53 0.98	28.43 X 0.00 0.68 0.86	32.85 X 0.00 0.83 0.73	39.27 X 0.00 0.99 0.60	49.23 X 0.00 1.20 0.50

C.red = 0.00 Φ = 45
β = -45.00

δ \ α	-30	-20	-10	0	10	20	30
0	0.10 E 0.00 -45.00	0.22 E 0.00 -45.00	0.34 E 0.00 -45.00	0.50 E 0.00 -45.00	0.70 E 0.00 -45.00	0.99 E 0.00 -45.00	1.44 E 0.00 -45.00
-1/3*Φ	0.09 E 0.00 -45.00	0.20 E 0.00 -45.00	0.34 E 0.00 -45.00	0.52 E 0.00 -45.00	0.76 E 0.00 -45.00	1.14 E 0.00 -45.00	1.76 E 0.00 -45.00
-1/2*Φ	0.09 E 0.00 -45.00	0.20 E 0.00 -45.00	0.35 E 0.00 -45.00	0.54 E 0.00 -45.00	0.82 E 0.00 -45.00	1.26 E 0.00 -45.00	2.04 E 0.00 -45.00
-2/3*Φ	0.09 E 0.00 -45.00	0.21 E 0.00 -45.00	0.36 E 0.00 -45.00	0.58 E 0.00 -45.00	0.90 E 0.00 -45.00	1.45 E 0.00 -45.00	2.49 E 0.00 -45.00
-Φ	0.09 E 0.00 -45.00	0.22 E 0.00 -45.00	0.41 E 0.00 -45.00	0.71 E 0.00 -45.00	1.21 E 0.00 -45.00	2.20 E 0.00 -45.00	4.81 E 0.00 -45.00

Typ : X = Konvex V = Konkav E = Eben

Kreisgleitfläche

Kpr Typ Kpc xm ym	bzw. für Typ = E	Kpr E Kpc Theta (°)

C.red = 0.00 Φ = 45
β = -40.00

δ \ α	-30	-20	-10	0	10	20	30
0	0.35 E 0.00 -27.56	0.53 E 0.00 -25.16	0.73 E 0.00 -23.84	0.97 E 0.00 -23.40	1.31 E 0.00 -23.67	1.83 E 0.00 -24.51	2.69 E 0.00 -25.83
-1/3*Φ	0.34 E 0.00 -29.12	0.54 E 0.00 -27.33	0.79 E 0.00 -26.49	1.12 E 0.00 -26.39	1.60 E 0.00 -26.91	2.41 E 0.00 -27.94	3.91 E 0.00 -29.41
-1/2*Φ	0.34 E 0.00 -29.70	0.57 E 0.00 -28.17	0.84 E 0.00 -27.53	1.23 E 0.00 -27.61	1.84 E 0.00 -28.27	2.90 E 0.00 -29.43	5.06 X 0.00 36.82 56.90
-2/3*Φ	0.35 E 0.00 -30.22	0.60 E 0.00 -28.92	0.92 E 0.00 -28.48	1.39 E 0.00 -28.74	2.18 E 0.00 -29.56	3.67 X 0.00 35.70 56.10	6.79 X 0.00 12.46 15.42
-Φ	0.39 X 0.00 6.60 9.50	0.71 X 0.00 57.60 96.60	1.18 E 0.00 -30.27	1.96 X 0.00 25.30 39.30	3.43 X 0.00 10.98 14.38	6.40 X 0.00 6.77 6.90	12.45 X 0.00 4.88 3.54

C.red = 0.00 Φ = 45
β = -35.00

δ \ α	-30	-20	-10	0	10	20	30
0	0.58 E 0.00 -14.75	0.79 E 0.00 -12.77	1.02 E 0.00 -12.22	1.33 E 0.00 -12.72	1.78 E 0.00 -13.98	2.48 E 0.00 -15.82	3.70 E 0.00 -18.12
-1/3*Φ	0.60 E 0.00 -18.15	0.86 E 0.00 -16.80	1.18 E 0.00 -16.63	1.63 E 0.00 -17.35	2.33 E 0.00 -18.73	3.57 E 0.00 -20.65	6.06 X 0.00 21.20 45.50
-1/2*Φ	0.62 E 0.00 -19.39	0.91 E 0.00 -18.33	1.30 E 0.00 -18.37	1.86 E 0.00 -19.23	2.79 E 0.00 -20.74	4.56 X 0.00 23.60 52.30	8.14 X 0.00 7.70 12.22
-2/3*Φ	0.65 E 0.00 -20.48	0.99 E 0.00 -19.69	1.46 E 0.00 -19.94	2.19 E 0.00 -20.98	3.49 X 0.00 28.20 64.30	5.99 X 0.00 7.50 12.50	11.00 X 0.00 5.10 6.10
-Φ	0.76 X 0.00 20.00 46.60	1.25 E 0.00 -22.15	2.02 X 0.00 15.40 33.70	3.34 X 0.00 6.20 10.80	5.79 X 0.00 4.30 5.70	10.35 X 0.00 3.30 3.00	18.67 X 0.00 3.03 1.93

C.red = 0.00 Φ = 45
β = -30.00

δ \ α	-30	-20	-10	0	10	20	30
0	0.80 V 0.00 0.94 -3.30	1.00 V 0.00 1.00 -2.24	1.30 V 0.00 1.38 -8.40	1.71 E 0.00 -4.61	2.28 E 0.00 -6.80	3.21 E 0.00 -9.48	4.92 E 0.00 -12.52
-1/3*Φ	0.91 E 0.00 -8.53	1.22 E 0.00 -8.11	1.62 E 0.00 -8.84	2.22 E 0.00 -10.40	3.22 E 0.00 -12.56	5.08 X 0.00 38.80 137.60	8.80 X 0.00 5.78 12.60
-1/2*Φ	0.97 E 0.00 -10.44	1.33 E 0.00 -10.25	1.84 E 0.00 -11.13	2.63 E 0.00 -12.78	4.04 E 0.00 -15.03	6.72 X 0.00 5.60 13.00	11.95 X 0.00 4.04 6.18
-2/3*Φ	1.04 E 0.00 -12.10	1.49 E 0.00 -12.15	2.14 E 0.00 -13.20	3.23 E 0.00 -15.00	5.22 X 0.00 5.35 12.94	8.93 X 0.00 3.60 5.80	15.99 X 0.00 3.31 3.69
-Φ	1.29 E 0.00 -15.00	2.00 X 0.00 10.80 35.60	3.17 X 0.00 4.30 10.64	5.18 X 0.00 3.00 5.30	8.72 X 0.00 2.58 3.23	14.83 X 0.00 2.40 2.10	25.23 X 0.00 2.40 1.40

Typ : X = Konvex V = Konkav E = Eben

Kreisgleitfläche

Kpr Typ Kpc xm ym	bzw. für Typ = E	Kpr E Kpc Theta (°)

C.red = 0.00 Φ = 45
β = -25.00

α / δ	-30	-20	-10	0	10	20	30
0	1.00 V 0.00 0.89 -1.09	1.25 V 0.00 1.30 -3.30	1.57 V 0.00 1.50 -5.04	2.06 V 0.00 1.84 -10.90	2.85 V 0.00 2.34 -47.30	4.09 E 0.00 -4.41	6.49 E 0.00 -8.03
-1/3*Φ	1.26 V 0.00 1.50 -11.00	1.63 V 0.00 2.00 -25.80	2.15 E 0.00 -2.40	2.96 E 0.00 -4.72	4.36 E 0.00 -7.54	7.05 X 0.00 4.20 15.20	12.22 X 0.00 3.25 6.81
-1/2*Φ	1.39 E 0.00 -2.67	1.85 E 0.00 -3.42	2.52 E 0.00 -5.11	3.64 E 0.00 -7.48	5.69 X 0.00 4.24 16.72	9.47 X 0.00 2.80 6.20	16.56 X 0.00 2.84 4.12
-2/3*Φ	1.54 E 0.00 -4.85	2.12 E 0.00 -5.77	3.04 E 0.00 -7.59	4.63 X 0.00 4.20 17.60	7.47 X 0.00 2.72 6.54	12.56 X 0.00 2.52 3.92	21.76 X 0.00 2.59 2.70
-Φ	2.01 E 0.00 -8.65	3.04 X 0.00 3.10 12.50	4.73 X 0.00 2.20 5.70	7.55 X 0.00 2.00 3.47	12.23 X 0.00 1.94 2.30	19.81 X 0.00 1.97 1.59	32.07 X 0.00 2.10 1.10

C.red = 0.00 Φ = 45
β = -20.00

α / δ	-30	-20	-10	0	10	20	30
0	1.26 V 0.00 1.20 -1.80	1.52 V 0.00 1.45 -2.87	1.89 V 0.00 1.50 -2.69	2.50 V 0.00 2.06 -8.00	3.48 V 0.00 2.50 -18.30	5.21 E 0.00 -0.17	8.53 X 0.00 2.50 17.30
-1/3*Φ	1.62 V 0.00 1.50 -4.49	2.07 V 0.00 1.90 -9.70	2.76 V 0.00 2.26 -21.90	3.89 E 0.00 0.09	5.88 X 0.00 2.50 24.14	9.53 X 0.00 2.20 7.60	16.35 X 0.00 2.40 4.80
-1/2*Φ	1.87 V 0.00 2.10 -13.80	2.46 V 0.00 2.50 -27.30	3.38 V 0.00 2.50 -120.50	4.98 X 0.00 2.40 27.40	7.80 X 0.00 2.00 7.74	12.83 X 0.00 2.08 4.46	21.95 X 0.00 2.30 3.20
-2/3*Φ	2.15 V 0.00 2.10 -40.60	2.94 E 0.00 -0.30	4.23 X 0.00 2.20 25.24	6.46 X 0.00 1.80 7.50	10.28 X 0.00 1.90 4.40	16.85 X 0.00 2.00 2.93	28.25 X 0.00 2.21 2.18
-Φ	3.01 X 0.00 1.96 20.50	4.44 X 0.00 1.50 6.80	6.75 X 0.00 1.50 3.90	10.45 X 0.00 1.50 2.50	16.23 X 0.00 1.60 1.80	25.14 X 0.00 1.72 1.30	38.98 X 0.00 1.86 0.90

C.red = 0.00 Φ = 45
β = -15.00

α / δ	-30	-20	-10	0	10	20	30
0	1.53 V 0.00 1.17 -1.02	1.83 V 0.00 1.50 -1.99	2.30 V 0.00 1.89 -3.77	3.05 V 0.00 2.30 -6.70	4.34 V 0.00 2.70 -11.09	6.66 X 0.00 -0.80 32.40	11.00 X 0.00 1.40 9.00
-1/3*Φ	2.09 V 0.00 1.84 -4.50	2.64 V 0.00 2.16 -6.90	3.54 V 0.00 2.50 -10.90	5.09 E 0.00 4.26	7.79 X 0.00 1.00 9.50	12.56 X 0.00 1.50 4.90	21.20 X 0.00 1.93 3.60
-1/2*Φ	2.46 V 0.00 2.08 -7.20	3.23 V 0.00 2.50 -12.30	4.51 E 0.00 4.46	6.69 X 0.00 0.84 9.93	10.42 X 0.00 1.40 5.10	16.83 X 0.00 1.68 3.39	28.07 X 0.00 1.99 2.58
-2/3*Φ	2.93 V 0.00 2.50 -13.60	4.01 E 0.00 4.47	5.79 X 0.00 0.70 10.10	8.75 X 0.00 1.21 4.88	13.65 X 0.00 1.48 3.23	21.76 X 0.00 1.72 2.38	35.35 X 0.00 1.98 1.84
-Φ	4.34 X 0.00 0.60 8.10	6.27 X 0.00 0.95 4.36	9.27 X 0.00 1.15 2.86	13.83 X 0.00 1.29 2.03	20.61 X 0.00 1.42 1.51	30.66 X 0.00 1.56 1.12	45.85 X 0.00 1.70 0.80

Typ : X = Konvex V = Konkav E = Eben

Kreisgleitfläche

Kpr Typ Kpc xm ym	bzw. für Typ = E	Kpr E Kpc Theta (°)

C.red = 0.00 Φ = 45
β = -10.00

δ \ α	-30	-20	-10	0	10	20	30
0	1.86 V 0.00 1.41 -1.20	2.22 V 0.00 1.66 -1.82	2.80 V 0.00 2.10 -3.30	3.77 V 0.00 2.62 -6.10	5.47 V 0.00 8.70 -38.30	8.46 X 0.00 -0.30 11.80	13.95 X 0.00 1.05 5.88
-1/3*Φ	2.66 V 0.00 2.10 -3.90	3.38 V 0.00 2.47 -5.83	4.60 V 0.00 5.10 -20.00	6.65 X 0.00 -1.00 14.10	10.13 X 0.00 0.70 5.78	16.14 X 0.00 1.30 3.90	26.75 X 0.00 1.69 2.97
-1/2*Φ	3.23 V 0.00 2.50 -6.30	4.27 V 0.00 4.90 -19.00	5.98 X 0.00 -1.20 14.50	8.83 X 0.00 0.56 5.81	13.55 X 0.00 1.10 3.70	21.43 X 0.00 1.46 2.78	34.86 X 0.00 1.80 2.20
-2/3*Φ	3.98 V 0.00 4.90 -19.50	5.42 X 0.00 -1.70 17.00	7.77 X 0.00 0.40 6.00	11.54 X 0.00 0.96 3.59	17.57 X 0.00 1.30 2.70	27.20 X 0.00 1.54 2.04	42.91 X 0.00 1.80 1.60
-Φ	6.09 X 0.00 0.31 5.15	8.56 X 0.00 0.73 3.24	12.25 X 0.00 0.97 2.29	17.62 X 0.00 1.20 1.80	25.24 X 0.00 1.30 1.31	36.24 X 0.00 1.50 1.00	52.32 X 0.00 1.63 0.69

C.red = 0.00 Φ = 45
β = -5.00

δ \ α	-30	-20	-10	0	10	20	30
0	2.26 V 0.00 1.62 -1.22	2.70 V 0.00 2.00 -2.10	3.44 V 0.00 2.58 -3.85	4.70 V 0.00 4.90 -11.30	6.85 X 0.00 -4.30 20.30	10.60 X 0.00 -0.03 6.62	17.40 X 0.00 0.90 4.40
-1/3*Φ	3.40 V 0.00 2.48 -3.75	4.35 V 0.00 4.10 -9.10	5.93 X 0.00 -7.90 31.70	8.56 X 0.00 -0.39 6.99	12.92 X 0.00 0.60 4.20	20.27 X 0.00 1.10 3.10	32.98 X 0.00 1.50 2.50
-1/2*Φ	4.24 V 0.00 3.90 -8.50	5.60 X 0.00 -12.30 46.40	7.81 X 0.00 -0.60 7.40	11.40 X 0.00 0.47 4.16	17.20 X 0.00 1.00 3.00	26.58 X 0.00 1.33 2.39	42.18 X 0.00 1.68 1.97
-2/3*Φ	5.33 X 0.00 -12.30 46.20	7.20 X 0.00 -0.69 7.35	10.18 X 0.00 0.37 4.09	14.82 X 0.00 0.80 2.90	21.97 X 0.00 1.15 2.23	33.07 X 0.00 1.43 1.80	50.72 X 0.00 1.73 1.46
-Φ	8.30 X 0.00 0.23 3.75	11.32 X 0.00 0.60 2.60	15.63 X 0.00 0.87 1.94	21.63 X 0.00 1.06 1.50	29.94 X 0.00 1.22 1.17	41.56 X 0.00 1.40 0.90	58.36 X 0.00 1.55 0.62

C.red = 0.00 Φ = 45
β = 0.00

δ \ α	-30	-20	-10	0	10	20	30
0	2.74 V 0.00 1.92 -1.34	3.29 V 0.00 2.50 -2.60	4.24 V 0.00 3.90 -5.70	5.83 E 0.00 22.50	8.50 X 0.00 -1.55 8.14	13.12 X 0.00 0.10 4.70	21.36 X 0.00 0.80 3.70
-1/3*Φ	4.33 V 0.00 3.70 -5.30	5.55 V 0.00 16.70 -36.70	7.57 X 0.00 -2.22 9.34	10.84 X 0.00 -0.20 4.80	16.16 X 0.00 0.55 3.37	24.92 X 0.00 1.03 2.71	39.78 X 0.00 1.50 2.40
-1/2*Φ	5.52 V 0.00 15.10 -32.70	7.25 X 0.00 -2.62 10.15	10.03 X 0.00 -0.29 4.77	14.42 X 0.00 0.44 3.28	21.30 X 0.00 0.88 2.56	32.24 X 0.00 1.20 2.10	49.90 X 0.00 1.60 1.79
-2/3*Φ	7.04 X 0.00 -2.90 10.70	9.39 X 0.00 -0.40 4.82	13.03 X 0.00 0.35 3.21	18.52 X 0.00 0.76 2.45	26.75 X 0.00 1.07 1.97	39.26 X 0.00 1.40 1.70	58.70 X 0.00 1.70 1.40
-Φ	10.98 X 0.00 0.22 2.95	14.48 X 0.00 0.57 2.19	19.30 X 0.00 0.80 1.70	25.82 X 0.00 1.00 1.40	34.61 X 0.00 1.20 1.10	46.59 X 0.00 1.32 0.82	63.81 X 0.00 1.50 0.57

Typ : X = Konvex V = Konkav E = Eben

Kreisgleitfläche

Kpr Typ Kpc xm ym	bzw. für Typ = E	Kpr E Kpc Theta (°)

C.red = 0.00 Φ = 45
β = 5.00

δ \ α	-30	-20	-10	0	10	20	30
0	3.31 V 0.00 2.33 -1.56	4.01 V 0.00 3.30 -3.30	5.20 V 0.00 10.02 -15.34	7.17 X 0.00 -4.56 11.68	10.44 X 0.00 -0.88 5.25	16.01 X 0.00 0.15 3.77	25.82 X 0.00 0.79 3.14
-1/3*Φ	5.48 V 0.00 7.30 -10.50	7.02 X 0.00 -7.16 16.28	9.52 X 0.00 -1.20 5.50	13.50 X 0.00 -0.06 3.65	19.85 X 0.00 0.50 2.90	30.04 X 0.00 0.98 2.40	46.97 X 0.00 1.39 2.10
-1/2*Φ	7.09 X 0.00 -9.10 19.80	9.25 X 0.00 -1.40 5.80	12.65 X 0.00 -0.20 3.80	17.85 X 0.00 0.44 2.77	25.82 X 0.00 0.84 2.27	38.16 X 0.00 1.19 1.93	57.86 X 0.00 1.54 1.66
-2/3*Φ	9.14 X 0.00 -1.51 5.85	12.00 X 0.00 -0.24 3.63	16.31 X 0.00 0.30 2.80	22.60 X 0.00 0.72 2.15	31.81 X 0.00 1.02 1.79	45.47 X 0.00 1.30 1.50	66.42 X 0.00 1.60 1.25
-Φ	14.10 X 0.00 0.20 2.50	18.00 X 0.00 0.50 1.90	23.17 X 0.00 0.80 1.60	30.03 X 0.00 1.00 1.30	38.98 X 0.00 1.10 1.00	51.25 X 0.00 1.30 0.80	68.80 X 0.00 1.50 0.50

C.red = 0.00 Φ = 45
β = 10.00

δ \ α	-30	-20	-10	0	10	20	30
0	4.01 V 0.00 3.05 -2.05	4.87 V 0.00 5.70 -5.80	6.33 X 0.00 -18.30 29.30	8.73 X 0.00 -2.30 6.20	12.67 X 0.00 -0.57 3.97	19.28 X 0.00 0.20 3.20	30.79 X 0.00 0.77 2.80
-1/3*Φ	6.88 E 0.00 34.44	8.78 X 0.00 -2.90 7.00	11.81 X 0.00 -0.80 4.00	16.54 X 0.00 0.02 3.04	23.91 X 0.00 0.53 2.52	35.55 X 0.00 0.94 2.19	54.56 X 0.00 1.35 1.95
-1/2*Φ	9.01 X 0.00 -3.50 7.80	11.62 X 0.00 -0.92 4.13	15.64 X 0.00 -0.10 3.10	21.66 X 0.00 0.44 2.43	30.66 X 0.00 0.81 2.06	44.46 X 0.00 1.20 1.80	65.87 X 0.00 1.50 1.55
-2/3*Φ	11.65 X 0.00 -1.00 4.20	15.01 X 0.00 -0.10 2.90	19.92 X 0.00 0.35 2.35	26.96 X 0.00 0.70 1.90	37.02 X 0.00 0.99 1.65	51.70 X 0.00 1.27 1.40	73.94 X 0.00 1.56 1.17
-Φ	17.57 X 0.00 0.23 2.16	21.64 X 0.00 0.53 1.72	26.99 X 0.00 0.74 1.40	33.91 X 0.00 0.92 1.15	42.98 X 0.00 1.08 0.92	55.21 X 0.00 1.25 0.71	72.73 X 0.00 1.40 0.50

C.red = 0.00 Φ = 45
β = 15.00

δ \ α	-30	-20	-10	0	10	20	30
0	4.83 V 0.00 4.70 -3.26	5.88 V 0.00 22.30 -23.80	7.66 X 0.00 -4.56 7.70	10.53 X 0.00 -1.40 4.20	15.19 X 0.00 -0.39 3.27	22.93 X 0.00 0.24 2.80	36.22 X 0.00 0.76 2.55
-1/3*Φ	8.55 X 0.00 -6.30 9.70	10.84 X 0.00 -1.82 4.60	14.42 X 0.00 -0.57 3.26	19.91 X 0.00 0.08 2.64	28.30 X 0.00 0.53 2.28	41.35 X 0.00 0.92 2.03	62.35 X 0.00 1.30 1.80
-1/2*Φ	11.28 X 0.00 -2.02 4.82	14.35 X 0.00 -0.70 3.40	18.97 X 0.00 0.00 2.60	25.75 X 0.00 0.44 2.19	35.72 X 0.00 0.80 1.90	50.63 X 0.00 1.12 1.67	73.77 X 0.00 1.47 1.47
-2/3*Φ	14.56 X 0.00 -0.74 3.32	18.36 X 0.00 -0.06 2.56	23.81 X 0.00 0.37 2.11	31.45 X 0.00 0.69 1.79	42.30 X 0.00 1.00 1.60	57.74 X 0.00 1.24 1.32	81.09 X 0.00 1.50 1.10
-Φ	21.31 X 0.00 0.20 2.00	25.37 X 0.00 0.52 1.58	30.71 X 0.00 0.72 1.31	37.60 X 0.00 0.90 1.10	46.56 X 0.00 1.06 0.87	58.67 X 0.00 1.22 0.67	76.14 X 0.00 1.40 0.50

Typ : X = Konvex V = Konkav E = Eben

Kreisgleitfläche

Kpr Typ Kpc xm ym	bzw. für Typ = E	Kpr E Kpc Theta (°)

C.red = 0.00 Φ = 45
β = 20.00

δ \ α	-30	-20	-10	0	10	20	30
0	5.78 V 0.00 10.50 -7.70	7.06 X 0.00 -11.10 12.56	9.17 X 0.00 -2.68 4.77	12.57 X 0.00 -1.00 3.30	18.01 X 0.00 -0.27 2.83	26.93 X 0.00 0.30 2.50	42.13 X 0.00 0.80 2.40
-1/3*Φ	10.51 X 0.00 -3.42 5.48	13.20 X 0.00 -1.30 3.50	17.35 X 0.00 -0.40 2.80	23.58 X 0.00 0.12 2.38	33.00 X 0.00 0.50 2.10	47.32 X 0.00 0.91 1.90	70.17 X 0.00 1.30 1.70
-1/2*Φ	13.89 X 0.00 -1.40 3.60	17.40 X 0.00 -0.50 2.80	22.58 X 0.00 0.05 2.33	30.05 X 0.00 0.45 2.02	40.87 X 0.00 0.79 1.78	56.84 X 0.00 1.11 1.59	81.39 X 0.00 1.44 1.40
-2/3*Φ	17.83 X 0.00 -0.57 2.82	21.99 X 0.00 -0.01 2.29	27.86 X 0.00 0.38 1.94	35.99 X 0.00 0.68 1.68	47.45 X 0.00 1.00 1.50	63.45 X 0.00 1.22 1.26	87.68 X 0.00 1.50 1.10
-Φ	25.08 X 0.00 0.30 1.70	29.01 X 0.00 0.50 1.50	34.17 X 0.00 0.71 1.23	40.94 X 0.00 0.90 1.00	49.81 X 0.00 1.00 0.80	61.73 X 0.00 1.20 0.60	78.88 X 0.00 1.40 0.40

C.red = 0.00 Φ = 45
β = 25.00

δ \ α	-30	-20	-10	0	10	20	30
0	6.88 X 0.00 -77.90 60.20	8.40 X 0.00 -4.70 5.60	10.89 X 0.00 -1.89 3.57	14.84 X 0.00 -0.80 2.80	21.09 X 0.00 -0.19 2.54	31.24 X 0.00 0.30 2.40	48.23 X 0.00 0.76 2.23
-1/3*Φ	12.75 X 0.00 -2.30 3.90	15.83 X 0.00 -1.01 2.95	20.53 X 0.00 -0.30 2.50	27.46 X 0.00 0.16 2.18	37.76 X 0.00 0.55 1.98	53.34 X 0.00 0.90 1.80	77.83 X 0.00 1.28 1.66
-1/2*Φ	16.83 X 0.00 -1.10 3.00	20.71 X 0.00 -0.38 2.48	26.38 X 0.00 0.09 2.14	34.45 X 0.00 0.46 1.89	46.00 X 0.00 0.80 1.70	62.86 X 0.00 1.10 1.50	88.59 X 0.00 1.43 1.34
-2/3*Φ	21.38 X 0.00 -0.44 2.48	25.81 X 0.00 0.00 2.10	31.95 X 0.00 0.39 1.81	40.42 X 0.00 0.68 1.59	52.12 X 0.00 0.94 1.39	68.73 X 0.00 1.20 1.21	93.42 X 0.00 1.49 1.02
-Φ	28.73 X 0.00 0.30 1.60	32.36 X 0.00 0.51 1.38	37.27 X 0.00 0.70 1.17	43.77 X 0.00 0.90 1.00	52.18 X 0.00 1.03 0.80	63.84 X 0.00 1.19 0.62	80.71 X 0.00 1.37 0.42

C.red = 0.00 Φ = 45
β = 30.00

δ \ α	-30	-20	-10	0	10	20	30
0	8.13 X 0.00 -8.30 6.80	9.91 X 0.00 -3.00 3.77	12.80 X 0.00 -1.46 2.93	17.32 X 0.00 -0.67 2.55	24.42 X 0.00 -0.12 2.33	35.77 X 0.00 0.33 2.20	54.64 X 0.00 0.77 2.12
-1/3*Φ	15.24 X 0.00 -1.75 3.14	18.70 X 0.00 -0.82 2.59	23.89 X 0.00 -0.24 2.27	31.49 X 0.00 0.19 2.04	42.61 X 0.00 0.55 1.87	59.29 X 0.00 0.90 1.70	85.24 X 0.00 1.28 1.60
-1/2*Φ	20.01 X 0.00 -0.91 2.65	24.22 X 0.00 -0.30 2.30	30.28 X 0.00 0.13 1.99	38.83 X 0.00 0.47 1.79	50.94 X 0.00 0.78 1.62	68.61 X 0.00 1.10 1.50	95.24 X 0.00 1.42 1.30
-2/3*Φ	25.09 X 0.00 -0.35 2.26	29.63 X 0.00 0.07 1.95	35.97 X 0.00 0.40 1.71	44.64 X 0.00 0.68 1.52	56.58 X 0.00 0.93 1.34	73.49 X 0.00 1.19 1.17	98.61 X 0.00 1.48 0.98
-Φ	32.16 X 0.00 0.30 1.60	35.40 X 0.00 0.50 1.30	39.92 X 0.00 0.70 1.12	46.26 X 0.00 0.90 1.00	54.23 X 0.00 1.02 0.77	65.67 X 0.00 1.20 0.60	82.31 X 0.00 1.37 0.41

Typ : X = Konvex V = Konkav E = Eben

Kreisgleitfläche

Kpr Typ Kpc xm ym	bzw. für Typ = E	Kpr E Kpc Theta (°)

C.red = 0.00 Φ = 45
β = 35.00

δ \ α	-30	-20	-10	0	10	20	30
0	9.53 X 0.00 -4.50 3.90	11.58 X 0.00 -2.30 3.00	14.88 X 0.00 -1.19 2.55	20.00 X 0.00 -0.55 2.32	27.94 X 0.00 -0.07 2.18	40.51 X 0.00 0.35 2.09	61.18 X 0.00 0.78 2.03
-1/3*Φ	17.96 X 0.00 -1.40 2.70	21.75 X 0.00 -0.68 2.34	27.40 X 0.00 -0.20 2.10	35.56 X 0.00 0.22 1.94	47.41 X 0.00 0.56 1.79	65.04 X 0.00 0.90 1.70	92.44 X 0.00 1.30 1.60
-1/2*Φ	23.39 X 0.00 -0.80 2.40	27.82 X 0.00 -0.20 2.10	34.25 X 0.00 0.20 1.90	43.08 X 0.00 0.48 1.71	55.72 X 0.00 0.80 1.60	73.84 X 0.00 1.10 1.40	101.28 X 0.00 1.41 1.26
-2/3*Φ	28.85 X 0.00 -0.28 2.10	33.39 X 0.00 0.11 1.84	39.83 X 0.00 0.40 1.60	48.53 X 0.00 0.68 1.46	60.59 X 0.00 0.93 1.30	77.80 X 0.00 1.20 1.10	103.30 X 0.00 1.50 1.00
-Φ	35.13 X 0.00 0.31 1.48	37.99 X 0.00 0.50 1.30	42.10 X 0.00 0.69 1.08	48.18 X 0.00 0.90 0.90	55.82 X 0.00 1.01 0.75	67.00 X 0.00 1.17 0.58	83.72 X 0.00 1.40 0.40

C.red = 0.00 Φ = 45
β = 40.00

δ \ α	-30	-20	-10	0	10	20	30
0	11.05 X 0.00 -3.22 2.96	13.40 X 0.00 -1.80 2.53	17.12 X 0.00 -1.01 2.29	22.83 X 0.00 -0.46 2.15	31.60 X 0.00 -0.02 2.06	45.36 X 0.00 0.40 2.00	67.78 X 0.00 0.80 2.00
-1/3*Φ	20.84 X 0.00 -1.20 2.40	24.90 X 0.00 -0.58 2.17	30.92 X 0.00 -0.13 1.99	39.65 X 0.00 0.20 1.90	52.03 X 0.00 0.58 1.73	70.42 X 0.00 0.91 1.62	98.75 X 0.00 1.27 1.50
-1/2*Φ	26.82 X 0.00 -0.64 2.21	31.37 X 0.00 -0.20 2.00	37.92 X 0.00 0.18 1.80	47.15 X 0.00 0.50 1.60	59.98 X 0.00 0.79 1.51	78.56 X 0.00 1.08 1.37	106.63 X 0.00 1.41 1.22
-2/3*Φ	32.51 X 0.00 -0.22 1.97	37.00 X 0.00 0.10 1.80	43.34 X 0.00 0.40 1.60	52.06 X 0.00 0.70 1.40	64.11 X 0.00 0.93 1.26	81.28 X 0.00 1.18 1.10	106.87 X 0.00 1.46 0.93
-Φ	37.64 X 0.00 0.32 1.42	40.06 X 0.00 0.50 1.20	43.81 X 0.00 0.69 1.05	49.57 X 0.00 0.90 0.90	57.17 X 0.00 1.00 0.70	68.00 X 0.00 1.17 0.57	84.39 X 0.00 1.35 0.39

C.red = 0.00 Φ = 45
β = 45.00

δ \ α	-30	-20	-10	0	10	20	30
0	12.70 X 0.00 -2.53 2.46	15.34 X 0.00 -1.60 2.30	19.49 X 0.00 -0.90 2.10	25.76 X 0.00 -0.39 2.03	35.33 X 0.00 0.00 2.00	50.17 X 0.00 0.40 1.93	74.16 X 0.00 0.80 1.90
-1/3*Φ	23.79 X 0.00 -1.00 2.20	28.06 X 0.00 -0.50 2.04	34.39 X 0.00 -0.10 1.90	43.53 X 0.00 0.30 1.80	56.39 X 0.00 0.59 1.68	75.42 X 0.00 0.91 1.57	104.64 X 0.00 1.27 1.47
-1/2*Φ	30.20 X 0.00 -0.56 2.07	34.84 X 0.00 -0.10 1.90	41.44 X 0.00 0.21 1.73	50.78 X 0.00 0.50 1.60	63.88 X 0.00 0.79 1.47	82.77 X 0.00 1.08 1.34	111.28 X 0.00 1.41 1.20
-2/3*Φ	35.96 X 0.00 -0.20 1.90	40.18 X 0.00 0.16 1.69	46.40 X 0.00 0.44 1.52	55.07 X 0.00 0.69 1.37	67.12 X 0.00 0.93 1.23	84.37 X 0.00 1.20 1.10	110.26 X 0.00 1.50 0.90
-Φ	39.70 X 0.00 0.30 1.40	41.54 X 0.00 0.53 1.19	45.14 X 0.00 0.70 1.00	50.63 X 0.00 0.90 0.90	57.93 X 0.00 1.00 0.70	69.02 X 0.00 1.20 0.60	85.40 X 0.00 1.40 0.40

Typ : X = Konvex V = Konkav E = Eben

Kreisgleitfläche

Kpr Kpc xm ym	Typ	bzw. für Typ = E	Kpr E Kpc Theta (°)

C.red = 0.01 Φ = 25
β = -25.00

δ \ α	-30	-20	-10	0	10	20	30
0	0.58 E 3.31 -13.94	0.68 E 3.44 -13.43	0.78 E 3.72 -13.30	0.90 E 4.22 -13.54	1.06 E 5.02 -14.08	1.30 E 6.33 -14.90	1.66 E 8.53 -15.94
-1/3*Φ	0.55 X 3.73 16.00 51.60	0.66 E 3.90 -14.92	0.77 E 4.34 -14.89	0.92 E 5.07 -15.17	1.12 E 6.22 -15.72	1.41 X 8.02 61.50 196.50	1.86 X 11.28 47.00 135.00
-1/2*Φ	0.53 X 3.87 11.20 33.00	0.65 X 4.18 33.50 112.50	0.78 E 4.67 -15.49	0.94 E 5.53 -15.80	1.16 X 6.90 57.00 183.00	1.48 X 9.07 36.80 107.00	1.99 X 12.48 26.00 66.08
-2/3*Φ	0.52 X 4.04 8.80 23.60	0.65 X 4.42 18.40 56.20	0.79 X 5.04 30.08 95.60	0.96 X 6.05 36.80 115.00	1.20 X 7.62 26.60 76.00	1.56 X 10.01 23.56 61.68	2.15 X 13.78 20.40 47.30
-Φ	0.51 X 4.27 6.80 15.90	0.65 X 4.86 11.20 29.28	0.81 X 5.77 23.40 67.80	1.02 X 7.01 16.76 44.00	1.32 X 9.00 17.00 41.80	1.78 X 12.07 16.20 36.00	2.58 X 16.38 14.80 29.30

C.red = 0.01 Φ = 25
β = -20.00

δ \ α	-30	-20	-10	0	10	20	30
0	0.90 V 1.17 1.50 -4.48	0.98 V 1.50 1.82 -7.20	1.10 V 1.75 2.10 -8.60	1.25 V 2.24 2.26 -12.80	1.49 V 2.83 2.50 -18.20	1.86 V 3.84 5.50 -180.00	2.44 E 5.53 -1.94
-1/3*Φ	0.92 E 1.84 1.58	1.03 V 1.88 2.50 -24.60	1.18 V 2.26 2.34 -26.20	1.39 V 2.76 2.50 -34.60	1.69 E 3.77 -1.07	2.17 E 5.18 -3.05	2.98 X 6.77 2.90 16.10
-1/2*Φ	0.93 E 1.97 0.11	1.06 V 2.10 2.34 -46.20	1.23 V 2.49 2.50 -61.40	1.46 E 3.26 -1.03	1.81 E 4.28 -2.58	2.37 X 5.57 3.02 21.34	3.30 X 7.37 2.60 10.00
-2/3*Φ	0.93 E 2.12 -1.13	1.08 E 2.41 -0.85	1.27 E 2.88 -1.33	1.54 E 3.64 -2.39	1.95 X 4.68 3.50 32.86	2.59 X 6.01 2.50 11.60	3.65 X 7.95 2.40 6.78
-Φ	0.96 X 2.42 2.40 26.60	1.15 E 2.84 -3.02	1.39 X 3.36 2.40 23.00	1.74 X 4.27 2.50 16.10	2.27 X 5.33 2.10 8.30	3.10 X 6.90 2.08 5.45	4.44 X 9.14 2.10 3.80

C.red = 0.01 Φ = 25
β = -15.00

δ \ α	-30	-20	-10	0	10	20	30
0	1.13 V 1.25 1.90 -3.80	1.20 V 1.45 1.90 -3.60	1.32 V 1.78 1.90 -3.60	1.51 V 2.31 2.06 -4.48	1.82 V 3.13 2.44 -7.34	2.30 V 4.09 9.10 -54.00	3.08 X 5.60 -0.72 19.60
-1/3*Φ	1.20 V 1.47 1.82 -4.24	1.31 V 1.80 1.98 -4.92	1.49 V 2.22 2.10 -5.42	1.76 V 2.98 2.54 -9.40	2.18 E 3.82 7.21	2.82 X 5.03 0.10 12.00	3.86 X 6.80 1.01 5.66
-1/2*Φ	1.24 V 1.64 2.10 -6.20	1.38 V 2.03 2.12 -6.58	1.59 V 2.56 2.50 -9.40	1.90 V 3.23 9.50 -62.80	2.38 X 4.18 -0.52 15.90	3.12 X 5.49 0.70 6.60	4.30 X 7.51 1.20 4.20
-2/3*Φ	1.28 V 1.86 2.08 -7.38	1.45 V 2.26 2.50 -10.20	1.69 V 2.82 4.50 -26.20	2.05 X 3.53 -1.20 20.10	2.59 X 4.56 0.50 7.60	3.43 X 6.04 1.00 4.60	4.76 X 8.27 1.30 3.30
-Φ	1.38 E 2.21 7.06	1.60 X 2.65 -1.40 19.00	1.91 X 3.30 -0.01 10.04	2.37 X 4.18 0.61 5.56	3.06 X 5.41 0.92 3.66	4.09 X 7.22 1.12 2.62	5.70 X 10.01 1.30 1.99

Typ : X = Konvex V = Konkav E = Eben

Kreisgleitfläche

Kpr Typ Kpc xm ym	bzw. für Typ = E	Kpr E Kpc Theta (°)

C.red = 0.01 Φ = 25
β = -10.00

δ \ α	-30	-20	-10	0	10	20	30
0	1.39 V 1.31 2.95 -4.44	1.45 V 1.59 2.51 -3.83	1.57 V 2.00 2.30 -3.60	1.81 V 2.62 2.30 -3.80	2.19 V 3.34 4.30 -10.40	2.77 X 4.42 -4.32 20.24	3.71 X 6.07 -0.12 6.00
1/3*Φ	1.50 V 1.60 2.38 -4.16	1.62 V 1.95 2.24 -3.80	1.84 V 2.45 2.88 -5.90	2.17 V 3.12 11.70 -36.60	2.68 X 4.07 -1.53 10.10	3.46 X 5.47 0.10 4.80	4.69 X 7.65 0.70 3.20
-1/2*Φ	1.57 V 1.73 2.31 -4.17	1.73 V 2.13 2.66 -5.32	1.98 V 2.67 7.70 -22.20	2.37 X 3.44 -3.10 15.28	2.95 X 4.51 -0.20 5.40	3.83 X 6.11 0.47 3.44	5.22 X 8.53 0.90 2.60
-2/3*Φ	1.66 V 1.88 2.70 -5.60	1.85 V 2.35 5.70 -15.80	2.14 X 2.95 -6.68 27.58	2.58 X 3.80 -0.60 6.50	3.23 X 5.02 0.30 3.60	4.22 X 6.82 0.66 2.68	5.74 X 9.69 0.95 2.10
-Φ	1.83 X 2.30 -6.90 27.82	2.09 X 2.84 -1.30 8.39	2.46 X 3.60 -0.10 4.30	3.01 X 4.65 0.34 3.02	3.81 X 6.20 0.63 2.23	4.98 X 8.69 0.80 1.70	6.76 X 12.16 1.05 1.42

C.red = 0.01 Φ = 25
β = -5.00

δ \ α	-30	-20	-10	0	10	20	30
0	1.65 V 1.40 4.70 -5.20	1.70 V 1.69 3.74 -4.44	1.85 V 2.13 3.36 -4.30	2.13 V 2.81 3.90 -6.00	2.57 X 3.66 -11.10 27.50	3.25 X 4.96 -1.10 5.67	4.31 X 7.01 0.02 3.56
-1/3*Φ	1.83 V 1.68 3.78 -5.08	1.96 V 2.05 3.50 -4.80	2.22 V 2.65 25.10 -50.40	2.61 X 3.45 -3.50 10.60	3.20 X 4.60 -0.60 4.30	4.09 X 6.35 0.15 2.91	5.47 X 9.05 0.60 2.30
-1/2*Φ	1.94 V 1.88 3.50 -5.20	2.12 V 2.29 21.50 -40.00	2.41 X 2.96 -7.10 18.30	2.86 X 3.87 -1.02 5.05	3.53 X 5.20 -0.06 3.11	4.52 X 7.24 0.40 2.30	6.06 X 10.38 0.72 1.93
-2/3*Φ	2.07 V 2.07 15.10 -28.80	2.28 X 2.58 -16.70 39.30	2.62 X 3.31 -1.59 6.15	3.12 X 4.35 -0.30 3.40	3.87 X 5.88 0.23 2.43	4.96 X 8.19 0.55 1.93	6.64 X 11.81 0.83 1.63
-Φ	2.33 X 2.58 -2.48 7.83	2.61 X 3.25 -0.70 4.00	3.04 X 4.20 -0.07 2.70	3.65 X 5.56 0.28 2.03	4.52 X 7.66 0.50 1.60	5.77 X 10.98 0.70 1.30	7.65 X 16.08 0.90 1.10

C.red = 0.01 Φ = 25
β = 0.00

δ \ α	-30	-20	-10	0	10	20	30
0	1.90 V 1.57 6.06 -5.08	1.96 V 1.90 4.92 -4.70	2.14 V 2.41 4.70 -5.20	2.46 E 3.14 32.50	2.96 X 4.19 -2.15 5.62	3.71 X 5.82 -0.50 3.20	4.88 X 8.31 0.10 2.60
-1/3*Φ	2.18 V 1.88 5.15 -5.56	2.33 V 2.35 5.50 -6.80	2.61 X 3.03 -6.70 12.50	3.05 X 4.01 -1.30 4.10	3.71 X 5.45 -0.30 2.72	4.68 X 7.63 0.19 2.14	6.19 X 11.14 0.50 1.90
-1/2*Φ	2.35 V 2.07 5.10 -6.00	2.54 X 2.64 -19.90 33.00	2.86 X 3.43 -1.89 4.95	3.36 X 4.57 -0.53 2.92	4.09 X 6.27 0.00 2.20	5.18 X 8.73 0.40 1.80	6.85 X 12.42 0.70 1.60
-2/3*Φ	2.52 V 2.33 23.50 -35.20	2.75 X 2.99 -2.74 6.18	3.12 X 3.91 -0.80 3.20	3.67 X 5.23 -0.14 2.29	4.48 X 7.10 0.20 1.90	5.65 X 10.08 0.51 1.55	7.47 X 13.98 0.80 1.40
-Φ	2.88 X 3.05 -1.30 3.80	3.17 X 3.92 -0.44 2.52	3.61 X 5.15 -0.01 1.91	4.26 X 6.92 0.27 1.55	5.17 X 9.44 0.50 1.30	6.47 X 13.27 0.68 1.13	8.42 X 19.03 0.88 0.98

Typ : X = Konvex V = Konkav E = Eben

Kreisgleitfläche

Kpr Kpc xm ym	Typ	bzw. für Typ = E	Kpr Kpc Theta (°)	E

C.red = 0.01 Φ = 25
β = 5.00

δ \ α	-30	-20	-10	0	10	20	30
0	2.16 V 1.81 7.26 -4.92	2.23 V 2.18 5.94 -4.80	2.45 V 2.78 27.50 -30.00	2.80 X 3.66 -3.50 5.80	3.34 X 4.93 -1.10 3.20	4.16 X 6.95 -0.32 2.40	5.42 X 10.10 0.15 2.07
-1/3*Φ	2.56 V 2.15 6.50 -5.84	2.72 X 2.74 -15.38 19.44	3.02 X 3.62 -1.90 3.80	3.49 X 4.81 -0.73 2.59	4.20 X 6.57 -0.20 2.10	5.25 X 9.33 0.21 1.75	6.87 X 13.65 0.50 1.60
-1/2*Φ	2.78 E 2.44 40.99	2.98 X 3.13 -3.10 5.20	3.32 X 4.14 -1.00 2.80	3.85 X 5.54 -0.30 2.10	4.63 X 7.72 0.10 1.70	5.78 X 10.82 0.37 1.53	7.55 X 16.22 0.60 1.40
-2/3*Φ	3.01 X 2.79 -4.50 6.80	3.23 X 3.62 -1.30 3.10	3.62 X 4.79 -0.48 2.18	4.20 X 6.46 -0.05 1.75	5.04 X 8.88 0.25 1.50	6.28 X 12.52 0.49 1.33	8.17 X 18.04 0.73 1.20
-Φ	3.45 X 3.82 -0.80 2.40	3.72 X 4.96 -0.28 1.83	4.17 X 6.55 0.04 1.50	4.83 X 8.58 0.30 1.30	5.74 X 12.00 0.46 1.12	7.07 X 16.60 0.65 0.99	9.06 X 23.41 0.84 0.88

C.red = 0.01 Φ = 25
β = 10.00

δ \ α	-30	-20	-10	0	10	20	30
0	2.44 V 2.08 8.30 -4.80	2.53 V 2.57 24.30 -18.80	2.75 X 3.31 -5.50 6.20	3.13 X 4.40 -1.70 3.00	3.71 X 5.90 -0.70 2.30	4.58 X 8.42 -0.19 1.94	5.94 X 12.24 0.18 1.79
-1/3*Φ	2.96 E 2.56 48.93	3.12 X 3.32 -3.02 4.02	3.43 X 4.42 -1.10 2.40	3.92 X 5.91 -0.48 1.94	4.67 X 8.10 -0.10 1.70	5.79 X 11.04 0.20 1.60	7.49 X 16.63 0.51 1.41
-1/2*Φ	3.24 X 2.97 -4.30 5.10	3.42 X 3.78 -1.70 3.00	3.77 X 5.12 -0.65 2.01	4.32 X 6.82 -0.20 1.70	5.13 X 9.50 0.11 1.48	6.34 X 13.33 0.37 1.34	8.20 X 19.41 0.62 1.24
-2/3*Φ	3.51 X 3.47 -1.92 3.02	3.72 X 4.54 -0.83 2.09	4.10 X 6.02 -0.32 1.69	4.70 X 8.11 0.01 1.46	5.57 X 11.09 0.26 1.31	6.85 X 15.46 0.48 1.19	8.81 X 21.99 0.71 1.10
-Φ	4.02 X 4.97 -0.54 1.76	4.26 X 6.32 -0.20 1.50	4.67 X 9.05 0.10 1.20	5.31 X 11.23 0.28 1.13	6.23 X 14.99 0.46 1.01	7.57 X 20.40 0.63 0.91	9.55 X 30.65 0.80 0.80

C.red = 0.01 Φ = 25
β = 15.00

δ \ α	-30	-20	-10	0	10	20	30
0	2.74 V 2.48 25.90 -13.60	2.82 X 3.09 -7.30 5.90	3.06 X 4.03 -2.30 2.80	3.45 X 5.39 -1.10 2.10	4.06 X 7.37 -0.50 1.80	4.99 X 10.22 -0.12 1.68	6.43 X 14.97 0.20 1.60
-1/3*Φ	3.37 X 3.20 -4.00 3.78	3.51 X 4.14 -1.64 2.34	3.83 X 5.45 -0.90 1.90	4.33 X 7.31 -0.34 1.61	5.11 X 10.06 -0.02 1.45	6.27 X 14.00 0.25 1.36	8.07 X 20.30 0.50 1.30
-1/2*Φ	3.69 X 3.74 -2.10 2.60	3.85 X 5.05 -0.90 1.80	4.21 X 6.18 -0.50 1.70	4.76 X 8.63 -0.12 1.43	5.60 X 11.74 0.14 1.31	6.85 X 16.28 0.38 1.22	8.79 X 23.15 0.62 1.15
-2/3*Φ	4.01 X 4.48 -1.19 2.00	4.19 X 5.94 -0.60 1.60	4.56 X 7.65 -0.22 1.42	5.15 X 10.20 0.05 1.28	6.04 X 13.74 0.27 1.18	7.36 X 18.79 0.48 1.10	9.35 X 27.58 0.70 1.00
-Φ	4.57 X 6.64 -0.40 1.44	4.74 X 8.52 -0.11 1.26	5.13 X 10.95 0.10 1.13	5.74 X 14.21 0.28 1.02	6.67 X 18.61 0.50 0.90	7.99 X 24.44 0.63 0.85	10.05 X 32.23 0.80 0.80

Typ : X = Konvex V = Konkav E = Eben

Kreisgleitfläche

Kpr Typ Kpc xm ym	bzw. für Typ = E	Kpr E Kpc Theta (°)

C.red = 0.01 Φ = 25
β = 20.00

α / δ	-30	-20	-10	0	10	20	30
0	3.04 X 3.00 -12.30 6.50	3.11 X 3.82 -3.10 2.60	3.35 X 4.92 -1.51 1.98	3.75 X 6.54 -0.82 1.71	4.39 X 8.83 -0.39 1.58	5.37 X 12.37 -0.06 1.50	6.91 X 17.89 0.23 1.47
-1/3*Φ	3.77 X 4.19 -1.90 2.00	3.88 X 5.31 -1.10 1.70	4.19 X 6.83 -0.61 1.53	4.72 X 9.34 -0.30 1.40	5.51 X 12.32 0.02 1.31	6.72 X 17.76 0.30 1.20	8.59 X 25.29 0.50 1.20
-1/2*Φ	4.14 X 4.87 -1.33 1.79	4.26 X 6.40 -0.70 1.50	4.60 X 8.18 -0.35 1.38	5.17 X 10.67 -0.10 1.30	6.02 X 14.37 0.16 1.21	7.32 X 19.58 0.39 1.14	9.31 X 27.95 0.60 1.10
-2/3*Φ	4.49 X 5.90 -0.86 1.57	4.62 X 7.48 -0.45 1.39	4.97 X 9.75 -0.16 1.26	5.56 X 12.69 0.08 1.17	6.46 X 16.75 0.28 1.10	7.80 X 22.44 0.49 1.03	9.92 X 29.10 0.70 1.00
-Φ	5.05 X 9.80 -0.30 1.20	5.17 X 11.20 -0.07 1.13	5.51 X 14.14 0.13 1.03	6.10 X 17.53 0.30 0.96	6.99 X 22.21 0.46 0.88	8.33 X 28.51 0.63 0.81	10.31 X 41.77 0.80 0.70

C.red = 0.01 Φ = 25
β = 25.00

α / δ	-30	-20	-10	0	10	20	30
0	3.32 X 3.82 -3.50 2.10	3.38 X 4.76 -1.89 1.75	3.62 X 5.95 -1.10 1.60	4.04 X 7.96 -0.65 1.48	4.71 X 10.92 -0.30 1.40	5.76 X 14.13 0.00 1.40	7.35 X 22.39 0.30 1.30
-1/3*Φ	4.15 X 5.27 -1.50 1.60	4.24 X 6.66 -0.87 1.44	4.54 X 8.61 -0.48 1.34	5.08 X 10.76 -0.20 1.30	5.89 X 14.98 0.05 1.22	7.18 X 18.88 0.30 1.20	9.15 X 26.76 0.50 1.20
-1/2*Φ	4.55 X 6.38 -1.00 1.45	4.65 X 8.01 -0.58 1.33	4.96 X 10.22 -0.28 1.25	5.53 X 13.21 -0.03 1.18	6.40 X 17.32 0.18 1.13	7.73 X 23.16 0.40 1.08	9.79 X 31.97 0.62 1.03
-2/3*Φ	4.92 X 8.16 -0.70 1.30	5.01 X 9.64 -0.36 1.24	5.34 X 12.22 -0.11 1.16	5.92 X 15.68 0.10 1.09	6.82 X 20.23 0.30 1.03	8.19 X 26.27 0.49 0.98	10.27 X 37.94 0.70 0.90
-Φ	5.46 X 12.50 -0.23 1.13	5.53 X 14.43 -0.03 1.05	5.83 X 17.33 0.14 0.98	6.37 X 22.20 0.30 0.90	7.27 X 28.02 0.50 0.80	8.62 X 33.36 0.60 0.80	10.65 X 41.75 0.80 0.70

C.red = 0.01 Φ = 30
β = -30.00

α / δ	-30	-20	-10	0	10	20	30
0	0.46 E 3.10 -20.11	0.57 E 3.33 -19.61	0.69 E 3.68 -19.46	0.83 E 4.24 -19.63	1.01 E 5.11 -20.09	1.28 E 6.51 -20.81	1.68 E 8.86 -21.74
-1/3*Φ	0.42 X 3.36 28.20 68.20	0.55 E 3.74 -20.89	0.69 E 4.30 -20.87	0.85 E 5.13 -21.12	1.08 E 6.44 -21.62	1.41 E 8.59 -22.33	1.93 E 12.39 -23.24
-1/2*Φ	0.41 X 3.67 14.60 31.50	0.55 X 4.00 61.20 150.20	0.69 E 4.64 -21.40	0.88 E 5.65 -21.70	1.13 E 7.26 -22.22	1.50 X 9.93 80.00 178.00	2.11 X 13.94 48.00 97.50
-2/3*Φ	0.40 X 3.70 10.52 21.28	0.54 X 4.26 29.20 66.80	0.70 X 5.07 47.20 110.20	0.91 E 6.25 -22.21	1.18 X 8.17 47.20 103.20	1.61 X 11.18 39.84 81.26	2.34 X 15.93 33.60 62.90
-Φ	0.39 X 3.87 7.40 13.30	0.55 X 4.71 14.60 29.40	0.74 X 5.85 21.60 44.70	0.99 X 7.57 26.08 53.00	1.35 X 10.10 24.80 47.40	1.94 X 13.91 24.00 43.20	3.00 X 20.46 21.86 35.18

Typ : X = Konvex V = Konkav E = Eben

Kreisgleitfläche

Kpr Typ Kpc xm ym	bzw. für Typ = E	Kpr E Kpc Theta (°)

C.red = 0.01 Φ = 30
β = -25.00

δ \ α	-30	-20	-10	0	10	20	30
0	0.78 V 1.10 1.42 -11.40	0.89 V 1.22 1.50 -8.20	1.04 V 1.34 1.50 -5.04	1.23 E 2.31 -2.50	1.50 E 2.92 -3.89	1.90 E 3.89 -5.74	2.56 E 5.52 -7.95
-1/3*Φ	0.77 E 1.78 -6.14	0.93 E 2.01 -5.41	1.11 E 2.37 -5.53	1.36 E 2.95 -6.32	1.72 E 3.85 -7.64	2.29 E 5.38 -9.39	3.27 X 7.54 8.12 32.00
-1/2*Φ	0.78 E 1.91 -7.40	0.95 E 2.20 -6.80	1.16 E 2.64 -6.99	1.44 E 3.33 -7.82	1.86 E 4.46 -9.14	2.55 X 6.14 9.80 43.00	3.74 X 8.34 4.80 13.80
-2/3*Φ	0.79 E 2.06 -8.46	0.98 E 2.40 -7.99	1.21 E 2.94 -8.26	1.54 E 3.80 -9.14	2.05 X 5.10 12.70 60.80	2.87 X 6.81 5.12 16.60	4.29 X 9.24 3.84 8.56
-Φ	0.82 X 2.35 6.90 33.80	1.06 X 2.88 10.10 51.20	1.37 X 3.61 8.70 41.50	1.82 X 4.67 4.96 18.28	2.51 X 6.08 3.60 10.00	3.66 X 8.21 3.20 6.50	5.62 X 11.05 2.80 4.10

C.red = 0.01 Φ = 30
β = -20.00

δ \ α	-30	-20	-10	0	10	20	30
0	1.00 V 1.09 1.47 -4.06	1.11 V 1.26 1.58 -3.92	1.28 V 1.61 2.10 -6.60	1.50 V 2.08 2.30 -8.80	1.85 V 2.82 2.70 -15.60	2.41 V 3.98 4.70 -85.60	3.32 E 5.84 -0.76
-1/3*Φ	1.07 V 1.37 1.90 -9.20	1.23 V 1.72 1.94 -10.80	1.45 V 2.13 2.30 -14.40	1.78 V 2.86 4.30 -65.60	2.27 E 3.89 0.49	3.08 X 5.38 2.00 23.80	4.45 X 7.52 2.10 8.80
-1/2*Φ	1.11 V 1.56 1.82 -12.40	1.30 V 1.91 2.30 -18.00	1.56 V 2.50 4.70 -84.00	1.94 V 3.25 5.50 -200.00	2.54 X 4.47 1.96 35.00	3.51 X 6.08 1.90 10.00	5.13 X 8.47 1.96 5.50
-2/3*Φ	1.15 V 1.82 5.50 -112.00	1.38 V 2.21 5.50 -124.00	1.68 V 2.79 5.50 -200.00	2.13 X 3.74 1.80 58.60	2.85 X 5.00 1.70 11.50	3.99 X 6.81 1.78 6.00	5.88 X 9.55 1.88 3.88
-Φ	1.25 E 2.23 -0.70	1.55 X 2.76 1.40 32.20	1.97 X 3.59 1.60 15.00	2.60 X 4.66 1.50 7.00	3.57 X 6.19 1.50 4.20	5.08 X 8.49 1.60 2.90	7.54 X 12.04 1.72 2.16

C.red = 0.01 Φ = 30
β = -15.00

δ \ α	-30	-20	-10	0	10	20	30
0	1.26 V 1.25 2.10 -4.60	1.35 V 1.53 1.84 -3.89	1.53 V 1.80 2.10 -4.40	1.80 V 2.37 2.10 -4.72	2.24 V 3.27 2.50 -7.68	2.96 V 4.46 9.50 -58.80	4.14 X 6.27 0.08 12.72
-1/3*Φ	1.37 V 1.49 1.82 -4.44	1.55 V 1.79 1.94 -4.60	1.82 V 2.36 2.30 -6.80	2.25 V 3.16 9.50 -56.00	2.90 X 4.23 -1.40 20.60	3.93 X 5.84 0.59 7.50	5.64 X 8.34 1.15 4.41
-1/2*Φ	1.45 V 1.61 1.90 -5.00	1.67 V 2.06 2.30 -7.20	2.01 V 2.68 9.50 -50.00	2.50 E 3.61 7.23	3.28 X 4.84 0.30 9.00	4.51 X 6.68 0.90 4.70	6.50 X 9.62 1.30 3.30
-2/3*Φ	1.54 V 1.84 2.30 -8.00	1.81 V 2.40 9.50 -56.00	2.20 E 3.07 7.63	2.79 X 4.06 -0.10 11.00	3.71 X 5.49 0.74 5.20	5.13 X 7.65 1.09 3.39	7.43 X 11.01 1.40 2.60
-Φ	1.75 E 2.35 7.19	2.12 X 2.99 -0.51 12.54	2.66 X 3.89 0.40 6.10	3.46 X 5.18 0.78 3.74	4.65 X 7.09 1.00 2.62	6.46 X 9.93 1.20 2.00	9.26 X 14.62 1.35 1.51

Typ : X = Konvex V = Konkav E = Eben

Kreisgleitfläche

Kpr Typ	bzw. für Typ = E	Kpr E
Kpc		Kpc
xm		
ym		Theta (°)

C.red = 0.01 Φ = 30
β = -10.00

α δ	-30	-20	-10	0	10	20	30
0	1.54 V 1.29 3.62 -5.56	1.64 V 1.58 3.04 -4.93	1.83 V 2.00 2.90 -5.00	2.16 V 2.72 2.70 -5.20	2.71 V 3.62 5.46 -15.04	3.58 X 4.97 -2.40 14.42	5.00 X 7.12 0.20 5.40
-1/3*Φ	1.72 V 1.61 2.88 -5.44	1.92 V 2.04 2.60 -5.00	2.25 V 2.64 3.10 -6.80	2.77 E 3.52 15.02	3.58 X 4.77 -0.65 7.56	4.83 X 6.71 0.40 4.12	6.84 X 9.82 0.90 3.00
-1/2*Φ	1.84 V 1.81 2.65 -5.35	2.10 V 2.32 2.90 -6.40	2.51 V 3.02 17.10 -58.00	3.13 X 4.02 -1.28 9.53	4.08 X 5.52 0.18 4.49	5.54 X 7.83 0.69 3.06	7.87 X 11.57 1.03 2.37
-2/3*Φ	1.99 V 2.04 2.82 -6.36	2.31 V 2.62 7.90 -24.80	2.80 X 3.44 -2.10 12.24	3.53 X 4.62 -0.06 4.99	4.62 X 6.39 0.52 3.19	6.29 X 9.30 0.80 2.30	8.91 X 13.72 1.10 1.90
-Φ	2.32 X 2.64 -2.58 13.42	2.77 X 3.41 -0.46 5.83	3.42 X 4.51 0.20 3.60	4.37 X 6.15 0.56 2.48	5.74 X 8.59 0.79 1.88	7.77 X 12.23 1.00 1.50	10.83 X 17.97 1.20 1.20

C.red = 0.01 Φ = 30
β = -5.00

α δ	-30	-20	-10	0	10	20	30
0	1.82 V 1.43 5.50 -6.40	1.93 V 1.76 4.34 -5.55	2.15 V 2.26 3.90 -5.60	2.56 V 3.03 4.30 -7.20	3.22 X 4.09 -8.30 23.30	4.24 X 5.74 -0.80 5.60	5.87 X 8.41 0.20 3.70
-1/3*Φ	2.11 V 1.79 4.30 -6.40	2.34 V 2.28 3.76 -5.93	2.74 V 3.00 10.70 -22.80	3.37 X 4.03 -2.30 8.70	4.31 X 5.58 -0.28 4.10	5.75 X 8.02 0.36 2.88	8.05 X 11.99 0.77 2.31
-1/2*Φ	2.30 V 2.05 3.90 -6.40	2.60 V 2.62 7.90 -16.00	3.09 X 3.46 -3.66 11.78	3.82 X 4.69 -0.60 4.70	4.92 X 6.57 0.18 2.99	6.59 X 9.50 0.59 2.29	9.20 X 14.25 0.91 1.90
-2/3*Φ	2.51 V 2.32 6.30 -12.40	2.89 X 3.01 -6.04 17.32	3.46 X 4.02 -0.90 5.20	4.31 X 5.50 0.01 3.14	5.57 X 7.74 0.44 2.32	7.45 X 11.37 0.70 1.90	10.34 X 16.82 1.00 1.60
-Φ	2.99 X 3.10 -1.36 5.90	3.50 X 4.08 -0.29 3.45	4.25 X 5.51 0.20 2.40	5.31 X 7.58 0.48 1.86	6.81 X 10.71 0.69 1.49	8.99 X 15.51 0.90 1.20	12.21 X 22.87 1.09 1.02

C.red = 0.01 Φ = 30
β = 0.00

α δ	-30	-20	-10	0	10	20	30
0	2.11 V 1.63 7.10 -6.40	2.24 V 2.01 5.50 -6.00	2.51 V 2.59 5.50 -6.80	3.00 E 3.46 30.00	3.75 X 4.78 -2.00 6.00	4.91 X 6.85 -0.40 3.50	6.75 X 10.21 0.24 2.77
-1/3*Φ	2.54 V 2.05 5.75 -6.96	2.81 V 2.63 7.50 -10.80	3.28 X 3.49 -5.10 11.10	4.00 X 4.78 -1.00 4.20	5.07 X 6.74 -0.12 2.83	6.69 X 9.81 0.35 2.25	9.23 X 14.83 0.71 1.93
-1/2*Φ	2.81 V 2.33 5.90 -8.00	3.16 X 3.06 -8.50 16.80	3.72 X 4.11 -1.40 4.70	4.55 X 5.67 -0.31 2.97	5.79 X 8.04 0.20 2.26	7.63 X 11.74 0.55 1.87	10.50 X 17.71 0.85 1.63
-2/3*Φ	3.11 X 2.72 -15.50 28.60	3.53 X 3.58 -2.00 5.70	4.18 X 4.86 -0.50 3.17	5.13 X 6.74 0.06 2.31	6.52 X 9.60 0.41 1.85	8.57 X 13.64 0.70 1.60	11.69 X 20.95 0.94 1.36
-Φ	3.75 X 3.81 -0.82 3.46	4.30 X 5.06 -0.18 2.42	5.11 X 7.01 0.20 1.80	6.24 X 9.58 0.44 1.51	7.83 X 13.55 0.64 1.26	10.08 X 19.48 0.83 1.07	13.43 X 28.49 1.03 0.90

Typ : X = Konvex V = Konkav E = Eben

Kreisgleitfläche

Kpr Typ Kpc xm ym	bzw. für Typ = E	Kpr E Kpc Theta (°)

C.red = 0.01 Φ = 30
β = 5.00

α / δ	-30	-20	-10	0	10	20	30
0	2.43 V 1.89 8.30 -6.40	2.57 V 2.32 7.10 -6.40	2.91 V 3.02 12.90 -15.04	3.46 X 4.09 -3.70 6.80	4.30 X 5.72 -1.08 3.57	5.59 X 8.31 -0.20 2.60	7.64 X 12.58 0.30 2.20
-1/3*Φ	3.02 V 2.38 7.26 -7.44	3.33 X 3.11 -13.42 19.36	3.86 X 4.20 -1.90 4.40	4.65 X 5.82 -0.61 2.83	5.84 X 8.22 0.00 2.20	7.61 X 12.11 0.35 1.89	10.39 X 18.38 0.68 1.68
-1/2*Φ	3.38 E 2.77 37.34	3.77 X 3.70 -2.50 5.10	4.38 X 5.02 -0.83 3.01	5.30 X 7.00 -0.17 2.24	6.65 X 9.92 0.20 1.90	8.65 X 15.06 0.50 1.60	11.74 X 21.97 0.81 1.44
-2/3*Φ	3.77 X 3.30 -3.50 6.40	4.22 X 4.41 -1.09 3.26	4.93 X 6.04 -0.31 2.31	5.96 X 8.43 0.10 1.85	7.45 X 11.83 0.40 1.60	9.67 X 16.44 0.70 1.40	12.94 X 25.98 0.90 1.22
-Φ	4.57 X 4.78 -0.60 2.50	5.13 X 6.47 -0.10 1.88	5.96 X 8.84 0.20 1.53	7.13 X 12.24 0.42 1.30	8.74 X 17.82 0.60 1.10	11.06 X 24.27 0.80 0.97	14.48 X 34.79 1.00 0.82

C.red = 0.01 Φ = 30
β = 10.00

α / δ	-30	-20	-10	0	10	20	30
0	2.76 V 2.19 9.22 -6.12	2.95 V 2.71 7.90 -6.40	3.33 X 3.60 -7.38 9.10	3.94 X 4.93 -1.82 3.60	4.86 X 6.97 -0.69 2.58	6.27 X 10.39 -0.10 2.10	8.51 X 15.42 0.29 1.97
-1/3*Φ	3.55 E 2.86 45.00	3.89 X 3.78 -3.30 5.00	4.46 X 5.17 -1.15 2.86	5.32 X 7.20 -0.41 2.19	6.61 X 10.18 0.00 1.90	8.52 X 15.06 0.36 1.65	11.50 X 23.05 0.66 1.50
-1/2*Φ	4.01 X 3.40 -4.80 6.44	4.41 X 4.53 -1.50 3.20	5.07 X 6.27 -0.55 2.24	6.06 X 8.76 -0.09 1.85	7.49 X 12.49 0.24 1.60	9.64 X 17.66 0.50 1.50	12.90 X 27.01 0.79 1.32
-2/3*Φ	4.48 X 4.19 -1.70 3.20	4.95 X 5.60 -0.70 2.30	5.69 X 7.64 -0.20 1.86	6.77 X 10.64 0.13 1.58	8.33 X 14.96 0.40 1.40	10.61 X 21.82 0.64 1.24	14.10 X 31.50 0.90 1.10
-Φ	5.41 X 6.31 -0.39 1.90	5.95 X 8.44 -0.04 1.56	6.77 X 11.48 0.21 1.33	7.96 X 15.15 0.40 1.20	9.56 X 22.14 0.60 1.00	11.94 X 28.24 0.80 0.90	15.37 X 41.36 0.98 0.77

C.red = 0.01 Φ = 30
β = 15.00

α / δ	-30	-20	-10	0	10	20	30
0	3.13 V 2.56 10.34 -5.96	3.35 X 3.27 -17.22 14.68	3.77 X 4.43 -2.90 3.70	4.42 X 6.02 -1.22 2.57	5.43 X 8.53 -0.51 2.12	6.96 X 12.54 -0.06 1.89	9.38 X 18.95 0.31 1.78
-1/3*Φ	4.12 X 3.55 -4.90 5.20	4.47 X 4.73 -1.80 2.88	5.07 X 6.37 -0.80 2.20	5.99 X 9.21 -0.30 1.80	7.36 X 12.84 0.10 1.60	9.43 X 17.90 0.40 1.50	12.58 X 27.74 0.66 1.40
-1/2*Φ	4.67 X 4.29 -2.20 3.20	5.07 X 5.80 -0.98 2.24	5.76 X 8.10 -0.40 1.80	6.79 X 11.01 -0.03 1.60	8.30 X 15.57 0.26 1.44	10.52 X 23.81 0.50 1.30	14.01 X 32.63 0.80 1.20
-2/3*Φ	5.23 X 5.27 -1.20 2.40	5.68 X 7.14 -0.52 1.87	6.43 X 9.73 -0.12 1.59	7.55 X 13.43 0.16 1.41	9.16 X 18.78 0.40 1.27	11.53 X 26.49 0.63 1.16	15.13 X 37.92 0.87 1.06
-Φ	6.25 X 8.37 -0.30 1.60	6.73 X 11.11 0.01 1.37	7.52 X 14.75 0.23 1.20	8.67 X 19.72 0.42 1.07	10.29 X 26.34 0.59 0.95	12.66 X 35.60 0.80 0.80	16.11 X 48.10 0.97 0.72

Typ : X = Konvex V = Konkav E = Eben

Kreisgleitfläche

Kpr Typ Kpc xm ym	bzw. für Typ = E	Kpr E Kpc Theta (°)

C.red = 0.01 Φ = 30
β = 20.00

δ \ α	-30	-20	-10	0	10	20	30
0	3.54 E 3.08 60.38	3.76 X 4.02 -4.30 3.90	4.20 X 5.39 -1.79 2.50	4.91 X 7.63 -0.90 2.00	5.98 X 10.84 -0.40 1.80	7.63 X 15.44 -0.01 1.69	10.24 X 23.13 0.33 1.64
1/3*Φ	4.71 X 4.47 -2.60 2.90	5.05 X 5.97 -1.24 2.14	5.67 X 8.13 -0.60 1.80	6.64 X 11.27 -0.20 1.60	8.08 X 15.04 0.10 1.48	10.27 X 21.74 0.40 1.40	13.60 X 33.27 0.66 1.32
-1/2*Φ	5.34 X 5.54 -1.47 2.24	5.73 X 7.35 -0.74 1.84	6.43 X 9.99 -0.30 1.60	7.50 X 13.80 0.01 1.44	9.07 X 19.54 0.30 1.30	11.41 X 27.11 0.52 1.24	15.13 X 34.85 0.80 1.20
-2/3*Φ	5.97 X 6.94 -0.87 1.87	6.39 X 9.29 -0.39 1.59	7.17 X 11.52 -0.10 1.50	8.27 X 16.84 0.18 1.29	9.93 X 22.88 0.41 1.19	12.34 X 33.81 0.60 1.10	16.18 X 40.91 0.90 1.00
-Φ	7.04 X 11.31 -0.21 1.40	7.48 X 13.48 0.00 1.30	8.18 X 18.82 0.24 1.11	9.28 X 24.64 0.42 1.00	10.90 X 31.19 0.60 0.90	13.22 X 41.19 0.77 0.80	16.95 X 44.82 1.00 0.70

C.red = 0.01 Φ = 30
β = 25.00

δ \ α	-30	-20	-10	0	10	20	30
0	3.95 X 3.87 -5.82 3.64	4.17 X 5.01 -2.45 2.38	4.63 X 6.89 -1.30 1.90	5.39 X 9.17 -0.71 1.75	6.54 X 12.92 -0.30 1.64	8.29 X 18.79 0.03 1.57	11.09 X 27.97 0.34 1.54
-1/3*Φ	5.29 X 5.73 -1.80 2.10	5.62 X 7.61 -0.95 1.76	6.26 X 10.08 -0.50 1.60	7.26 X 14.78 -0.10 1.40	8.77 X 19.43 0.13 1.38	11.04 X 27.41 0.39 1.31	14.60 X 40.17 0.70 1.20
-1/2*Φ	6.00 X 7.21 -1.10 1.80	6.37 X 9.51 -0.58 1.58	7.07 X 12.67 -0.23 1.44	8.19 X 16.11 0.00 1.40	9.78 X 23.42 0.29 1.25	12.20 X 32.33 0.53 1.18	15.94 X 45.19 0.78 1.11
-2/3*Φ	6.69 X 9.15 -0.68 1.60	7.06 X 12.42 -0.30 1.40	7.80 X 15.69 -0.03 1.31	8.93 X 20.80 0.20 1.21	10.60 X 28.30 0.42 1.12	13.10 X 37.35 0.63 1.04	17.15 X 43.27 0.90 1.00
-Φ	7.76 X 15.15 -0.16 1.28	8.07 X 18.75 0.07 1.16	8.75 X 23.49 0.26 1.05	9.81 X 29.30 0.43 0.96	11.39 X 36.90 0.59 0.87	13.75 X 47.37 0.80 0.70	17.15 X 55.69 0.96 0.63

C.red = 0.01 Φ = 30
β = 30.00

δ \ α	-30	-20	-10	0	10	20	30
0	4.35 X 4.92 -3.09 2.10	4.57 X 6.30 -1.74 1.81	5.06 X 8.32 -1.04 1.66	5.85 X 11.29 -0.59 1.57	7.07 X 15.71 -0.24 1.51	8.92 X 24.95 0.10 1.40	11.92 X 33.44 0.36 1.46
-1/3*Φ	5.86 X 7.39 -1.30 1.70	6.17 X 9.72 -0.78 1.54	6.81 X 13.57 -0.40 1.40	7.86 X 17.24 -0.10 1.36	9.42 X 23.49 0.15 1.30	11.79 X 32.25 0.41 1.25	15.47 X 45.56 0.67 1.21
-1/2*Φ	6.63 X 9.91 -0.80 1.50	6.97 X 12.19 -0.48 1.43	7.71 X 14.37 -0.20 1.40	8.76 X 21.30 0.07 1.25	10.43 X 28.01 0.30 1.19	12.93 X 37.69 0.53 1.13	16.80 X 51.62 0.78 1.07
-2/3*Φ	7.35 X 12.08 -0.56 1.43	7.68 X 15.31 -0.25 1.32	8.39 X 19.56 0.00 1.23	9.53 X 25.19 0.22 1.15	11.22 X 32.71 0.43 1.08	13.74 X 43.71 0.63 1.00	17.64 X 57.71 0.87 0.93
-Φ	8.36 X 19.89 -0.12 1.20	8.59 X 23.74 0.09 1.10	9.22 X 28.25 0.27 1.01	10.16 X 42.79 0.40 0.90	11.78 X 42.81 0.60 0.83	14.15 X 46.54 0.80 0.70	17.51 X 58.25 0.95 0.61

Typ : X = Konvex V = Konkav E = Eben

Kreisgleitfläche

Kpr Typ Kpc xm ym	bzw. für Typ = E	Kpr E Kpc Theta (°)

C.red = 0.01 Φ = 35
β = -35.00

δ \ α	-30	-20	-10	0	10	20	30
0	0.34 X 2.81 80.80 161.30	0.46 E 3.10 -25.57	0.59 E 3.53 -25.41	0.75 E 4.14 -25.54	0.95 E 5.06 -25.94	1.24 E 6.53 -26.57	1.67 E 9.01 -27.41
-1/3*Φ	0.30 X 3.14 16.80 29.10	0.45 E 3.46 -26.68	0.59 E 4.12 -26.66	0.78 E 5.05 -26.89	1.02 E 6.49 -27.35	1.39 E 8.86 -28.01	1.98 E 13.10 -28.85
-1/2*Φ	0.30 X 3.14 11.68 19.18	0.44 X 3.72 64.00 120.00	0.60 E 4.46 -27.14	0.80 E 5.62 -27.42	1.08 E 7.43 -27.92	1.50 E 10.49 -28.61	2.20 X 15.72 84.00 137.50
-2/3*Φ	0.29 X 3.25 10.20 16.00	0.44 X 4.06 33.60 59.20	0.62 X 4.82 52.80 96.00	0.84 X 6.29 82.80 149.70	1.15 X 8.52 78.80 137.60	1.65 X 12.12 61.20 100.70	2.51 X 18.46 50.90 77.30
-Φ	0.29 X 3.32 7.44 10.80	0.46 X 4.40 16.80 27.00	0.67 X 5.77 26.40 43.50	0.95 X 7.80 34.00 55.50	1.38 X 11.23 35.44 54.92	2.11 X 16.71 34.02 49.30	3.54 X 25.56 29.70 39.10

C.red = 0.01 Φ = 35
β = -30.00

δ \ α	-30	-20	-10	0	10	20	30
0	0.63 E 1.42 -10.44	0.78 E 1.58 -9.08	0.95 E 1.83 -8.74	1.16 E 2.22 -9.19	1.46 E 2.82 -10.27	1.91 E 3.78 -11.84	2.65 E 5.41 -13.80
-1/3*Φ	0.63 E 1.66 -13.39	0.81 E 1.91 -12.42	1.02 E 2.30 -12.29	1.30 E 2.89 -12.84	1.71 E 3.85 -13.95	2.36 E 5.47 -15.50	3.53 X 8.16 25.80 76.40
-1/2*Φ	0.63 E 1.78 -14.46	0.83 E 2.10 -13.66	1.07 E 2.58 -13.65	1.39 E 3.33 -14.29	1.89 E 4.56 -15.44	2.70 X 6.61 33.80 104.60	4.19 X 9.35 8.60 19.60
-2/3*Φ	0.64 E 1.92 -15.37	0.86 E 2.32 -14.73	1.13 E 2.92 -14.85	1.52 E 3.88 -15.57	2.12 X 5.43 37.60 119.20	3.14 X 7.56 9.00 21.80	5.00 X 10.70 5.80 10.40
-Φ	0.68 X 2.24 7.16 20.60	0.95 X 2.86 22.00 70.40	1.32 X 3.78 15.20 45.60	1.88 X 5.06 8.40 21.90	2.78 X 6.96 5.56 11.50	4.34 X 9.60 4.24 6.70	7.18 X 13.36 3.54 4.08

C.red = 0.01 Φ = 35
β = -25.00

δ \ α	-30	-20	-10	0	10	20	30
0	0.88 V 0.88 1.50 -6.00	1.02 V 1.06 1.50 -5.40	1.20 V 1.32 1.50 -5.04	1.49 V 2.08 2.30 -76.00	1.88 E 2.75 -1.09	2.48 E 3.82 -3.65	3.51 E 5.69 -6.54
-1/3*Φ	0.94 V 1.19 1.50 -19.20	1.15 V 1.33 1.50 -8.40	1.40 E 2.15 -2.54	1.77 E 2.81 -3.97	2.33 E 3.89 -5.95	3.29 E 5.77 -8.36	5.02 X 8.21 4.16 13.80
-1/2*Φ	0.96 E 1.59 -3.90	1.20 E 1.94 -3.74	1.50 E 2.47 -4.51	1.95 E 3.31 -5.96	2.66 E 4.73 -7.95	3.88 X 6.65 4.20 15.60	6.03 X 9.55 3.14 7.20
-2/3*Φ	1.00 E 1.76 -5.42	1.27 E 2.19 -5.40	1.63 E 2.86 -6.25	2.18 E 3.94 -7.76	3.08 X 5.44 4.20 17.60	4.59 X 7.67 3.00 7.70	7.23 X 11.10 2.70 4.60
-Φ	1.10 E 2.18 -7.95	1.48 E 2.86 -8.23	2.01 X 3.81 4.10 18.84	2.83 X 5.17 2.68 8.24	4.16 X 7.14 2.30 4.80	6.35 X 10.10 2.20 3.20	10.03 X 14.76 2.16 2.20

Typ : X = Konvex V = Konkav E = Eben

Kreisgleitfläche

Kpr Typ Kpc xm ym	bzw. für Typ = E	Kpr E Kpc Theta (°)

C.red = 0.01 Φ = 35
β = -20.00

δ \ α	-30	-20	-10	0	10	20	30
0	1.12 V 1.04 1.90 -5.60	1.25 V 1.28 1.66 -4.76	1.45 V 1.58 1.75 -4.92	1.77 V 2.09 1.98 -6.64	2.28 V 2.93 2.70 -15.60	3.09 V 4.27 4.70 -91.20	4.50 X 6.44 2.60 57.20
-1/3*Φ	1.24 V 1.37 1.90 -7.60	1.46 V 1.62 1.90 -8.00	1.78 V 2.18 2.30 -13.60	2.28 V 3.06 4.70 -79.20	3.05 E 4.35 0.07	4.37 X 6.19 1.80 12.72	6.65 X 9.10 1.94 6.06
-1/2*Φ	1.31 V 1.47 1.90 -10.40	1.60 V 1.99 5.50 -56.00	1.99 V 2.65 4.70 -83.20	2.59 E 3.66 0.44	3.58 X 5.17 1.84 19.60	5.21 X 7.31 1.70 6.30	8.01 X 10.88 1.92 4.09
-2/3*Φ	1.41 V 1.81 4.70 -73.60	1.74 V 2.30 5.50 -108.00	2.22 E 3.12 0.54	2.98 X 4.32 1.60 18.40	4.19 X 6.02 1.59 7.05	6.19 X 8.67 1.70 4.20	9.54 X 12.97 1.87 2.93
-Φ	1.62 X 2.35 2.10 189.90	2.11 X 3.10 1.20 16.60	2.84 X 4.21 1.32 7.54	3.95 X 5.82 1.40 4.45	5.68 X 8.22 1.50 3.00	8.40 X 11.96 1.56 2.10	12.76 X 17.93 1.69 1.55

C.red = 0.01 Φ = 35
β = -15.00

δ \ α	-30	-20	-10	0	10	20	30
0	1.40 V 1.18 2.70 -6.00	1.54 V 1.49 2.24 -5.22	1.77 V 1.87 2.30 -5.60	2.14 V 2.50 2.20 -5.67	2.77 V 3.50 2.54 -8.48	3.82 E 4.93 7.06	5.62 X 7.23 0.60 10.00
-1/3*Φ	1.58 V 1.49 2.30 -6.40	1.84 V 1.83 2.30 -6.00	2.24 V 2.52 2.70 -9.20	2.88 V 3.49 9.50 -58.80	3.91 X 4.94 -0.50 16.70	5.59 X 7.12 0.91 6.06	8.42 X 10.70 1.40 4.00
-1/2*Φ	1.71 V 1.65 2.30 -6.80	2.04 V 2.22 2.18 -7.12	2.56 V 3.01 8.70 -52.40	3.36 X 4.14 -0.90 17.00	4.63 X 5.88 0.70 6.60	6.69 X 8.60 1.15 3.97	10.11 X 13.01 1.50 3.00
-2/3*Φ	1.87 V 1.95 2.30 -8.40	2.29 V 2.60 9.50 -56.00	2.93 X 3.56 -1.40 21.20	3.91 X 4.94 0.50 7.30	5.46 X 7.04 0.98 4.13	7.92 X 10.29 1.30 3.00	11.92 X 15.88 1.51 2.19
-Φ	2.27 X 2.68 -1.20 18.30	2.89 X 3.59 0.20 7.90	3.82 X 4.94 0.70 4.30	5.22 X 6.94 0.95 2.89	7.31 X 9.99 1.13 2.11	10.47 X 14.77 1.29 1.60	15.35 X 22.57 1.45 1.21

C.red = 0.01 Φ = 35
β = -10.00

δ \ α	-30	-20	-10	0	10	20	30
0	1.70 V 1.29 4.42 -7.00	1.85 V 1.60 3.73 -6.39	2.12 V 2.08 3.26 -6.24	2.58 V 2.87 3.10 -6.80	3.38 V 3.95 8.70 -28.40	4.68 X 5.68 -1.47 12.38	6.85 X 8.53 0.43 5.52
-1/3*Φ	1.99 V 1.68 3.36 -6.97	2.29 V 2.19 2.98 -6.56	2.80 V 2.95 3.82 -10.20	3.61 X 4.06 -5.90 29.50	4.89 X 5.77 -0.10 6.40	6.93 X 8.52 0.67 3.91	10.30 X 13.15 1.11 2.91
-1/2*Φ	2.19 V 1.96 3.10 -7.20	2.60 V 2.57 3.10 -7.60	3.25 X 3.49 -18.30 79.20	4.26 X 4.87 -0.46 7.46	5.82 X 7.02 0.49 4.05	8.29 X 10.51 0.90 2.90	12.29 X 16.77 1.20 2.20
-2/3*Φ	2.44 V 2.27 3.14 -8.04	2.96 E 3.04 13.96	3.76 X 4.17 -0.80 8.44	4.99 X 5.88 0.32 4.26	6.85 X 8.55 0.76 2.90	9.74 X 12.83 1.05 2.21	14.34 X 19.86 1.33 1.79
-Φ	3.05 X 3.18 -1.00 8.50	3.82 X 4.32 0.06 4.48	4.96 X 6.02 0.50 2.95	6.61 X 8.49 0.80 2.20	9.00 X 12.50 0.96 1.66	12.51 X 18.61 1.14 1.31	17.77 X 29.51 1.30 1.00

Typ : X = Konvex V = Konkav E = Eben

Kreisgleitfläche

Kpr Kpc xm ym	Typ	bzw. für Typ = E	Kpr E Kpc Theta (°)

C.red = 0.01 Φ = 35
β = -5.00

δ \ α	-30	-20	-10	0	10	20	30
0	2.02 V 1.48 5.90 -7.60	2.19 V 1.83 5.10 -7.20	2.52 V 2.39 4.44 -7.05	3.10 V 3.29 4.62 -8.60	4.07 X 4.60 -6.30 20.50	5.61 X 6.73 -0.58 5.88	8.17 X 10.38 0.40 3.80
-1/3*Φ	2.46 V 1.92 4.94 -8.08	2.82 V 2.52 4.34 -7.80	3.46 V 3.43 27.50 -69.60	4.44 X 4.80 -1.47 7.63	5.97 X 6.95 0.00 4.06	8.37 X 10.46 0.58 2.92	12.27 X 16.16 1.00 2.40
-1/2*Φ	2.76 V 2.25 4.50 -8.19	3.26 V 3.01 13.10 -31.20	4.06 X 4.14 -2.20 9.40	5.27 X 5.88 -0.20 4.30	7.12 X 8.60 0.40 3.00	9.97 X 13.02 0.80 2.30	14.53 X 20.37 1.13 1.91
-2/3*Φ	3.13 V 2.67 12.70 -30.00	3.76 X 3.62 -2.94 11.10	4.73 X 5.04 -0.41 4.61	6.18 X 7.22 0.28 3.00	8.34 X 10.63 0.65 2.26	11.62 X 16.70 0.90 1.80	16.72 X 25.69 1.20 1.50
-Φ	3.99 X 3.89 -0.70 4.90	4.90 X 5.36 0.05 3.08	6.21 X 7.55 0.42 2.24	8.07 X 10.86 0.67 1.73	10.69 X 15.87 0.87 1.39	14.51 X 21.83 1.10 1.20	20.01 X 35.47 1.25 0.91

C.red = 0.01 Φ = 35
β = 0.00

δ \ α	-30	-20	-10	0	10	20	30
0	2.36 V 1.69 7.72 -7.84	2.56 V 2.11 6.41 -7.52	2.97 V 2.78 5.70 -7.76	3.69 E 3.84 27.50	4.83 X 5.48 -1.89 6.66	6.62 X 8.20 -0.30 3.90	9.57 X 12.77 0.40 3.01
-1/3*Φ	3.00 V 2.25 6.70 -9.20	3.45 V 2.97 8.98 -14.60	4.21 X 4.09 -3.90 10.20	5.37 X 5.83 -0.74 4.31	7.14 X 8.62 0.10 2.90	9.89 X 13.23 0.50 2.40	14.28 X 20.57 0.91 2.03
-1/2*Φ	3.43 V 2.67 7.10 -11.20	4.03 X 3.61 -6.10 14.40	4.97 X 5.03 -1.10 4.90	6.38 X 7.25 -0.08 3.06	8.49 X 10.75 0.40 2.34	11.70 X 16.37 0.74 1.94	16.76 X 25.60 1.06 1.68
-2/3*Φ	3.94 X 3.22 -9.30 20.38	4.68 X 4.43 -1.35 5.19	5.81 X 6.25 -0.23 3.16	7.46 X 9.05 0.28 2.34	9.89 X 13.38 0.60 1.90	13.50 X 20.27 0.88 1.59	19.15 X 29.03 1.20 1.40
-Φ	5.08 X 4.91 -0.46 3.29	6.10 X 6.82 0.07 2.34	7.54 X 9.66 0.39 1.82	9.55 X 13.88 0.60 1.50	12.31 X 20.71 0.80 1.20	16.24 X 29.58 1.00 1.01	21.99 X 43.85 1.20 0.82

C.red = 0.01 Φ = 35
β = 5.00

δ \ α	-30	-20	-10	0	10	20	30
0	2.73 V 1.97 9.10 -8.00	2.98 V 2.47 7.90 -8.00	3.49 V 3.29 11.90 -15.20	4.34 X 4.59 -4.30 8.70	5.64 X 6.67 -1.05 4.07	7.69 X 10.08 -0.14 2.99	11.03 X 15.93 0.40 2.52
-1/3*Φ	3.62 V 2.66 9.10 -10.80	4.16 X 3.58 -11.50 19.00	5.04 X 5.01 -1.75 4.84	6.38 X 7.22 -0.46 3.09	8.38 X 10.72 0.12 2.41	11.45 X 16.53 0.52 2.02	16.35 X 25.17 0.90 1.80
-1/2*Φ	4.20 X 3.22 -34.50 52.60	4.90 X 4.44 -2.23 5.45	5.97 X 6.28 -0.64 3.22	7.57 X 9.13 0.00 2.40	9.92 X 13.55 0.39 1.98	13.46 X 20.62 0.71 1.71	18.96 X 33.20 1.00 1.50
-2/3*Φ	4.87 X 3.99 -2.80 6.22	5.71 X 5.59 -0.80 3.30	6.97 X 7.90 -0.12 2.44	8.81 X 11.65 0.30 1.90	11.45 X 16.96 0.58 1.65	15.34 X 25.51 0.84 1.43	21.29 X 38.91 1.11 1.25
-Φ	6.30 X 6.33 -0.30 2.50	7.38 X 8.90 0.10 1.90	8.90 X 12.50 0.38 1.56	10.99 X 17.83 0.59 1.30	13.84 X 25.75 0.77 1.10	17.85 X 36.71 0.96 0.93	23.90 X 47.22 1.20 0.80

Typ : X = Konvex V = Konkav E = Eben

Kreisgleitfläche

Kpr Typ Kpc xm ym	bzw. für Typ = E	Kpr E Kpc Theta (°)

C.red = 0.01 Φ = 35
β = 10.00

α / δ	-30	-20	-10	0	10	20	30
0	3.14 V 2.31 10.70 -8.00	3.45 V 2.91 8.98 -8.16	4.07 X 3.97 -9.70 13.00	5.03 X 5.61 -2.05 4.42	6.51 X 8.24 -0.69 3.01	8.81 X 12.55 -0.05 2.48	12.54 X 20.41 0.40 2.20
-1/3*Φ	4.33 E 3.23 41.33	4.95 X 4.42 -3.29 5.69	5.95 X 6.24 -1.09 3.25	7.44 X 9.22 -0.30 2.40	9.67 X 13.58 0.20 2.00	13.03 X 21.18 0.50 1.80	18.49 X 29.26 0.90 1.70
-1/2*Φ	5.08 X 4.00 -4.50 7.10	5.85 X 5.59 -1.30 3.40	7.04 X 8.10 -0.40 2.40	8.81 X 11.45 0.00 2.10	11.37 X 17.12 0.39 1.75	15.19 X 25.87 0.69 1.56	21.12 X 39.67 0.99 1.40
-2/3*Φ	5.90 X 5.07 -1.60 3.70	6.82 X 7.06 -0.60 2.60	8.19 X 10.16 -0.05 2.01	10.17 X 14.61 0.30 1.70	12.99 X 21.45 0.56 1.49	17.12 X 31.79 0.82 1.31	23.38 X 47.53 1.08 1.16
-Φ	7.59 X 8.37 -0.21 2.02	8.69 X 11.27 0.10 1.70	10.23 X 16.23 0.37 1.38	12.38 X 21.65 0.60 1.20	15.32 X 30.38 0.80 1.00	19.31 X 48.29 0.90 0.90	25.22 X 62.50 1.15 0.71

C.red = 0.01 Φ = 35
β = 15.00

α / δ	-30	-20	-10	0	10	20	30
0	3.61 V 2.71 11.90 -8.00	4.00 E 3.51 47.80	4.69 X 4.82 -3.70 5.20	5.77 X 6.86 -1.40 3.20	7.42 X 10.09 -0.50 2.50	9.97 X 15.74 0.01 2.16	14.10 X 25.01 0.43 2.00
-1/3*Φ	5.13 X 4.02 -6.13 7.21	5.81 X 5.53 -1.90 3.50	6.90 X 7.89 -0.77 2.51	8.55 X 11.32 -0.20 2.10	10.97 X 17.02 0.19 1.83	14.63 X 25.77 0.52 1.66	20.36 X 40.77 0.83 1.53
-1/2*Φ	6.04 X 5.10 -2.28 3.78	6.87 X 7.00 -1.00 2.70	8.16 X 10.10 -0.31 2.09	10.06 X 14.45 0.10 1.80	12.81 X 21.63 0.40 1.59	16.88 X 32.87 0.70 1.40	23.18 X 48.32 0.97 1.32
-2/3*Φ	7.02 X 6.55 -1.10 2.71	7.98 X 9.17 -0.41 2.10	9.43 X 13.00 0.00 1.77	11.50 X 19.59 0.30 1.50	14.56 X 24.72 0.60 1.40	18.75 X 41.26 0.80 1.20	25.33 X 56.82 1.07 1.10
-Φ	8.92 X 11.42 -0.10 1.70	9.96 X 15.27 0.15 1.47	11.53 X 19.46 0.40 1.30	13.63 X 27.36 0.60 1.10	16.68 X 32.91 0.80 1.00	20.50 X 52.81 0.93 0.82	26.27 X 83.56 1.10 0.60

C.red = 0.01 Φ = 35
β = 20.00

α / δ	-30	-20	-10	0	10	20	30
0	4.14 V 3.24 25.10 -15.60	4.58 X 4.37 -5.50 5.40	5.34 X 6.04 -2.09 3.14	6.54 X 8.52 -1.00 2.50	8.36 X 12.38 -0.40 2.20	11.15 X 19.63 0.06 1.95	15.70 X 31.37 0.40 1.90
-1/3*Φ	5.98 X 5.12 -3.00 3.70	6.71 X 7.08 -1.32 2.57	7.90 X 10.01 -0.59 2.11	9.66 X 14.51 -0.13 1.84	12.28 X 21.25 0.21 1.68	16.23 X 31.04 0.50 1.60	22.37 X 49.22 0.80 1.50
-1/2*Φ	7.06 X 6.59 -1.54 2.71	7.93 X 9.35 -0.70 2.10	9.30 X 13.04 -0.22 1.82	11.30 X 18.59 0.12 1.63	14.21 X 26.93 0.41 1.48	18.51 X 39.16 0.68 1.36	25.09 X 59.07 0.96 1.24
-2/3*Φ	8.20 X 8.53 -0.80 2.20	9.16 X 12.16 -0.30 1.80	10.65 X 16.90 0.04 1.58	12.79 X 25.03 0.30 1.40	15.88 X 33.16 0.56 1.29	20.33 X 47.22 0.80 1.16	27.10 X 66.73 1.06 1.04
-Φ	10.21 X 15.02 -0.09 1.55	11.17 X 19.99 0.17 1.35	12.61 X 26.82 0.38 1.18	14.66 X 35.24 0.57 1.04	17.41 X 56.01 0.70 0.90	21.53 X 61.17 0.92 0.78	27.42 X 73.33 1.12 0.62

Typ : X = Konvex V = Konkav E = Eben

Kreisgleitfläche

Kpr Typ Kpc xm ym	bzw. für Typ = E	Kpr E Kpc Theta (°)

C.red = 0.01 Φ = 35
β = 25.00

δ \ α	-30	-20	-10	0	10	20	30
0	4.71 X 4.01 -11.70 7.70	5.18 X 5.50 -3.00 3.10	6.02 X 7.58 -1.51 2.41	7.32 X 10.89 -0.76 2.07	9.30 X 16.16 -0.28 1.89	12.37 X 24.22 0.10 1.80	17.29 X 37.89 0.46 1.74
-1/3*Φ	6.88 X 6.65 -2.00 2.60	7.64 X 9.09 -1.01 2.12	8.91 X 12.47 -0.50 1.90	10.78 X 18.32 -0.08 1.68	13.56 X 26.44 0.24 1.56	17.72 X 38.93 0.53 1.47	24.23 X 57.50 0.84 1.39
-1/2*Φ	8.12 X 8.63 -1.16 2.18	9.01 X 11.64 -0.60 1.90	10.42 X 16.63 -0.16 1.65	12.51 X 23.38 0.15 1.51	15.54 X 34.16 0.40 1.40	20.04 X 47.00 0.68 1.30	27.11 X 61.80 1.00 1.20
-2/3*Φ	9.39 X 11.35 -0.70 1.90	10.33 X 15.51 -0.23 1.65	11.83 X 21.30 0.07 1.47	14.09 X 27.43 0.30 1.40	17.22 X 39.79 0.60 1.20	21.73 X 55.81 0.80 1.11	28.70 X 76.31 1.06 1.00
-Φ	11.43 X 20.79 0.00 1.40	12.25 X 25.79 0.19 1.26	13.61 X 33.06 0.39 1.12	15.68 X 39.63 0.60 1.00	18.37 X 59.74 0.70 0.90	22.27 X 68.27 0.92 0.72	28.23 X 76.07 1.11 0.59

C.red = 0.01 Φ = 35
β = 30.00

δ \ α	-30	-20	-10	0	10	20	30
0	5.30 X 5.11 -4.40 3.14	5.81 X 6.89 -2.12 2.33	6.71 X 9.70 -1.20 2.00	8.12 X 13.63 -0.63 1.85	10.25 X 21.03 -0.20 1.70	13.58 X 30.06 0.13 1.69	18.90 X 46.10 0.47 1.66
-1/3*Φ	7.79 X 8.60 -1.51 2.11	8.58 X 11.73 -0.82 1.85	9.90 X 16.14 -0.40 1.70	11.85 X 24.92 0.00 1.50	14.78 X 33.63 0.26 1.46	19.13 X 52.54 0.50 1.40	26.02 X 67.22 0.84 1.33
-1/2*Φ	9.18 X 11.34 -0.94 1.88	10.06 X 15.36 -0.46 1.68	11.49 X 22.30 -0.10 1.50	13.67 X 28.93 0.17 1.43	16.82 X 39.67 0.43 1.34	21.46 X 55.31 0.69 1.25	28.62 X 77.20 0.97 1.16
-2/3*Φ	10.54 X 15.04 -0.54 1.69	11.44 X 20.23 -0.18 1.51	12.94 X 26.68 0.10 1.39	15.15 X 35.66 0.34 1.28	18.35 X 47.53 0.57 1.18	22.98 X 65.25 0.80 1.07	30.10 X 86.37 1.06 0.97
-Φ	12.45 X 29.83 0.00 1.30	13.20 X 32.39 0.21 1.20	14.46 X 40.10 0.40 1.08	16.35 X 50.33 0.57 0.96	19.06 X 61.11 0.75 0.83	22.98 X 67.91 0.92 0.71	28.84 X 79.17 1.11 0.57

C.red = 0.01 Φ = 35
β = 35.00

δ \ α	-30	-20	-10	0	10	20	30
0	5.90 X 6.53 -2.90 2.20	6.44 X 8.74 -1.65 1.92	7.42 X 11.87 -1.00 1.80	8.93 X 17.02 -0.53 1.69	11.29 X 23.01 -0.20 1.70	14.87 X 34.42 0.20 1.60	20.56 X 52.63 0.50 1.60
-1/3*Φ	8.70 X 11.43 -1.20 1.80	9.50 X 15.05 -0.69 1.67	10.86 X 20.52 -0.31 1.57	12.96 X 27.24 0.00 1.50	16.00 X 39.33 0.30 1.40	20.63 X 56.80 0.60 1.30	27.70 X 77.93 0.85 1.29
-1/2*Φ	10.22 X 14.84 -0.80 1.70	11.07 X 19.88 -0.38 1.55	12.59 X 24.48 -0.10 1.50	14.83 X 32.28 0.20 1.40	17.98 X 51.16 0.40 1.30	22.75 X 65.11 0.70 1.20	30.23 X 85.11 1.00 1.10
-2/3*Φ	11.66 X 18.93 -0.50 1.60	12.45 X 27.23 -0.10 1.40	13.90 X 37.58 0.10 1.30	16.17 X 42.45 0.36 1.24	19.40 X 55.01 0.58 1.14	24.14 X 71.83 0.81 1.05	31.57 X 82.39 1.10 0.90
-Φ	13.44 X 32.78 0.00 1.30	14.08 X 36.20 0.20 1.20	15.14 X 47.71 0.41 1.05	16.91 X 63.09 0.60 0.90	19.60 X 63.85 0.75 0.81	23.49 X 69.63 0.92 0.69	29.38 X 78.37 1.11 0.56

Typ : X = Konvex V = Konkav E = Eben

Kreisgleitfläche

Kpr Typ Kpc xm ym	bzw. für Typ = E	Kpr E Kpc Theta (°)

C.red = 0.01 Φ = 40
β = -40.00

α / δ	-30	-20	-10	0	10	20	30
0	0.23 X 2.46 30.40 46.00	0.36 E 2.78 -31.40	0.50 E 3.28 -31.23	0.66 E 3.94 -31.32	0.87 E 4.90 -31.67	1.18 E 6.41 -32.24	1.64 E 8.95 -33.00
-1/3*Φ	0.20 X 2.54 12.00 16.30	0.35 X 3.08 100.00 154.50	0.50 E 3.82 -32.33	0.69 E 4.84 -32.55	0.95 E 6.39 -32.98	1.35 E 0.93 -33.60	1.99 E 13.55 -34.38
-1/2*Φ	0.20 X 2.57 9.20 11.90	0.34 X 3.33 42.60 62.50	0.51 E 4.16 -32.77	0.72 E 5.43 -33.04	1.02 E 7.42 -33.52	1.48 E 10.83 -34.17	2.28 X 16.95 136.50 184.50
-2/3*Φ	0.19 X 2.63 8.10 10.10	0.35 X 3.56 35.60 50.80	0.53 X 4.58 117.00 174.50	0.76 E 6.19 -33.49	1.11 E 8.79 -34.02	1.67 E 13.49 -34.71	2.69 X 20.92 73.10 91.90
-Φ	0.19 X 2.70 6.10 7.10	0.37 X 4.01 18.10 23.70	0.58 X 5.82 40.10 54.50	0.90 X 8.20 43.62 57.86	1.40 X 12.41 47.62 60.70	2.32 X 19.21 41.10 48.70	4.31 X 30.88 34.94 37.80

C.red = 0.01 Φ = 40
β = -35.00

α / δ	-30	-20	-10	0	10	20	30
0	0.49 E 1.29 -17.92	0.66 E 1.46 -16.22	0.84 E 1.71 -15.54	1.08 E 2.08 -15.68	1.40 E 2.66 -16.48	1.89 E 3.59 -17.80	2.69 E 5.19 -19.53
-1/3*Φ	0.48 E 1.48 -20.36	0.68 E 1.77 -19.15	0.91 E 2.17 -18.80	1.22 E 2.78 -19.15	1.67 E 3.76 -20.07	2.41 E 5.45 -21.45	3.74 E 8.66 -23.22
-1/2*Φ	0.48 E 1.59 -21.25	0.70 E 1.95 -20.25	0.96 E 2.46 -20.07	1.33 E 3.26 -20.54	1.88 E 4.57 -21.55	2.82 E 6.96 -23.01	4.63 X 10.38 15.20 28.00
-2/3*Φ	0.49 E 1.72 -22.02	0.73 E 2.17 -21.23	1.03 E 2.83 -21.20	1.47 E 3.88 -21.80	2.16 E 5.70 -22.92	3.41 X 8.34 14.80 28.00	5.82 X 12.28 8.26 12.20
-Φ	0.53 X 2.06 6.80 13.70	0.84 X 2.79 26.60 60.00	1.26 X 3.85 22.60 49.50	1.92 X 5.49 12.20 23.70	3.08 X 7.86 7.40 11.90	5.22 X 11.34 5.37 6.77	9.34 X 16.43 4.30 4.00

C.red = 0.01 Φ = 40
β = -30.00

α / δ	-30	-20	-10	0	10	20	30
0	0.74 V 0.68 1.10 -6.00	0.92 V 0.93 1.26 -9.20	1.14 V 1.18 1.42 -10.00	1.43 E 1.94 -5.56	1.84 E 2.58 -7.32	2.50 E 3.61 -9.58	3.63 E 5.43 -12.22
-1/3*Φ	0.77 E 1.31 -9.65	1.00 E 1.60 -8.96	1.30 E 2.04 -9.32	1.71 E 2.71 -10.46	2.35 E 3.81 -12.20	3.46 E 5.79 -14.41	5.56 X 8.79 8.12 21.18
-1/2*Φ	0.79 E 1.45 -11.22	1.06 E 1.82 -10.73	1.41 E 2.37 -11.22	1.92 E 3.26 -12.44	2.75 E 4.78 -14.24	4.24 X 7.11 8.80 25.10	7.04 X 10.68 4.80 9.20
-2/3*Φ	0.83 E 1.62 -12.57	1.14 E 2.09 -12.28	1.56 E 2.81 -12.91	2.20 E 4.01 -14.24	3.30 X 5.86 9.60 28.80	5.25 X 8.64 4.80 9.70	8.89 X 12.97 3.74 5.30
-Φ	0.94 X 2.07 17.40 62.40	1.38 X 2.84 17.40 61.60	2.02 X 4.00 6.80 20.00	3.07 X 5.72 4.14 9.32	4.87 X 8.29 3.20 5.20	8.02 X 12.17 2.78 3.26	13.55 X 18.37 2.62 2.13

Typ : X = Konvex V = Konkav E = Eben

Kreisgleitfläche

Kpr Typ Kpc xm ym	bzw. für Typ = E	Kpr E Kpc Theta (°)

C.red = 0.01 Φ = 40
β = -25.00

δ \ α	-30	-20	-10	0	10	20	30
0	0.96 V 0.87 1.28 -5.90	1.14 V 1.06 1.41 -5.78	1.38 V 1.33 1.58 -6.16	1.74 V 1.83 1.90 -10.40	2.32 E 2.79 -0.47	3.18 E 4.02 -3.51	4.75 E 6.26 -6.85
-1/3*Φ	1.09 V 1.09 1.50 -12.00	1.36 V 1.34 1.50 -8.40	1.73 E 2.16 -1.75	2.28 E 2.95 -3.71	3.16 E 4.30 -6.20	4.76 X 6.48 5.30 25.50	7.71 X 9.87 3.20 8.30
-1/2*Φ	1.16 E 1.49 -2.47	1.48 E 1.92 -2.83	1.93 E 2.57 -4.13	2.63 E 3.64 -6.12	3.83 X 5.38 5.70 30.00	5.95 X 8.00 3.12 8.98	9.80 X 12.36 2.80 5.10
-2/3*Φ	1.23 E 1.70 -4.36	1.63 E 2.25 -4.87	2.20 E 3.11 -6.27	3.12 X 4.51 6.10 34.50	4.70 X 6.58 3.00 9.50	7.43 X 9.87 2.60 5.20	12.30 X 15.34 2.52 3.33
-Φ	1.47 E 2.30 -7.58	2.08 X 3.20 4.50 24.40	3.01 X 4.54 2.56 8.98	4.51 X 6.57 2.14 4.96	6.98 X 9.68 2.01 3.17	11.06 X 14.59 1.99 2.16	17.78 X 22.61 2.05 1.51

C.red = 0.01 Φ = 40
β = -20.00

δ \ α	-30	-20	-10	0	10	20	30
0	1.24 V 1.06 1.90 -6.80	1.41 V 1.30 1.74 -5.96	1.68 V 1.63 1.84 -6.25	2.10 V 2.14 2.00 -7.19	2.81 V 3.10 2.70 -17.20	3.99 V 4.68 4.70 -148.00	6.13 X 7.24 2.20 22.56
-1/3*Φ	1.41 V 1.27 1.66 -6.76	1.73 V 1.65 1.82 -7.60	2.20 V 2.34 2.18 -14.80	2.94 V 3.37 5.50 -124.00	4.17 X 5.04 2.60 69.00	6.34 X 7.53 1.94 9.32	10.20 X 11.78 2.10 5.13
-1/2*Φ	1.55 V 1.49 1.90 -10.40	1.96 V 2.04 2.30 -17.60	2.56 V 2.91 5.50 -128.00	3.53 E 4.28 -0.90	5.17 X 6.24 1.70 9.50	7.99 X 9.49 1.86 5.12	12.93 X 15.06 2.06 3.48
-2/3*Φ	1.73 V 1.89 4.70 -81.60	2.23 V 2.54 5.50 -160.00	3.00 E 3.64 -0.72	4.28 X 5.27 1.70 11.30	6.40 X 7.79 1.70 5.30	9.94 X 11.98 1.80 3.40	16.02 X 19.00 2.00 2.47
-Φ	2.16 X 2.69 1.40 27.00	2.98 X 3.78 1.33 9.74	4.25 X 5.43 1.40 5.20	6.25 X 7.99 1.40 3.10	9.38 X 11.91 1.52 2.26	14.27 X 18.43 1.60 1.60	22.01 X 28.45 1.77 1.19

C.red = 0.01 Φ = 40
β = -15.00

δ \ α	-30	-20	-10	0	10	20	30
0	1.55 V 1.15 3.50 -8.00	1.74 V 1.45 2.88 -7.10	2.05 V 1.90 2.55 -6.98	2.57 V 2.58 2.70 -8.40	3.45 V 3.72 3.10 -12.80	5.00 E 5.60 5.42	7.76 X 8.57 1.00 9.20
-1/3*Φ	1.83 V 1.55 2.38 -7.48	2.19 V 2.05 2.22 -7.28	2.79 V 2.79 2.70 -10.80	3.78 V 4.03 9.50 -75.20	5.42 X 5.93 0.40 11.70	8.19 X 9.08 1.21 5.40	13.03 X 14.56 1.62 3.68
-1/2*Φ	2.04 V 1.79 2.30 -8.00	2.54 V 2.44 2.70 -11.20	3.34 V 3.48 9.10 -70.40	4.64 X 5.05 0.10 13.92	6.78 X 7.53 1.03 5.55	10.33 X 11.68 1.40 3.60	16.39 X 18.87 1.71 2.70
-2/3*Φ	2.31 V 2.15 2.30 -9.60	2.98 V 3.03 9.10 -70.40	4.02 X 4.32 -0.18 15.22	5.70 X 6.33 0.88 5.75	8.39 X 9.61 1.20 3.50	12.76 X 14.80 1.50 2.60	19.99 X 24.50 1.70 2.00
-Φ	3.06 X 3.24 -0.10 11.90	4.13 X 4.60 0.60 5.70	5.77 X 6.73 0.90 3.40	8.26 X 9.96 1.13 2.40	11.99 X 14.88 1.30 1.80	17.58 X 23.13 1.43 1.35	26.14 X 36.08 1.60 1.00

Typ : X = Konvex V = Konkav E = Eben

Kreisgleitfläche

Kpr Typ Kpc xm ym	bzw. für Typ = E	Kpr E Kpc Theta (°)

C.red = 0.01 Φ = 40
β = -10.00

δ \ α	-30	-20	-10	0	10	20	30
0	1.88 V 1.31 5.10 -8.80	2.10 V 1.64 4.30 -8.16	2.48 V 2.17 3.90 -8.40	3.12 V 3.02 3.68 -9.10	4.26 V 4.40 9.10 -34.00	6.21 X 6.60 -0.90 12.10	9.62 X 10.44 0.72 5.64
-1/3*Φ	2.33 V 1.79 3.90 -9.20	2.78 V 2.33 3.90 -9.60	3.54 V 3.35 4.30 -13.60	4.82 X 4.81 -2.47 18.14	6.89 X 7.20 0.30 6.03	10.32 X 11.13 1.00 3.90	16.15 X 18.45 1.37 2.91
-1/2*Φ	2.64 V 2.13 3.50 -9.16	3.28 V 2.93 3.90 -11.88	4.33 X 4.17 -3.70 23.20	5.99 X 6.13 0.10 6.40	8.64 X 9.32 0.80 3.80	12.95 X 14.72 1.17 2.81	20.11 X 24.26 1.50 2.20
-2/3*Φ	3.06 V 2.59 3.82 -11.84	3.92 X 3.64 -5.60 31.66	5.27 X 5.27 -0.10 6.80	7.37 X 7.85 0.64 3.86	10.65 X 12.02 1.01 2.74	15.82 X 18.86 1.30 2.10	24.13 X 30.61 1.57 1.71
-Φ	4.19 X 4.04 -0.20 6.30	5.55 X 5.78 0.40 3.80	7.56 X 8.49 0.75 2.60	10.50 X 12.40 1.00 2.00	14.73 X 20.19 1.10 1.40	20.90 X 29.62 1.30 1.20	30.07 X 45.51 1.50 0.88

C.red = 0.01 Φ = 40
β = -5.00

δ \ α	-30	-20	-10	0	10	20	30
0	2.25 V 1.50 7.10 -9.60	2.50 V 1.90 5.90 -9.20	2.97 V 2.54 5.10 -9.20	3.80 V 3.60 5.10 -10.80	5.23 X 5.24 -5.30 20.50	7.60 X 8.05 -0.31 6.13	11.70 X 13.01 0.63 4.12
-1/3*Φ	2.91 V 2.07 5.90 -10.80	3.47 V 2.84 5.10 -10.80	4.46 X 3.99 -29.10 90.36	6.05 X 5.86 -0.90 7.22	8.58 X 8.95 0.29 4.11	12.68 X 14.19 0.83 3.03	19.54 X 24.48 1.20 2.40
-1/2*Φ	3.38 V 2.55 5.10 -10.80	4.20 E 3.53 18.80	5.51 X 5.11 -1.20 7.80	7.55 X 7.63 0.13 4.20	10.75 X 11.76 0.68 2.97	15.84 X 18.06 1.10 2.40	24.03 X 30.97 1.38 1.93
-2/3*Φ	4.01 V 3.15 26.30 -74.00	5.08 X 4.49 -1.58 8.72	6.75 X 6.59 -0.01 4.31	9.28 X 9.94 0.55 2.93	13.14 X 15.20 0.90 2.30	19.06 X 23.42 1.20 1.90	28.35 X 38.97 1.47 1.52
-Φ	5.59 X 5.12 -0.19 4.27	7.22 X 7.41 0.30 2.90	9.58 X 10.79 0.70 2.10	12.87 X 16.37 0.87 1.63	17.50 X 24.64 1.05 1.30	24.06 X 37.28 1.23 1.03	33.70 X 56.80 1.43 0.79

C.red = 0.01 Φ = 40
β = 0.00

δ \ α	-30	-20	-10	0	10	20	30
0	2.65 V 1.75 8.70 -10.00	2.95 V 2.23 7.10 -9.60	3.54 V 3.01 6.70 -10.40	4.60 E 4.29 25.00	6.33 X 6.39 -1.75 7.39	9.16 X 10.00 -0.12 4.30	14.00 X 16.43 0.60 3.30
-1/3*Φ	3.59 V 2.47 7.90 -12.00	4.32 V 3.42 45.50 -92.00	5.54 X 4.90 -3.00 9.70	7.47 X 7.30 -0.50 4.60	10.48 X 11.25 0.30 3.20	15.26 X 18.18 0.76 2.54	23.13 X 30.08 1.16 2.17
-1/2*Φ	4.29 V 3.07 21.50 -40.00	5.30 X 4.36 -4.00 11.72	6.89 X 6.39 -0.68 4.77	9.33 X 9.67 0.17 3.17	13.06 X 15.03 0.62 2.46	18.84 X 23.93 0.98 2.04	28.07 X 40.64 1.30 1.70
-2/3*Φ	5.15 X 3.92 -5.00 13.74	6.46 X 5.64 -0.90 5.10	8.45 X 8.40 0.05 3.19	11.40 X 12.75 0.51 2.40	15.78 X 20.47 0.80 1.90	22.35 X 30.87 1.11 1.63	32.55 X 49.02 1.40 1.38
-Φ	7.24 X 6.65 -0.12 3.15	9.11 X 9.68 0.32 2.28	11.73 X 14.26 0.60 1.78	15.31 X 21.13 0.81 1.44	20.23 X 30.68 1.00 1.20	27.15 X 43.63 1.20 1.00	37.10 X 66.54 1.40 0.70

Typ : X = Konvex V = Konkav E = Eben

Kreisgleitfläche

Kpr Typ Kpc xm ym	bzw. für Typ = E	Kpr E Kpc Theta (°)

C.red = 0.01 Φ = 40
β = 5.00

α / δ	-30	-20	-10	0	10	20	30
0	3.09 V 2.06 10.70 -10.40	3.47 V 2.63 8.94 -10.28	4.23 V 3.61 11.10 -15.60	5.52 X 5.23 -4.70 10.50	7.56 X 7.91 -1.00 4.70	10.88 X 12.60 -0.01 3.37	16.50 X 20.83 0.60 2.80
-1/3*Φ	4.40 V 2.99 9.90 -13.20	5.32 X 4.19 -9.30 17.80	6.79 X 6.13 -1.52 5.23	9.06 X 9.28 -0.30 3.40	12.55 X 14.44 0.31 2.64	18.02 X 23.18 0.73 2.23	26.90 X 38.34 1.10 2.00
-1/2*Φ	5.37 X 3.82 -15.18 27.44	6.59 X 5.47 -1.90 5.80	8.47 X 8.17 -0.40 3.40	11.29 X 12.42 0.20 2.59	15.53 X 19.23 0.60 2.14	21.98 X 32.54 0.90 1.80	32.19 X 49.17 1.27 1.61
-2/3*Φ	6.51 X 4.99 -2.17 6.11	8.05 X 7.34 -0.50 3.40	10.35 X 10.76 0.10 2.60	13.68 X 16.42 0.49 2.07	18.52 X 25.53 0.80 1.70	25.68 X 39.09 1.07 1.49	36.83 X 55.64 1.40 1.30
-Φ	9.14 X 8.78 -0.06 2.52	11.17 X 12.71 0.31 1.95	13.96 X 18.62 0.57 1.57	17.75 X 26.36 0.80 1.30	22.76 X 40.03 0.96 1.07	30.04 X 49.97 1.20 0.90	39.85 X 84.74 1.34 0.67

C.red = 0.01 Φ = 40
β = 10.00

α / δ	-30	-20	-10	0	10	20	30
0	3.60 V 2.43 12.22 -10.48	4.09 V 3.14 11.10 -11.20	5.03 X 4.40 -15.10 21.90	6.54 X 6.49 -2.20 5.30	8.93 X 9.99 -0.65 3.48	12.77 X 15.83 0.10 2.80	19.18 X 26.93 0.57 2.51
-1/3*Φ	5.39 E 3.69 37.84	6.48 X 5.27 -3.10 6.30	8.20 X 7.77 -1.00 3.70	10.81 X 11.86 -0.17 2.76	14.78 X 18.52 0.32 2.30	20.91 X 29.65 0.71 2.01	30.75 X 48.20 1.09 1.82
-1/2*Φ	6.64 X 4.83 -4.00 7.44	8.05 X 7.03 -1.17 3.83	10.21 X 10.49 -0.27 2.76	13.41 X 15.75 0.20 2.30	18.12 X 24.73 0.59 1.92	25.20 X 38.75 0.91 1.69	36.22 X 66.99 1.20 1.50
-2/3*Φ	8.08 X 6.46 -1.36 4.00	9.83 X 9.42 -0.38 2.80	12.41 X 13.67 0.10 2.30	16.06 X 21.61 0.50 1.80	21.29 X 32.15 0.77 1.59	28.95 X 52.42 1.00 1.40	40.58 X 74.37 1.33 1.20
-Φ	11.20 X 11.73 -0.01 2.13	13.32 X 17.23 0.30 1.70	16.19 X 24.23 0.55 1.43	20.14 X 32.39 0.80 1.20	25.08 X 54.66 0.90 1.00	32.18 X 69.17 1.12 0.82	42.18 X 103.84 1.30 0.60

C.red = 0.01 Φ = 40
β = 15.00

α / δ	-30	-20	-10	0	10	20	30
0	4.18 V 2.88 13.98 -10.64	4.82 E 3.84 44.69	5.93 X 5.48 -4.12 6.32	7.68 X 8.12 -1.50 3.80	10.41 X 12.72 -0.46 2.85	14.78 X 20.47 0.10 2.50	22.03 X 34.34 0.58 2.28
-1/3*Φ	6.52 X 4.65 -7.10 9.40	7.78 X 6.68 -2.00 4.20	9.75 X 10.03 -0.70 2.89	12.70 X 15.30 -0.09 2.37	17.14 X 24.04 0.30 2.10	23.87 X 38.30 0.70 1.84	34.74 X 57.08 1.10 1.70
-1/2*Φ	8.08 X 6.25 -2.22 4.35	9.68 X 9.12 -0.83 2.96	12.10 X 13.42 -0.20 2.40	15.62 X 20.61 0.25 2.00	20.76 X 31.54 0.58 1.76	28.39 X 48.91 0.89 1.57	40.16 X 81.06 1.20 1.40
-2/3*Φ	9.84 X 8.42 -1.00 3.10	11.75 X 12.38 -0.26 2.35	14.54 X 18.72 0.20 1.90	18.46 X 27.29 0.48 1.69	24.16 X 37.35 0.80 1.50	32.07 X 60.82 1.02 1.30	44.16 X 96.56 1.30 1.10
-Φ	13.37 X 15.77 0.03 1.87	15.47 X 22.24 0.32 1.56	18.33 X 31.23 0.55 1.32	22.14 X 43.40 0.74 1.13	27.23 X 59.66 0.92 0.95	34.27 X 81.55 1.11 0.78	44.41 X 99.63 1.31 0.58

Typ : X = Konvex V = Konkav E = Eben

Kreisgleitfläche

Kpr Typ Kpc xm ym	bzw. für Typ = E	Kpr E Kpc Theta (°)

C.red = 0.01 Φ = 40
β = 20.00

α / δ	-30	-20	-10	0	10	20	30
0	4.87 V 3.44 16.30 -11.20	5.64 X 4.77 -7.90 8.30	6.92 X 6.92 -2.41 3.92	8.91 X 10.41 -1.04 2.91	12.00 X 16.36 -0.34 2.46	16.95 X 26.00 0.20 2.20	25.03 X 43.85 0.60 2.10
-1/3*Φ	7.80 X 6.01 -3.30 4.62	9.21 X 8.79 -1.30 3.00	11.41 X 13.16 -0.50 2.40	14.68 X 19.67 -0.03 2.12	19.60 X 29.07 0.40 1.90	26.84 X 50.78 0.70 1.70	38.67 X 69.60 1.10 1.60
-1/2*Φ	9.68 X 8.19 -1.55 3.21	11.43 X 12.29 -0.60 2.40	14.07 X 17.67 -0.11 2.09	17.89 X 26.51 0.27 1.84	0.00 E 999.99 20.00	31.58 X 58.35 0.90 1.50	44.18 X 88.06 1.20 1.40
-2/3*Φ	11.75 X 11.25 -0.74 2.53	13.78 X 16.28 -0.18 2.07	16.72 X 23.74 0.19 1.79	20.84 X 35.17 0.48 1.57	26.66 X 50.24 0.75 1.40	34.91 X 82.53 1.00 1.20	47.69 X 104.00 1.30 1.09
-Φ	15.55 X 21.21 0.07 1.70	17.60 X 27.68 0.30 1.50	0.00 E 999.99 20.00	24.07 X 55.54 0.70 1.10	28.95 X 77.59 0.90 0.90	35.94 X 91.82 1.09 0.73	46.31 X 100.90 1.30 0.60

C.red = 0.01 Φ = 40
β = 25.00

α / δ	-30	-20	-10	0	10	20	30
0	5.66 X 4.29 -24.18 17.18	6.54 X 6.00 -4.30 4.60	7.98 X 8.81 -1.72 2.97	10.24 X 13.00 -0.80 2.50	13.72 X 20.13 -0.30 2.30	19.15 X 33.87 0.19 2.06	28.13 X 54.77 0.60 2.00
-1/3*Φ	9.19 X 7.84 -2.21 3.26	10.75 X 11.46 -1.03 2.51	13.16 X 16.81 -0.42 2.17	16.73 X 25.29 0.02 1.94	21.98 X 38.17 0.37 1.79	29.95 X 55.92 0.70 1.70	42.69 X 75.85 1.10 1.60
-1/2*Φ	11.40 X 10.83 -1.19 2.62	13.28 X 15.65 -0.50 2.18	16.10 X 22.90 -0.06 1.91	20.14 X 34.42 0.29 1.70	26.07 X 46.22 0.60 1.60	34.55 X 71.88 0.89 1.44	47.62 X 109.16 1.20 1.30
-2/3*Φ	13.76 X 14.97 -0.59 2.21	15.86 X 20.86 -0.10 1.90	18.88 X 30.44 0.21 1.67	23.14 X 43.80 0.49 1.49	29.31 X 60.26 0.80 1.30	37.77 X 85.84 1.01 1.20	51.06 X 110.98 1.30 1.10
-Φ	17.64 X 28.20 0.10 1.58	19.45 X 37.46 0.34 1.37	22.06 X 50.23 0.55 1.19	25.67 X 64.51 0.73 1.03	30.62 X 83.04 0.90 0.90	37.46 X 91.46 1.10 0.70	47.63 X 103.96 1.30 0.50

C.red = 0.01 Φ = 40
β = 30.00

α / δ	-30	-20	-10	0	10	20	30
0	6.52 X 5.46 -6.50 4.90	7.50 X 7.67 -2.70 3.10	9.12 X 11.29 -1.34 2.46	11.63 X 17.01 -0.67 2.20	15.47 X 26.33 -0.19 2.05	21.49 X 41.78 0.22 1.96	31.33 X 66.82 0.62 1.91
-1/3*Φ	10.68 X 10.32 -1.67 2.62	12.38 X 14.23 -0.90 2.30	14.97 X 21.65 -0.33 1.98	18.84 X 31.58 0.10 1.80	24.41 X 47.44 0.39 1.70	32.78 X 72.90 0.70 1.60	45.95 X 103.39 1.07 1.50
-1/2*Φ	13.22 X 14.21 -1.00 2.30	15.17 X 20.49 -0.41 1.98	18.13 X 29.40 -0.02 1.78	22.32 X 45.47 0.30 1.60	28.46 X 60.66 0.60 1.50	37.40 X 84.93 0.89 1.39	51.20 X 117.13 1.20 1.30
-2/3*Φ	15.80 X 20.05 -0.48 1.99	17.87 X 27.84 -0.08 1.76	20.98 X 38.79 0.20 1.60	25.31 X 53.05 0.50 1.43	31.44 X 72.53 0.76 1.30	40.39 X 95.71 1.00 1.20	53.49 X 130.50 1.30 1.00
-Φ	19.56 X 37.48 0.10 1.50	21.13 X 47.92 0.36 1.30	23.59 X 60.51 0.55 1.15	26.96 X 85.93 0.70 1.00	31.60 X 104.55 0.90 0.80	38.55 X 96.64 1.09 0.69	48.75 X 101.83 1.30 0.50

Typ : X = Konvex V = Konkav E = Eben

Kreisgleitfläche

Kpr Typ	bzw.	Kpr E
Kpc xm ym	für Typ = E	Kpc Theta (°)

C.red = 0.01 Φ = 40
β = 35.00

α / δ	-30	-20	-10	0	10	20	30
0	7.43 X 7.10 -3.68 2.98	8.52 X 9.96 -1.97 2.43	10.31 X 15.28 -1.10 2.10	13.08 X 21.81 -0.56 2.01	17.31 X 33.09 -0.10 1.90	23.87 X 51.67 0.25 1.87	34.58 X 80.39 0.64 1.84
-1/3*Φ	12.24 X 13.66 -1.36 2.26	14.01 X 19.52 -0.70 2.00	16.78 X 27.87 -0.27 1.85	20.81 X 41.95 0.10 1.70	26.78 X 57.74 0.41 1.63	35.65 X 82.82 0.73 1.54	49.42 X 119.09 1.07 1.46
-1/2*Φ	15.05 X 19.06 -0.81 2.05	17.05 X 26.62 -0.34 1.84	20.10 X 37.16 0.02 1.69	24.51 X 51.62 0.33 1.57	30.76 X 73.96 0.61 1.44	40.05 X 98.09 0.90 1.35	54.02 X 141.68 1.21 1.22
-2/3*Φ	17.80 X 26.41 -0.40 1.85	19.82 X 35.68 -0.04 1.66	22.89 X 48.73 0.25 1.51	27.31 X 63.67 0.51 1.38	33.98 X 70.49 0.80 1.30	42.18 X 131.16 1.00 1.10	55.85 X 134.63 1.30 0.97
-Φ	21.26 X 50.71 0.20 1.40	22.85 X 50.09 0.40 1.30	25.01 X 69.15 0.60 1.10	28.22 X 91.72 0.70 1.00	32.59 X 102.86 0.90 0.80	39.43 X 98.59 1.09 0.67	49.27 X 113.72 1.28 0.50

C.red = 0.01 Φ = 40
β = 40.00

α / δ	-30	-20	-10	0	10	20	30
0	8.38 X 9.32 -2.70 2.30	9.59 X 12.92 -1.60 2.09	11.55 X 18.65 -0.95 1.96	14.58 X 27.11 -0.50 1.90	19.16 X 41.53 -0.09 1.83	26.30 X 61.95 0.28 1.80	38.23 X 82.66 0.70 1.80
-1/3*Φ	13.82 X 18.07 -1.15 2.03	15.67 X 25.11 -0.62 1.87	18.52 X 39.03 -0.20 1.70	22.84 X 49.24 0.12 1.66	29.07 X 68.80 0.43 1.58	38.32 X 95.98 0.74 1.50	52.71 X 133.83 1.10 1.40
-1/2*Φ	16.86 X 25.20 -0.70 1.90	18.96 X 31.11 -0.30 1.80	21.97 X 47.16 0.05 1.61	26.68 X 59.56 0.40 1.50	32.99 X 82.99 0.62 1.42	42.32 X 119.29 0.90 1.30	56.68 X 157.22 1.20 1.20
-2/3*Φ	19.65 X 37.98 -0.30 1.70	21.61 X 46.34 0.00 1.58	24.68 X 58.84 0.27 1.46	29.33 X 68.59 0.50 1.40	35.35 X 95.99 0.77 1.23	44.35 X 118.34 1.03 1.09	57.85 X 137.95 1.30 0.95
-Φ	22.64 X 59.01 0.17 1.39	23.77 X 69.68 0.38 1.23	26.11 X 73.99 0.60 1.10	29.40 X 83.87 0.80 0.90	33.50 X 94.07 0.91 0.80	40.07 X 100.50 1.08 0.65	49.82 X 117.26 1.27 0.49

C.red = 0.01 Φ = 45
β = -45.00

α / δ	-30	-20	-10	0	10	20	30
0	0.14 X 1.98 11.70 13.50	0.27 E 2.38 -37.13	0.40 E 2.94 -36.96	0.57 E 3.64 -37.03	0.79 E 4.63 -37.33	1.10 E 6.15 -37.84	1.58 E 8.71 -38.53
-1/3*Φ	0.12 X 1.99 7.38 7.82	0.25 X 2.66 75.30 93.50	0.41 E 3.42 -37.92	0.60 E 4.50 -38.13	0.87 E 6.12 -38.53	1.28 E 8.80 -39.12	1.98 E 13.72 -39.85
-1/2*Φ	0.11 X 1.99 6.42 6.58	0.25 X 2.83 39.50 47.10	0.42 E 3.74 -38.31	0.63 E 5.11 -38.58	0.94 E 7.24 -39.04	1.44 E 10.94 -39.67	2.33 E 18.27 -40.45
-2/3*Φ	0.11 X 2.01 5.44 5.38	0.26 X 3.00 28.30 32.70	0.44 E 4.17 -38.67	0.68 E 5.92 -39.01	1.05 E 8.80 -39.53	1.67 E 14.17 -40.21	2.86 X 23.38 99.90 104.70
-Φ	0.11 X 2.03 3.48 3.16	0.28 X 3.59 17.90 19.10	0.50 X 5.41 36.70 40.70	0.83 X 8.73 61.50 67.50	1.42 X 13.66 62.70 66.50	2.57 X 23.04 54.46 53.80	5.44 X 38.10 39.10 34.62

Typ : X = Konvex V = Konkav E = Eben

Kreisgleitfläche

Kpr Typ Kpc xm ym	bzw. für Typ = E	Kpr E Kpc Theta (°)

C.red = 0.01 Φ = 45
β = -40.00

α / δ	-30	-20	-10	0	10	20	30
0	0.35 E 1.11 -25.20	0.53 E 1.30 -23.17	0.73 E 1.55 -22.18	0.98 E 1.91 -22.04	1.32 E 2.46 -22.57	1.83 E 3.35 -23.66	2.69 E 4.87 -25.19
-1/3*Φ	0.34 E 1.26 -27.15	0.55 E 1.67 -25.71	0.79 E 1.98 -25.15	1.12 E 2.60 -25.31	1.61 E 3.50 -26.06	2.41 E 5.31 -27.30	3.91 E 8.66 -28.94
-1/2*Φ	0.34 E 1.35 -27.89	0.57 E 1.75 -26.68	0.85 E 2.28 -26.32	1.23 E 3.10 -26.65	1.84 E 4.48 -27.53	2.91 E 7.04 -28.88	5.07 X 11.28 25.94 39.46
-2/3*Φ	0.35 E 1.46 -28.53	0.60 E 1.97 -27.56	0.92 E 2.67 -27.39	1.40 E 3.79 -27.88	2.18 E 5.80 -28.92	3.68 X 9.05 25.06 38.90	6.79 X 14.07 11.30 13.90
-Φ	0.39 X 1.80 6.00 9.10	0.71 X 2.62 39.56 68.80	1.18 X 3.86 29.60 50.04	1.97 X 5.86 17.14 26.46	3.44 X 8.91 9.46 12.22	6.40 X 13.56 6.50 6.60	12.45 X 20.14 4.76 3.42

C.red = 0.01 Φ = 45
β = -35.00

α / δ	-30	-20	-10	0	10	20	30
0	0.58 E 0.93 -13.28	0.79 E 1.12 -11.61	1.02 E 1.38 -11.31	1.33 E 1.77 -12.01	1.78 E 2.37 -13.44	2.48 E 3.35 -15.42	3.70 E 5.08 -17.83
-1/3*Φ	0.60 E 1.14 -16.97	0.86 E 1.44 -15.88	1.18 E 1.87 -15.91	1.63 E 2.54 -16.79	2.33 E 3.66 -18.32	3.57 E 5.69 -20.35	6.06 X 9.30 18.40 39.26
-1/2*Φ	0.62 E 1.27 -18.33	0.91 E 1.66 -17.50	1.30 E 2.22 -17.73	1.86 E 3.14 -18.75	2.79 E 4.75 -20.38	4.56 X 7.57 19.60 43.26	8.14 X 11.98 7.50 11.70
-2/3*Φ	0.65 E 1.43 -19.51	0.99 E 1.93 -18.94	1.46 E 2.70 -19.37	2.19 E 3.99 -20.56	3.49 X 6.27 21.80 49.10	5.99 X 9.61 6.94 11.42	11.00 X 15.31 5.10 6.10
-Φ	0.76 X 1.90 16.72 40.28	1.25 X 2.80 57.60 143.00	2.02 X 4.20 11.20 24.10	3.34 X 6.34 5.80 10.00	5.79 X 9.66 4.08 5.32	10.35 X 14.77 3.30 3.00	18.71 X 22.96 3.10 1.90

C.red = 0.01 Φ = 45
β = -30.00

α / δ	-30	-20	-10	0	10	20	30
0	0.82 V 0.67 1.03 -7.34	1.04 V 0.85 1.50 -8.00	1.31 V 1.12 1.50 -8.40	1.71 E 1.86 -4.21	2.28 E 2.55 -6.50	3.21 E 3.72 -9.26	4.92 E 5.86 -12.37
-1/3*Φ	0.91 E 1.17 -7.78	1.22 E 1.50 -7.54	1.62 E 2.00 -8.41	2.22 E 2.79 -10.08	3.22 E 4.16 -12.33	5.08 X 6.71 34.00 121.00	8.80 X 10.64 5.60 12.10
-1/2*Φ	0.97 E 1.33 -9.77	1.33 E 1.77 -9.74	1.84 E 2.43 -10.75	2.63 E 3.55 -12.51	4.04 X 5.56 34.80 126.80	6.72 X 8.69 5.52 12.80	11.95 X 14.07 4.10 6.30
-2/3*Φ	1.04 E 1.54 -11.50	1.49 E 2.12 -11.70	2.14 E 3.04 -12.87	3.23 E 4.69 -14.77	5.22 X 7.15 5.16 12.44	8.93 X 11.28 3.66 5.94	15.99 X 18.51 3.30 3.70
-Φ	1.29 E 2.18 -14.52	2.00 X 3.25 10.00 33.20	3.17 X 4.89 4.20 10.50	5.18 X 7.48 3.00 5.32	8.72 X 11.59 2.58 3.23	14.83 X 18.23 2.43 2.11	25.23 X 29.65 2.40 1.40

Typ : X = Konvex V = Konkav E = Eben

Kreisgleitfläche

Kpr Typ Kpc xm ym	bzw. für Typ = E	Kpr E Kpc Theta (°)

C.red = 0.01 Φ = 45
β = -25.00

α / δ	-30	-20	-10	0	10	20	30
0	1.07 V 0.86 1.32 -7.43	1.28 V 1.06 1.47 -7.40	1.66 V 1.48 5.50 -44.00	2.07 V 1.85 1.90 -10.80	2.86 E 2.90 -0.90	4.09 E 4.33 -4.29	6.49 E 7.11 -7.95
-1/3*Φ	1.26 V 1.04 1.50 -10.00	1.64 E 1.66 -0.42	2.15 E 2.26 -2.13	2.96 E 3.23 -4.52	4.36 E 4.99 -7.41	7.05 X 7.88 4.20 15.20	12.22 X 12.90 3.26 6.82
-1/2*Φ	1.39 V 1.29 1.50 -25.20	1.85 E 2.00 -3.10	2.52 E 2.82 -4.88	3.64 E 4.24 -7.31	5.69 X 6.60 4.20 16.60	9.47 X 10.50 3.00 6.80	16.56 X 17.64 2.80 4.10
-2/3*Φ	1.54 E 1.76 -4.46	2.12 E 2.45 -5.49	3.04 E 3.63 -7.39	4.63 X 5.57 4.20 17.60	7.47 X 8.66 2.72 6.52	12.56 X 13.96 2.54 3.93	21.76 X 23.30 2.61 2.73
-Φ	2.01 X 2.64 5.14 29.30	3.04 X 3.94 2.98 12.10	4.73 X 6.00 2.20 5.70	7.55 X 9.28 2.01 3.48	12.23 X 14.54 1.96 2.32	19.81 X 23.01 2.00 1.60	32.06 X 37.30 2.10 1.10

C.red = 0.01 Φ = 45
β = -20.00

α / δ	-30	-20	-10	0	10	20	30
0	1.37 V 1.01 2.30 -8.48	1.61 V 1.29 1.98 -7.84	1.96 V 1.62 2.30 -8.80	2.51 V 2.22 2.30 -10.00	3.48 V 3.31 2.54 -20.20	5.21 E 5.21 -0.11	8.53 X 8.46 2.50 17.30
-1/3*Φ	1.65 V 1.31 1.90 -9.20	2.09 V 1.74 2.30 -12.00	2.75 V 2.53 2.22 -18.40	3.89 E 3.87 0.21	5.88 X 6.03 2.42 23.26	9.53 X 9.63 2.20 7.60	16.35 X 16.19 2.40 4.80
-1/2*Φ	1.86 V 1.54 1.90 -11.20	2.45 V 2.23 2.30 -22.40	3.38 E 3.37 0.16	4.98 X 5.16 2.44 28.20	7.80 X 8.07 2.00 7.74	12.83 X 13.16 2.10 4.49	21.95 X 22.34 2.32 3.18
-2/3*Φ	2.16 V 2.04 5.50 -128.00	2.94 E 2.95 -0.12	4.23 X 4.43 2.16 25.44	6.46 X 6.82 1.80 7.60	10.28 X 10.83 1.90 4.40	16.85 X 17.86 2.00 2.90	28.26 X 30.00 2.24 2.21
-Φ	3.01 X 3.27 1.92 21.40	4.44 X 4.94 1.50 6.80	6.75 X 7.59 1.50 3.90	10.45 X 11.74 1.60 2.70	16.23 X 19.03 1.60 1.80	25.18 X 28.95 1.80 1.40	39.02 X 47.36 1.90 0.90

C.red = 0.01 Φ = 45
β = -15.00

α / δ	-30	-20	-10	0	10	20	30
0	1.72 V 1.13 4.24 -10.18	1.98 V 1.45 3.58 -9.56	2.40 V 1.94 3.10 -9.60	3.09 V 2.76 2.70 -10.40	4.38 V 4.10 5.50 -40.00	6.66 X 6.35 -0.92 33.00	11.00 X 10.43 1.42 9.10
-1/3*Φ	2.15 V 1.63 2.70 -10.00	2.67 V 2.16 2.70 -10.40	3.55 V 3.12 2.70 -12.80	5.09 E 4.76 4.33	7.79 X 7.42 1.01 9.58	12.56 X 12.08 1.60 5.30	21.22 X 20.52 2.00 3.70
-1/2*Φ	2.47 V 1.98 2.30 -9.92	3.23 V 2.76 2.46 -11.80	4.51 E 4.15 4.55	6.69 X 6.37 0.84 9.95	10.42 X 10.15 1.40 5.10	16.83 X 16.87 1.70 3.40	28.08 X 28.95 2.02 2.63
-2/3*Φ	2.96 V 2.49 8.30 -62.40	4.01 E 3.63 4.59	5.79 X 5.51 0.70 10.10	8.75 X 8.63 1.22 4.93	13.65 X 13.88 1.50 3.30	21.76 X 23.51 1.70 2.40	35.36 X 39.45 2.00 1.90
-Φ	4.34 X 4.17 0.56 8.33	6.27 X 6.34 0.96 4.45	9.27 X 9.82 1.16 2.90	13.83 X 15.38 1.31 2.07	20.62 X 24.16 1.45 1.55	30.67 X 38.13 1.60 1.15	45.84 X 60.61 1.77 0.81

Typ : X = Konvex V = Konkav E = Eben

Kreisgleitfläche

Kpr Typ Kpc xm ym	bzw. für Typ = E	Kpr E Kpc Theta (°)

C.red = 0.01 Φ = 45
β = -10.00

δ \ α	-30	-20	-10	0	10	20	30
0	2.10 V 1.32 5.90 -11.20	2.40 V 1.69 5.10 -10.80	2.91 V 2.26 4.56 -11.06	3.81 V 3.26 4.30 -12.80	5.47 V 4.93 13.10 -60.40	8.46 X 7.81 -0.30 11.76	13.95 X 13.16 1.06 5.95
1/3*Φ	2.76 V 1.89 4.62 -12.12	3.42 V 2.62 4.02 -12.04	4.60 V 3.05 5.50 -21.60	6.65 X 5.87 -1.00 14.10	10.13 X 9.36 0.71 5.84	16.14 X 15.51 1.30 3.90	26.75 X 27.44 1.70 3.00
-1/2*Φ	3.26 V 2.33 4.30 -12.80	4.27 V 3.42 5.10 -19.60	5.98 X 5.16 -1.22 14.66	8.83 X 8.06 0.60 5.80	13.55 X 13.07 1.11 3.77	21.43 X 21.89 1.48 2.83	34.86 X 39.04 1.80 2.20
-2/3*Φ	3.98 V 3.06 5.10 -20.40	5.42 X 4.55 -1.52 15.80	7.77 X 7.00 0.40 6.00	11.54 X 11.12 0.97 3.65	17.57 X 17.96 1.30 2.70	27.21 X 29.93 1.57 2.08	42.92 X 50.18 1.87 1.67
-Φ	6.09 X 5.42 0.30 5.30	8.57 X 8.33 0.70 3.30	12.25 X 12.82 0.99 2.35	17.60 X 20.03 1.17 1.76	25.24 X 32.66 1.30 1.30	36.22 X 48.66 1.50 1.02	52.50 X 73.90 1.70 0.70

C.red = 0.01 Φ = 45
β = -5.00

δ \ α	-30	-20	-10	0	10	20	30
0	2.52 V 1.53 8.30 -12.40	2.88 V 1.97 6.98 -11.92	3.53 V 2.69 6.30 -12.80	4.71 V 3.94 5.94 -14.34	6.85 X 6.05 -4.30 20.30	10.60 X 9.82 -0.04 6.73	17.40 X 17.00 0.90 4.50
-1/3*Φ	3.49 V 2.28 6.62 -13.92	4.36 V 3.21 5.90 -14.40	5.93 X 4.76 -7.90 31.70	8.56 X 7.41 -0.40 7.08	12.92 X 12.03 0.60 4.30	20.27 X 20.61 1.10 3.20	32.96 X 35.48 1.58 2.63
-1/2*Φ	4.25 V 2.91 5.98 -14.60	5.60 X 4.27 -11.50 43.60	7.81 X 6.54 -0.60 7.40	11.40 X 10.40 0.48 4.22	17.20 X 16.79 1.00 3.10	26.64 X 27.47 1.40 2.50	42.19 X 50.35 1.70 2.00
-2/3*Φ	5.33 X 3.86 -12.30 45.80	7.20 X 5.82 -0.71 7.45	10.18 X 9.08 0.37 4.16	14.82 X 14.83 0.80 2.90	21.99 X 23.11 1.20 2.30	33.14 X 37.07 1.50 1.90	50.77 X 64.12 1.78 1.51
-Φ	8.31 X 7.14 0.20 3.90	11.32 X 11.16 0.60 2.60	15.63 X 16.93 0.89 1.99	21.64 X 26.16 1.08 1.55	30.10 X 37.04 1.30 1.30	41.62 X 61.51 1.43 0.93	58.50 X 95.35 1.62 0.65

C.red = 0.01 Φ = 45
β = 0.00

δ \ α	-30	-20	-10	0	10	20	30
0	2.99 V 1.80 10.70 -13.20	3.43 V 2.34 8.86 -12.92	4.27 V 3.24 8.00 -13.85	5.83 E 4.83 22.50	8.50 X 7.57 -1.58 8.27	13.12 X 12.64 0.10 4.70	21.36 X 22.05 0.84 3.72
-1/3*Φ	4.38 V 2.76 8.98 -15.72	5.55 V 3.97 17.10 -37.60	7.57 X 6.02 -2.30 9.60	10.84 X 9.50 -0.20 4.90	16.17 X 15.68 0.56 3.43	24.93 X 26.44 1.05 2.77	39.75 X 46.20 1.49 2.36
-1/2*Φ	5.52 V 3.63 13.10 -28.00	7.25 X 5.43 -2.70 10.39	10.03 X 8.46 -0.30 4.84	14.42 X 13.56 0.45 3.34	21.31 X 22.31 0.90 2.62	32.21 X 37.23 1.27 2.18	49.96 X 62.87 1.65 1.86
-2/3*Φ	7.04 X 4.96 -2.94 10.80	9.39 X 7.57 -0.40 4.90	13.04 X 11.84 0.30 3.40	18.52 X 19.05 0.77 2.50	26.76 X 31.14 1.09 2.01	39.26 X 49.34 1.40 1.70	58.73 X 81.06 1.71 1.40
-Φ	10.99 X 9.59 0.21 3.03	14.48 X 14.62 0.58 2.24	19.30 X 23.39 0.80 1.70	25.82 X 34.97 1.00 1.40	34.60 X 51.68 1.20 1.11	46.85 X 72.71 1.40 0.90	64.24 X 108.67 1.60 0.60

Typ : X = Konvex V = Konkav E = Eben

Kreisgleitfläche

Kpr Typ Kpc xm ym	bzw. für Typ = E	Kpr E Kpc Theta (°)

C.red = 0.01 Φ = 45
β = 5.00

δ \ α	-30	-20	-10	0	10	20	30
0	3.53 V 2.14 12.30 -13.60	4.09 V 2.80 11.10 -14.00	5.20 V 3.97 9.98 -15.28	7.17 X 6.03 -4.72 12.04	10.44 X 9.66 -0.90 5.34	16.01 X 16.32 0.15 3.84	25.83 X 28.96 0.80 3.22
-1/3*Φ	5.49 V 3.42 11.50 -17.60	7.02 X 5.01 -7.46 16.88	9.52 X 7.71 -1.30 5.80	13.50 X 12.42 -0.07 3.73	19.84 X 20.55 0.54 2.92	30.06 X 34.77 1.00 2.47	47.03 X 59.89 1.43 2.17
-1/2*Φ	7.09 X 4.64 -9.34 20.28	9.25 X 7.06 -1.40 5.80	12.65 X 11.06 -0.17 3.73	17.87 X 17.79 0.40 2.90	25.90 X 28.54 0.90 2.30	38.20 X 48.27 1.22 1.99	57.97 X 80.06 1.59 1.73
-2/3*Φ	9.14 X 6.49 -1.60 6.07	12.00 X 10.02 -0.25 3.70	16.30 X 15.75 0.35 2.74	22.61 X 24.96 0.74 2.21	31.98 X 36.86 1.10 1.90	45.47 X 72.71 1.30 1.50	66.83 X 95.33 1.70 1.30
-Φ	14.10 X 12.97 0.22 2.54	17.97 X 19.64 0.55 1.96	23.15 X 29.35 0.79 1.58	30.03 X 42.17 1.00 1.30	39.05 X 64.13 1.16 1.04	51.25 X 109.94 1.30 0.80	68.99 X 131.17 1.55 0.55

C.red = 0.01 Φ = 45
β = 10.00

δ \ α	-30	-20	-10	0	10	20	30
0	4.15 V 2.55 14.66 -14.08	4.89 V 3.39 12.81 -14.70	6.33 X 4.94 -19.90 31.70	8.73 X 7.66 -2.30 6.26	12.67 X 12.49 -0.59 4.06	19.29 X 21.34 0.20 3.27	30.82 X 37.95 0.79 2.88
-1/3*Φ	6.88 X 4.31 -111.50 164.00	8.78 X 6.45 -3.10 7.30	11.81 X 10.11 -0.83 4.14	16.54 X 16.44 0.00 3.10	23.93 X 27.68 0.50 2.60	35.68 X 42.60 1.00 2.30	54.69 X 75.93 1.40 2.03
-1/2*Φ	9.01 X 6.04 -3.50 7.80	11.63 X 9.23 -1.00 4.30	15.64 X 14.66 -0.10 3.10	21.68 X 24.07 0.40 2.50	30.68 X 40.12 0.80 2.10	44.51 X 58.75 1.20 1.90	66.05 X 101.47 1.56 1.62
-2/3*Φ	11.65 X 8.64 -1.06 4.29	15.01 X 13.30 -0.15 3.05	19.92 X 20.83 0.36 2.41	26.97 X 32.77 0.71 2.01	37.07 X 51.29 1.02 1.72	51.83 X 80.15 1.31 1.47	74.03 X 141.71 1.60 1.20
-Φ	17.57 X 17.58 0.23 2.22	21.65 X 26.11 0.53 1.78	27.02 X 38.29 0.76 1.46	34.19 X 51.83 1.00 1.20	43.16 X 79.15 1.14 0.98	55.59 X 111.10 1.33 0.77	73.19 X 139.84 1.52 0.52

C.red = 0.01 Φ = 45
β = 15.00

δ \ α	-30	-20	-10	0	10	20	30
0	4.89 V 3.06 16.74 -14.48	5.88 V 4.18 27.90 -30.00	7.66 X 6.27 -4.82 8.08	10.53 X 9.90 -1.49 4.38	15.20 X 16.33 -0.41 3.35	22.98 X 27.43 0.20 3.00	36.28 X 50.15 0.80 2.60
-1/3*Φ	8.55 X 5.56 -6.76 10.30	10.84 X 8.51 -1.80 4.60	14.43 X 13.13 -0.60 3.40	19.92 X 21.56 0.07 2.71	28.36 X 35.81 0.50 2.40	41.40 X 59.47 0.95 2.09	62.67 X 93.25 1.40 1.90
-1/2*Φ	11.28 X 8.04 -2.00 4.80	14.35 X 12.32 -0.69 3.37	18.97 X 19.41 -0.01 2.67	25.81 X 31.33 0.40 2.30	35.77 X 49.12 0.82 1.98	51.00 X 70.41 1.20 1.80	73.84 X 144.92 1.50 1.50
-2/3*Φ	14.57 X 11.39 -0.80 3.50	18.38 X 17.43 -0.10 2.70	23.82 X 27.52 0.37 2.18	31.53 X 41.31 0.70 1.90	42.30 X 66.74 1.00 1.60	57.99 X 97.54 1.30 1.40	81.47 X 154.24 1.60 1.20
-Φ	21.28 X 23.79 0.25 2.00	25.40 X 34.41 0.53 1.64	31.02 X 44.27 0.80 1.40	37.60 X 84.87 0.90 1.10	46.87 X 95.02 1.12 0.94	59.13 X 126.45 1.30 0.72	76.60 X 152.04 1.50 0.49

Typ : X = Konvex V = Konkav E = Eben

Kreisgleitfläche

Kpr Typ Kpc xm ym	bzw. für Typ = E	Kpr E Kpc Theta (°)

C.red = 0.01 Φ = 45
β = 20.00

δ \ α	-30	-20	-10	0	10	20	30
0	5.79 V 3.71 19.50 -15.20	7.06 X 5.29 -11.78 13.28	9.18 X 8.08 -2.77 4.91	12.57 X 12.90 -1.10 3.49	18.01 X 21.43 -0.29 2.92	26.96 X 36.71 0.30 2.60	42.17 X 64.45 0.79 2.48
-1/3*Φ	10.51 X 7.41 -3.30 5.30	13.20 X 11.19 -1.35 3.63	17.35 X 17.67 -0.45 2.86	23.61 X 27.64 0.10 2.50	33.00 X 45.63 0.55 2.19	47.46 X 73.83 0.95 2.00	70.51 X 118.32 1.36 1.84
-1/2*Φ	13.90 X 10.66 -1.50 3.76	17.40 X 16.45 -0.52 2.87	22.58 X 26.15 0.05 2.37	30.19 X 38.25 0.50 2.10	40.97 X 62.50 0.81 1.87	57.44 X 85.66 1.20 1.70	81.80 X 158.61 1.50 1.50
-2/3*Φ	17.84 X 15.63 -0.60 2.90	22.00 X 23.80 -0.02 2.36	27.89 X 36.13 0.38 2.01	36.15 X 51.64 0.70 1.80	47.45 X 84.82 1.00 1.50	63.90 X 121.66 1.30 1.30	88.18 X 185.02 1.60 1.10
-Φ	25.06 X 32.37 0.26 1.83	29.16 X 43.07 0.50 1.60	34.29 X 69.54 0.70 1.30	41.05 X 93.11 0.90 1.10	50.11 X 111.63 1.11 0.90	62.16 X 132.68 1.29 0.69	79.75 X 149.69 1.50 0.50

C.red = 0.01 Φ = 45
β = 25.00

δ \ α	-30	-20	-10	0	10	20	30
0	6.88 X 4.64 -77.90 60.20	8.40 X 6.84 -4.84 5.74	10.89 X 10.55 -1.95 3.66	14.84 X 17.00 -0.86 2.96	21.11 X 28.26 -0.20 2.62	31.34 X 45.66 0.30 2.50	48.35 X 87.12 0.80 2.30
-1/3*Φ	12.75 X 9.72 -2.39 4.01	15.83 X 14.91 -1.05 3.04	20.53 X 23.41 -0.34 2.56	27.50 X 37.06 0.15 2.27	37.86 X 58.49 0.56 2.07	53.59 X 91.83 0.95 1.91	78.96 X 125.72 1.40 1.80
-1/2*Φ	16.84 X 14.06 -1.20 3.20	20.71 X 22.85 -0.40 2.50	26.41 X 33.75 0.08 2.21	34.65 X 48.18 0.50 2.00	46.17 X 78.11 0.81 1.78	63.65 X 107.01 1.20 1.60	89.03 X 198.51 1.50 1.40
-2/3*Φ	21.38 X 21.24 -0.47 2.56	25.81 X 31.59 0.03 2.17	32.04 X 46.06 0.40 1.90	40.57 X 68.37 0.70 1.67	52.54 X 93.48 1.00 1.50	69.34 X 138.20 1.28 1.30	94.44 X 197.63 1.60 1.09
-Φ	28.76 X 44.37 0.30 1.70	32.50 X 57.57 0.53 1.47	37.52 X 76.30 0.74 1.26	44.07 X 101.40 0.92 1.06	52.78 X 122.31 1.11 0.86	64.64 X 138.42 1.29 0.67	82.40 X 146.99 1.50 0.50

C.red = 0.01 Φ = 45
β = 30.00

δ \ α	-30	-20	-10	0	10	20	30
0	8.13 X 6.01 -8.66 7.08	9.91 X 8.93 -3.12 3.89	12.80 X 13.87 -1.52 3.02	17.33 X 23.01 -0.70 2.60	24.46 X 36.87 -0.14 2.43	35.88 X 61.91 0.34 2.31	54.99 X 102.69 0.81 2.25
-1/3*Φ	15.25 X 13.05 -1.82 3.23	18.72 X 19.82 -0.90 2.70	23.92 X 30.84 -0.26 2.35	31.56 X 47.91 0.19 2.14	42.79 X 73.61 0.57 1.98	59.69 X 111.50 0.95 1.84	86.55 X 156.33 1.40 1.70
-1/2*Φ	20.04 X 18.89 -1.00 2.80	24.22 X 30.16 -0.30 2.30	30.35 X 43.63 0.10 2.10	38.96 X 65.46 0.49 1.88	51.12 X 104.66 0.80 1.70	69.18 X 137.14 1.16 1.56	96.13 X 214.17 1.50 1.40
-2/3*Φ	25.11 X 28.59 -0.38 2.34	29.67 X 41.97 0.06 2.03	36.10 X 59.18 0.41 1.81	44.89 X 84.09 0.71 1.61	56.97 X 124.74 1.00 1.40	74.34 X 160.12 1.28 1.26	100.30 X 195.36 1.60 1.10
-Φ	0.00 E 999.99 30.00	35.62 X 71.84 0.54 1.42	40.14 X 111.14 0.70 1.20	46.26 X 141.75 0.90 1.00	54.86 X 142.05 1.10 0.80	67.34 X 125.07 1.30 0.70	83.43 X 169.72 1.47 0.44

Typ : X = Konvex V = Konkav E = Eben

Kreisgleitfläche

Kpr Kpc xm ym	Typ	bzw. für Typ = E	Kpr Kpc Theta (°)	E

C.red = 0.01 Φ = 45
β = 35.00

δ \ α	-30	-20	-10	0	10	20	30
0	9.53 X 7.87 -4.81 4.14	11.59 X 11.78 -2.33 3.07	14.89 X 18.29 -1.25 2.64	20.01 X 29.86 -0.58 2.39	28.00 X 48.49 -0.08 2.27	40.73 X 77.11 0.37 2.21	61.68 X 128.33 0.82 2.16
-1/3*Φ	17.97 X 17.54 -1.50 2.80	21.77 X 26.53 -0.72 2.43	27.44 X 40.30 -0.20 2.20	35.83 X 55.86 0.20 2.10	47.72 X 90.63 0.60 1.90	65.53 X 137.80 0.96 1.78	94.19 X 169.62 1.40 1.70
-1/2*Φ	23.40 X 26.31 -0.80 2.47	27.86 X 39.26 -0.30 2.20	34.32 X 58.47 0.10 2.00	43.32 X 80.82 0.50 1.82	56.21 X 115.09 0.80 1.70	75.09 X 150.91 1.20 1.50	102.74 X 225.09 1.53 1.35
-2/3*Φ	28.92 X 37.44 -0.30 2.20	33.43 X 58.05 0.10 1.90	40.21 X 68.47 0.40 1.80	49.07 X 97.56 0.70 1.60	61.30 X 135.25 1.00 1.40	78.74 X 179.91 1.28 1.22	104.71 X 213.81 1.60 1.00
-Φ	35.41 X 70.56 0.30 1.60	38.28 X 90.55 0.54 1.37	42.67 X 120.51 0.70 1.20	48.39 X 140.00 0.90 1.00	56.72 X 132.61 1.10 0.82	68.04 X 149.15 1.27 0.63	85.58 X 144.40 1.50 0.40

C.red = 0.01 Φ = 45
β = 40.00

δ \ α	-30	-20	-10	0	10	20	30
0	11.06 X 10.43 -3.39 3.08	13.40 X 15.61 -1.89 2.62	17.14 X 24.10 -1.07 2.39	22.89 X 37.88 -0.50 2.26	31.74 X 60.34 -0.04 2.18	45.58 X 103.40 0.40 2.10	69.10 X 135.62 0.90 2.10
-1/3*Φ	20.85 X 24.22 -1.30 2.50	24.94 X 35.13 -0.62 2.26	31.01 X 52.33 -0.15 2.09	39.80 X 75.66 0.24 1.97	52.76 X 100.12 0.60 1.90	71.30 X 163.11 1.00 1.70	100.35 X 219.31 1.37 1.64
-1/2*Φ	26.86 X 35.20 -0.69 2.30	31.50 X 48.29 -0.20 2.10	38.11 X 70.76 0.18 1.91	47.62 X 93.21 0.50 1.80	60.68 X 133.33 0.84 1.63	80.30 X 162.48 1.20 1.50	107.71 X 276.13 1.50 1.30
-2/3*Φ	32.61 X 50.47 -0.25 2.08	37.23 X 65.12 0.10 1.90	43.60 X 92.40 0.44 1.68	52.61 X 118.94 0.73 1.53	65.07 X 153.89 1.00 1.37	82.53 X 187.75 1.28 1.19	108.53 X 222.23 1.59 1.00
-Φ	38.04 X 89.91 0.33 1.54	40.67 X 114.38 0.60 1.30	45.47 X 97.06 0.80 1.20	50.15 X 137.99 0.90 1.00	58.03 X 136.18 1.10 0.80	69.10 X 154.05 1.27 0.62	86.63 X 140.26 1.50 0.40

C.red = 0.01 Φ = 45
β = 45.00

δ \ α	-30	-20	-10	0	10	20	30
0	12.71 X 13.89 -2.67 2.56	15.37 X 20.16 -1.70 2.40	19.51 X 31.70 -0.94 2.22	25.81 X 52.07 -0.40 2.10	35.58 X 75.11 0.00 2.10	50.68 X 118.57 0.43 2.06	75.28 X 177.77 0.86 2.06
-1/3*Φ	23.81 X 32.65 -1.10 2.30	28.11 X 48.80 -0.50 2.10	34.57 X 65.21 -0.11 2.02	43.80 X 91.97 0.27 1.91	57.00 X 131.49 0.62 1.80	76.65 X 176.44 1.00 1.70	106.50 X 250.41 1.39 1.59
-1/2*Φ	30.26 X 48.01 -0.60 2.16	34.96 X 66.75 -0.20 2.00	41.72 X 88.63 0.21 1.85	51.35 X 115.33 0.54 1.73	65.46 X 136.22 0.90 1.60	84.21 X 215.03 1.20 1.40	112.76 X 273.10 1.50 1.30
-2/3*Φ	36.13 X 64.53 -0.20 2.00	40.63 X 82.86 0.20 1.80	46.87 X 110.35 0.46 1.64	55.81 X 139.77 0.73 1.49	68.25 X 168.96 1.01 1.34	85.70 X 195.33 1.28 1.17	112.31 X 207.44 1.60 1.00
-Φ	40.24 X 106.64 0.34 1.51	42.49 X 123.02 0.60 1.30	45.87 X 133.04 0.75 1.13	51.57 X 135.68 0.90 1.00	58.94 X 140.85 1.10 0.79	70.03 X 148.53 1.27 0.61	87.42 X 135.94 1.50 0.40

Typ : X = Konvex V = Konkav E = Eben

Kreisgleitfläche

Kpr Typ Kpc xm ym	bzw. für Typ = E	Kpr E Kpc Theta (°)

C.red = 0.10 Φ = 25
β = -25.00

α / δ	-30	-20	-10	0	10	20	30
0	0.74 V 0.62 0.90 -1.15	0.80 V 1.00 1.30 -3.10	0.90 V 1.32 1.50 -4.60	1.08 V 1.57 1.49 -3.48	1.22 V 2.38 2.18 -24.10	1.47 E 3.33 -1.56	1.88 E 4.69 -4.57
-1/3*Φ	0.72 V 1.01 1.26 -5.20	0.82 V 1.29 1.48 -7.10	0.94 V 1.73 2.50 -26.20	1.10 V 2.24 2.50 -63.30	1.30 E 3.07 -2.53	1.64 X 4.22 4.50 33.70	2.17 X 5.90 3.60 13.50
-1/2*Φ	0.71 V 1.15 1.50 -10.20	0.81 V 1.53 1.64 -20.00	0.95 V 1.94 2.02 -61.70	1.11 E 2.57 -1.86	1.36 X 3.44 3.82 34.46	1.73 X 4.70 3.30 15.30	2.34 X 6.56 3.40 9.80
-2/3*Φ	0.70 V 1.33 2.00 -35.10	0.81 E 1.74 -0.14	0.96 E 2.19 -1.50	1.15 E 2.84 -3.33	1.42 X 3.84 3.10 17.50	1.84 X 5.21 3.00 10.22	2.54 X 7.21 3.20 7.50
-Φ	0.68 E 1.61 -1.89	0.83 E 2.02 -2.69	1.00 X 2.64 3.34 30.10	1.23 X 3.48 2.40 11.12	1.57 X 4.65 2.58 8.08	2.11 X 6.28 2.76 6.20	3.03 X 8.59 3.00 5.00

C.red = 0.10 Φ = 25
β = -20.00

α / δ	-30	-20	-10	0	10	20	30
0	0.92 V 0.72 0.98 -0.88	1.00 V 1.02 1.20 -1.45	1.11 V 1.41 1.48 -2.55	1.27 V 1.90 1.76 -4.11	1.51 V 2.57 2.30 -8.30	1.88 V 3.57 2.50 -13.90	2.49 X 4.94 0.46 24.10
-1/3*Φ	0.96 V 1.03 1.30 -2.50	1.07 V 1.34 1.49 -3.25	1.21 V 1.81 1.78 -5.28	1.42 V 2.42 2.30 -10.60	1.74 E 3.26 4.41	2.23 X 4.43 0.80 15.00	3.03 X 6.14 1.60 7.70
-1/2*Φ	0.98 V 1.19 1.46 -3.80	1.10 V 1.55 1.68 -5.20	1.26 V 2.04 2.06 -8.70	1.51 V 2.71 3.06 -21.88	1.87 X 3.62 0.10 20.10	2.42 X 4.93 1.28 8.75	3.35 X 6.77 1.70 5.60
-2/3*Φ	0.99 V 1.33 1.56 -5.10	1.13 V 1.73 1.90 -7.80	1.32 V 2.27 2.58 -15.98	1.59 X 3.02 -1.00 32.60	2.00 X 4.03 0.95 10.35	2.63 X 5.47 1.50 6.40	3.69 X 7.47 1.80 4.50
-Φ	1.03 V 1.68 2.50 -17.30	1.20 E 2.16 4.53	1.44 X 2.82 0.30 14.00	1.79 X 3.68 0.97 7.60	2.31 X 4.86 1.30 5.00	3.13 X 6.52 1.59 3.84	4.47 X 8.85 1.80 2.90

C.red = 0.10 Φ = 25
β = -15.00

α / δ	-30	-20	-10	0	10	20	30
0	1.12 V 0.85 1.04 -0.67	1.20 V 1.18 1.30 -1.20	1.33 V 1.60 1.55 -1.91	1.53 V 2.15 2.04 -3.60	1.84 V 2.88 3.30 -9.00	2.32 X 3.91 -17.50 96.70	3.10 X 5.41 -0.03 9.68
-1/3*Φ	1.22 V 1.13 1.36 -1.66	1.34 V 1.52 1.69 -2.66	1.51 V 2.02 2.29 -4.96	1.78 V 2.69 4.52 -15.26	2.20 X 3.60 -3.10 23.00	2.84 X 4.87 0.20 7.60	3.87 X 6.74 1.00 4.80
-1/2*Φ	1.27 V 1.30 1.60 -2.60	1.41 V 1.71 2.02 -4.10	1.61 V 2.26 3.28 -9.62	1.92 X 3.00 -17.10 90.50	2.39 X 4.01 -0.30 9.30	3.12 X 5.41 0.70 5.20	4.30 X 7.47 1.16 3.81
-2/3*Φ	1.32 V 1.47 1.90 -3.90	1.48 V 1.93 2.79 -7.65	1.71 V 2.53 11.50 -49.30	2.07 X 3.33 -1.20 12.90	2.60 X 4.44 0.40 5.80	3.43 X 5.98 0.90 4.04	4.76 X 8.25 1.28 3.10
-Φ	1.41 V 1.86 5.50 -21.00	1.62 X 2.40 -4.70 28.60	1.93 X 3.11 -0.40 8.40	2.39 X 4.06 0.40 5.00	3.06 X 5.38 0.84 3.43	4.09 X 7.21 1.13 2.64	5.71 X 9.88 1.39 2.11

Typ : X = Konvex V = Konkav E = Eben

Kreisgleitfläche

Kpr Typ Kpc xm ym	bzw. für Typ = E	Kpr E Kpc Theta (°)

C.red = 0.10 Φ = 25
β = -10.00

δ \ α	-30	-20	-10	0	10	20	30
0	1.34 V 1.02 1.10 -0.50	1.42 V 1.38 1.50 -1.20	1.58 V 1.83 1.93 -2.15	1.82 V 2.41 2.90 -4.60	2.20 V 3.23 10.10 -25.74	2.78 X 4.37 -2.22 11.55	3.71 X 6.06 -0.02 5.63
-1/3*Φ	1.51 V 1.31 1.61 -1.58	1.63 V 1.74 2.20 -3.00	1.85 V 2.29 3.50 -6.60	2.18 E 3.02 18.58	2.69 X 4.03 -1.25 8.25	3.46 X 5.47 0.10 4.70	4.69 X 7.62 0.70 3.40
-1/2*Φ	1.59 V 1.49 2.00 -2.60	1.75 V 1.95 2.90 -4.99	1.99 V 2.56 9.42 -23.90	2.38 X 3.38 -2.61 11.91	2.95 X 4.50 -0.20 5.10	3.84 X 6.10 0.47 3.59	5.23 X 8.47 0.92 2.81
-2/3*Φ	1.68 V 1.68 2.60 -4.30	1.86 V 2.19 5.20 -11.72	2.15 X 2.86 -6.10 21.90	2.58 X 3.76 -0.70 6.30	3.23 X 5.00 0.20 4.00	4.22 X 6.77 0.69 2.91	5.77 X 9.38 1.05 2.36
-Φ	1.85 V 2.13 30.30 -86.16	2.10 X 2.73 -2.21 10.14	2.47 X 3.53 -0.40 5.10	3.02 X 4.62 0.27 3.34	3.82 X 6.12 0.65 2.51	5.00 X 8.28 0.90 2.00	6.84 X 11.27 1.20 1.70

C.red = 0.10 Φ = 25
β = -5.00

δ \ α	-30	-20	-10	0	10	20	30
0	1.58 V 1.22 1.36 -0.62	1.67 V 1.61 1.79 -1.29	1.85 V 2.10 2.66 -2.85	2.13 V 2.75 5.50 -8.60	2.57 X 3.65 -7.30 18.50	3.25 X 4.94 -1.08 5.81	4.32 X 6.88 0.05 3.88
-1/3*Φ	1.82 V 1.54 2.06 -1.84	1.97 V 2.01 3.04 -3.72	2.22 V 2.62 9.30 -16.52	2.61 X 3.44 -3.90 11.20	3.20 X 4.59 -0.70 4.72	4.09 X 6.24 0.14 3.28	5.50 X 8.71 0.64 2.65
-1/2*Φ	1.95 V 1.73 2.67 -3.04	2.12 V 2.25 5.20 -8.16	2.42 X 2.93 -9.18 21.86	2.86 X 3.85 -1.30 5.70	3.53 X 5.16 -0.10 3.40	4.54 X 7.00 0.40 2.70	6.11 X 9.74 0.81 2.26
-2/3*Φ	2.08 V 1.95 3.90 -5.60	2.29 V 2.52 66.30 -135.10	2.62 X 3.28 -2.21 7.42	3.13 X 4.31 -0.50 4.10	3.88 X 5.75 0.19 2.85	5.00 X 7.79 0.60 2.28	6.70 X 10.95 0.90 1.90
-Φ	2.34 X 2.47 -6.70 16.50	2.62 X 3.16 -1.40 5.60	3.05 X 4.09 -0.30 3.40	3.66 X 5.36 0.23 2.48	4.57 X 7.05 0.60 2.00	5.84 X 9.67 0.80 1.60	7.83 X 13.06 1.08 1.40

C.red = 0.10 Φ = 25
β = 0.00

δ \ α	-30	-20	-10	0	10	20	30
0	1.84 V 1.47 1.70 -0.80	1.94 V 1.86 2.33 -1.62	2.14 V 2.41 3.90 -4.00	2.46 E 3.14 32.50	2.96 X 4.17 -2.52 6.53	3.72 X 5.66 -0.65 3.86	4.92 X 7.90 0.10 3.00
-1/3*Φ	2.18 V 1.80 2.72 -2.23	2.33 V 2.33 5.90 -7.00	2.61 X 3.02 -11.10 19.50	3.06 X 3.96 -1.80 5.20	3.72 X 5.30 -0.40 3.20	4.72 X 7.20 0.16 2.58	6.28 X 10.02 0.60 2.20
-1/2*Φ	2.35 V 2.03 4.22 -4.50	2.54 V 2.61 38.70 -58.50	2.87 X 3.39 -2.90 6.80	3.37 X 4.46 -0.79 3.65	4.12 X 5.93 -0.10 2.80	5.24 X 8.07 0.40 2.20	7.01 X 11.06 0.80 1.90
-2/3*Φ	2.53 V 2.28 10.30 -13.90	2.75 X 2.94 -5.10 10.10	3.13 X 3.82 -1.25 4.21	3.69 X 5.02 -0.29 2.85	4.52 X 6.64 0.20 2.30	5.77 X 8.93 0.60 1.90	7.67 X 12.23 0.90 1.70
-Φ	2.89 X 2.92 -2.70 6.30	3.18 X 3.72 -0.87 3.49	3.64 X 4.81 -0.18 2.51	4.31 X 6.28 0.20 2.00	5.26 X 8.28 0.52 1.66	6.67 X 10.98 0.80 1.40	8.73 X 14.98 1.01 1.24

Typ : X = Konvex V = Konkav E = Eben

Kreisgleitfläche

Kpr Typ Kpc xm ym	bzw. für Typ = E	Kpr E Kpc Theta (°)

C.red = 0.10 Φ = 25
β = 5.00

α δ	-30	-20	-10	0	10	20	30
0	2.13 V 1.71 2.10 -0.90	2.23 V 2.16 3.44 -2.38	2.45 V 2.77 11.30 -11.90	2.80 X 3.62 -5.10 8.20	3.35 X 4.80 -1.44 3.95	4.19 X 6.51 -0.43 2.94	5.51 X 9.07 0.10 2.60
-1/3*Φ	2.56 V 2.13 4.50 -3.70	2.72 V 2.71 36.70 -42.70	3.03 X 3.51 -3.40 6.06	3.51 X 4.81 -1.10 3.40	4.24 X 6.14 -0.29 2.56	5.32 X 8.40 0.20 2.10	7.03 X 11.55 0.57 1.92
-1/2*Φ	2.79 V 2.39 11.10 -11.50	2.98 X 3.07 -5.76 8.76	3.34 X 3.97 -1.60 3.90	3.88 X 5.21 -0.54 2.71	4.69 X 6.91 0.00 2.20	5.90 X 9.36 0.38 1.89	7.75 X 13.01 0.70 1.70
-2/3*Φ	3.02 X 2.70 -15.10 19.92	3.25 X 3.47 -2.30 4.60	3.64 X 4.49 -0.80 2.90	4.25 X 5.87 -0.19 2.26	5.14 X 7.77 0.21 1.91	6.45 X 10.45 0.53 1.66	8.42 X 14.52 0.80 1.50
-Φ	3.48 X 3.49 -1.60 3.70	3.76 X 4.46 -0.60 2.50	4.24 X 5.70 -0.10 2.01	4.93 X 7.38 0.23 1.68	5.92 X 9.63 0.50 1.46	7.34 X 12.87 0.70 1.30	9.52 X 17.01 0.98 1.12

C.red = 0.10 Φ = 25
β = 10.00

α δ	-30	-20	-10	0	10	20	30
0	2.43 V 2.00 3.00 -1.30	2.53 V 2.52 6.50 -4.60	2.76 X 3.21 -19.90 21.40	3.15 X 4.19 -2.50 4.20	3.74 X 5.57 -1.00 2.90	4.65 X 7.54 -0.30 2.40	6.09 X 10.41 0.18 2.18
-1/3*Φ	2.96 V 2.52 14.10 -11.40	3.13 X 3.20 -6.26 7.54	3.45 X 4.12 -1.90 3.54	3.97 X 5.39 -0.77 2.56	4.75 X 7.14 -0.19 2.13	5.93 X 9.61 0.22 1.89	7.79 X 13.11 0.60 1.70
-1/2*Φ	3.25 X 2.84 -16.90 17.48	3.44 X 3.63 -2.70 4.20	3.81 X 4.66 -1.10 2.80	4.39 X 6.10 -0.38 2.18	5.25 X 8.05 0.05 1.88	6.54 X 10.78 0.39 1.68	8.54 X 14.71 0.70 1.54
-2/3*Φ	3.53 X 3.24 -3.90 5.20	3.75 X 4.12 -1.48 3.06	4.16 X 5.30 -0.60 2.29	4.79 X 6.89 -0.11 1.91	5.73 X 9.04 0.23 1.67	7.09 X 12.19 0.50 1.50	9.24 X 16.22 0.81 1.36
-Φ	4.08 X 4.24 -1.10 2.60	4.35 X 5.33 -0.45 2.04	4.84 X 6.64 -0.10 1.80	5.51 X 8.65 0.24 1.49	6.52 X 11.14 0.49 1.31	8.00 X 14.48 0.72 1.17	10.22 X 19.10 0.96 1.03

C.red = 0.10 Φ = 25
β = 15.00

α δ	-30	-20	-10	0	10	20	30
0	2.74 V 2.36 5.30 -2.38	2.83 E 2.96 53.56	3.08 X 3.76 -4.30 4.80	3.49 X 4.86 -1.67 2.95	4.13 X 6.41 -0.75 2.37	5.11 X 8.62 -0.20 2.09	6.69 X 11.77 0.20 2.00
-1/3*Φ	3.39 X 3.00 -14.86 12.28	3.54 X 3.79 -3.02 3.76	3.88 X 4.83 -1.30 2.60	4.41 X 6.34 -0.60 2.10	5.22 X 8.40 -0.10 1.80	6.50 X 11.02 0.24 1.70	8.46 X 15.00 0.57 1.59
-1/2*Φ	3.73 X 3.40 -4.70 4.96	3.90 X 4.32 -1.74 2.82	4.28 X 5.51 -0.80 2.20	4.89 X 7.10 -0.30 1.90	5.79 X 9.32 0.09 1.68	7.15 X 12.33 0.40 1.53	9.26 X 16.62 0.70 1.43
-2/3*Φ	4.06 X 3.93 -2.30 3.10	4.26 X 4.93 -1.06 2.31	4.67 X 6.28 -0.45 1.91	5.32 X 8.05 -0.06 1.68	6.29 X 10.44 0.25 1.51	7.72 X 13.78 0.50 1.40	10.01 X 17.99 0.80 1.30
-Φ	4.69 X 5.14 -0.84 2.09	4.90 X 6.46 -0.30 1.70	5.34 X 8.05 0.00 1.50	6.05 X 10.05 0.26 1.35	7.06 X 12.78 0.50 1.20	8.57 X 16.28 0.71 1.09	10.83 X 21.17 0.94 0.97

Typ : X = Konvex V = Konkav E = Eben

Kreisgleitfläche

Kpr Typ Kpc xm ym	bzw. für Typ = E	Kpr E Kpc Theta (°)

C.red = 0.10 Φ = 25
β = 20.00

δ \ α	-30	-20	-10	0	10	20	30
0	3.05 V 2.81 21.70 -10.50	3.14 X 3.48 -7.10 5.50	3.39 X 4.40 -2.52 2.98	3.83 X 5.64 -1.20 2.30	4.54 X 7.25 -0.60 2.10	5.56 X 9.86 -0.13 1.87	7.24 X 13.46 0.25 1.79
-1/3*Φ	3.81 X 3.61 -4.50 3.90	3.95 X 4.48 -1.90 2.60	4.29 X 5.69 -1.00 2.10	4.87 X 7.23 -0.50 1.90	5.72 X 9.55 -0.10 1.70	7.06 X 12.54 0.26 1.57	9.13 X 16.86 0.58 1.48
-1/2*Φ	4.20 X 4.13 -2.56 2.86	4.35 X 5.15 -1.28 2.19	4.73 X 6.50 -0.63 1.86	5.38 X 8.15 -0.20 1.70	6.30 X 10.69 0.12 1.53	7.66 X 14.33 0.40 1.40	9.95 X 18.58 0.70 1.34
-2/3*Φ	4.58 X 4.74 -1.62 2.34	4.75 X 5.91 -0.80 1.90	5.15 X 7.38 -0.36 1.68	5.81 X 9.33 -0.01 1.52	6.86 X 11.72 0.30 1.40	8.26 X 15.73 0.50 1.30	10.62 X 20.25 0.80 1.20
-Φ	5.26 X 6.24 -0.67 1.77	5.43 X 7.61 -0.27 1.55	5.85 X 9.34 0.00 1.40	6.46 X 11.96 0.30 1.20	7.55 X 14.38 0.49 1.14	9.06 X 18.12 0.71 1.03	11.36 X 23.19 0.94 0.92

C.red = 0.10 Φ = 25
β = 25.00

δ \ α	-30	-20	-10	0	10	20	30
0	3.36 X 3.33 -14.10 7.10	3.44 X 4.09 -3.70 3.00	3.70 X 5.12 -1.83 2.28	4.16 X 6.53 -0.99 1.97	4.86 X 8.62 -0.50 1.80	5.96 X 11.48 -0.10 1.70	7.74 X 15.50 0.30 1.60
-1/3*Φ	4.22 X 4.33 -2.85 2.57	4.34 X 5.34 -1.50 2.06	4.68 X 6.68 -0.82 1.81	5.28 X 8.44 -0.37 1.66	6.14 X 11.10 0.00 1.50	7.58 X 14.16 0.29 1.46	9.81 X 18.57 0.60 1.40
-1/2*Φ	4.67 X 4.95 -1.90 2.20	4.79 X 6.11 -1.02 1.85	5.13 X 7.82 -0.50 1.60	5.86 X 9.31 -0.20 1.60	6.78 X 12.15 0.15 1.43	8.27 X 15.67 0.43 1.34	10.65 X 20.24 0.70 1.30
-2/3*Φ	5.08 X 5.72 -1.26 1.91	5.22 X 6.98 -0.68 1.68	5.58 X 8.81 -0.30 1.50	6.28 X 10.72 0.02 1.41	7.30 X 13.48 0.29 1.31	8.96 X 16.80 0.50 1.30	11.21 X 22.26 0.80 1.14
-Φ	5.82 X 7.46 -0.60 1.60	5.89 X 9.09 -0.20 1.40	6.35 X 10.62 0.10 1.30	6.95 X 13.10 0.29 1.19	7.97 X 16.05 0.50 1.09	9.48 X 19.91 0.71 0.98	11.79 X 24.81 1.00 0.70

C.red = 0.10 Φ = 30
β = -30.00

δ \ α	-30	-20	-10	0	10	20	30
0	0.61 V 0.65 0.94 -3.10	0.74 V 0.75 1.00 -2.24	0.86 V 1.18 1.50 -7.90	1.02 V 1.61 2.00 -25.30	1.17 E 2.41 -5.34	1.47 E 3.25 -7.89	1.93 E 4.64 -10.69
-1/3*Φ	0.62 V 0.79 1.00 -5.54	0.69 E 1.41 -4.20	0.84 E 1.78 -5.39	1.02 E 2.30 -7.10	1.28 E 3.07 -9.19	1.66 X 4.32 22.64 102.60	2.28 X 6.30 7.00 19.80
-1/2*Φ	0.55 E 1.21 -5.28	0.69 E 1.53 -5.84	0.85 E 1.96 -7.05	1.06 E 2.56 -8.74	1.35 E 3.51 -10.81	1.79 X 4.97 6.80 22.00	2.51 X 7.23 5.64 12.80
-2/3*Φ	0.55 E 1.30 -6.66	0.70 E 1.66 -7.29	0.88 E 2.16 -8.52	1.11 E 2.88 -10.22	1.43 X 4.04 6.60 23.20	1.94 X 5.70 5.20 13.20	2.80 X 8.24 4.99 9.38
-Φ	0.56 E 1.49 -8.98	0.73 X 2.01 8.50 43.60	0.94 X 2.70 5.40 21.80	1.21 X 3.73 4.40 13.20	1.64 X 5.16 3.96 9.00	2.34 X 7.26 3.98 6.94	3.58 X 10.33 4.14 5.64

Typ : X = Konvex V = Konkav E = Eben

Kreisgleitfläche

Kpr Kpc xm ym	Typ	bzw. für Typ = E	Kpr E Kpc Theta (°)

C.red = 0.10 Φ = 30
β = -25.00

α δ	-30	-20	-10	0	10	20	30
0	0.81 V 0.58 0.88 -1.04	0.91 V 0.85 1.09 -1.68	1.05 V 1.27 1.44 -3.90	1.27 V 1.60 1.49 -3.48	1.53 V 2.37 2.10 -14.90	1.96 V 3.33 2.50 -96.20	2.61 E 4.98 -4.08
-1/3*Φ	0.87 V 0.75 1.01 -1.83	0.98 V 1.26 1.44 -6.30	1.16 V 1.72 2.10 -16.10	1.42 V 2.32 2.50 -50.50	1.77 E 3.27 -2.30	2.35 X 4.62 3.78 27.42	3.34 X 6.64 3.18 11.44
-1/2*Φ	0.84 V 1.13 1.36 -8.70	1.01 V 1.45 1.56 -11.00	1.22 V 1.97 2.50 -50.50	1.49 E 2.73 -1.73	1.92 X 3.77 3.74 34.14	2.62 X 5.31 2.90 12.50	3.81 X 7.54 2.80 7.20
-2/3*Φ	0.85 V 1.34 1.52 -26.70	1.03 E 1.77 0.15	1.27 E 2.30 -1.43	1.60 E 3.11 -3.53	2.11 X 4.31 2.70 14.10	2.93 X 6.03 2.60 7.92	4.35 X 8.50 2.60 5.20
-Φ	0.88 E 1.66 -1.95	1.12 E 2.18 -2.96	1.42 X 2.95 3.26 26.90	1.87 X 4.00 2.10 8.40	2.56 X 5.51 2.20 5.80	3.70 X 7.61 2.30 4.30	5.65 X 10.64 2.40 3.20

C.red = 0.10 Φ = 30
β = -20.00

α δ	-30	-20	-10	0	10	20	30
0	1.00 V 0.70 0.98 -0.88	1.11 V 1.00 1.20 -1.45	1.27 V 1.41 1.48 -2.55	1.50 V 1.95 1.80 -4.42	1.85 V 2.72 2.18 -8.30	2.43 E 3.81 4.83	3.35 X 5.51 0.90 21.70
-1/3*Φ	1.08 V 1.05 1.35 -2.85	1.25 V 1.36 1.49 -3.25	1.47 V 1.92 1.84 -6.10	1.79 V 2.63 2.50 -13.60	2.30 E 3.66 3.35	3.10 X 5.14 1.20 12.20	4.46 X 7.32 1.71 6.48
-1/2*Φ	1.13 V 1.21 1.48 -4.00	1.32 V 1.63 1.90 -6.70	1.58 V 2.21 2.10 -10.10	1.96 V 3.06 2.90 -27.20	2.56 X 4.20 0.70 16.10	3.53 X 5.86 1.40 6.90	5.14 X 8.37 1.80 4.72
-2/3*Φ	1.18 V 1.40 1.70 -6.30	1.40 V 1.88 2.10 -10.50	1.70 V 2.56 2.50 -19.70	2.16 X 3.49 0.30 19.50	2.86 X 4.80 1.20 8.00	4.00 X 6.69 1.55 4.95	5.89 X 9.50 1.80 3.50
-Φ	1.29 V 1.84 2.50 -21.30	1.58 X 2.47 -0.40 22.00	2.00 X 3.31 0.70 10.10	2.61 X 4.52 1.20 5.80	3.57 X 6.14 1.40 3.90	5.09 X 8.48 1.59 2.85	7.55 X 11.93 1.79 2.19

C.red = 0.10 Φ = 30
β = -15.00

α δ	-30	-20	-10	0	10	20	30
0	1.21 V 0.83 1.04 -0.67	1.34 V 1.17 1.30 -1.20	1.52 V 1.63 1.60 -2.10	1.81 V 2.26 2.01 -3.74	2.26 V 3.11 3.30 -9.92	2.97 X 4.34 -9.70 63.80	4.15 X 6.20 0.30 9.20
-1/3*Φ	1.38 V 1.16 1.38 -1.76	1.56 V 1.61 1.69 -2.85	1.83 V 2.20 2.30 -5.51	2.25 V 3.01 5.30 -21.30	2.91 X 4.14 -1.20 14.90	3.94 X 5.80 0.58 6.54	5.64 X 8.32 1.19 4.35
-1/2*Φ	1.47 V 1.38 1.60 -2.80	1.69 V 1.87 2.10 -4.80	2.01 V 2.54 3.68 -12.86	2.51 X 3.47 -3.52 27.20	3.29 X 4.77 0.23 7.58	4.51 X 6.68 0.93 4.58	6.52 X 9.55 1.40 3.50
-2/3*Φ	1.56 V 1.60 1.90 -4.30	1.82 V 2.17 3.10 -10.10	2.21 X 2.93 -8.90 54.70	2.80 X 3.98 -0.20 9.20	3.71 X 5.47 0.70 5.00	5.13 X 7.64 1.12 3.46	7.43 X 11.00 1.40 2.60
-Φ	1.77 V 2.14 13.10 -64.80	2.13 X 2.86 -1.10 12.70	2.67 X 3.82 0.20 6.20	3.46 X 5.16 0.70 3.80	4.65 X 7.06 1.04 2.78	6.48 X 9.75 1.30 2.20	9.33 X 13.82 1.50 1.70

Typ : X = Konvex V = Konkav E = Eben

Kreisgleitfläche

Kpr Typ Kpc xm ym	bzw. für Typ = E	Kpr E Kpc Theta (°)

C.red = 0.10 Φ = 30
β = -10.00

δ \ α	-30	-20	-10	0	10	20	30
0	1.45 V 1.04 1.20 -0.70	1.58 V 1.44 1.50 -1.30	1.81 V 1.91 1.90 -2.20	2.16 V 2.59 3.00 -5.30	2.71 V 3.55 11.10 -31.70	3.58 X 4.95 -1.71 11.25	5.00 X 7.10 0.20 5.70
-1/3*Φ	1.71 V 1.39 1.70 -1.90	1.92 V 1.89 2.30 -3.50	2.26 V 2.55 3.96 -8.60	2.78 X 3.46 -7.90 30.10	3.58 X 4.77 -0.61 7.18	4.83 X 6.69 0.40 4.40	6.86 X 9.64 0.96 3.26
-1/2*Φ	1.86 V 1.62 2.09 -3.04	2.11 V 2.19 3.10 -6.10	2.52 V 2.94 21.50 -66.20	3.14 X 4.00 -1.31 9.05	4.08 X 5.51 0.10 4.90	5.55 X 7.77 0.70 3.30	7.91 X 11.13 1.14 2.65
-2/3*Φ	2.01 V 1.89 2.90 -5.60	2.32 V 2.53 8.70 -24.20	2.80 X 3.40 -2.42 12.35	3.53 X 4.61 -0.15 5.30	4.63 X 6.35 0.52 3.49	6.30 X 8.94 0.90 2.60	8.95 X 12.97 1.20 2.10
-Φ	2.34 X 2.53 -5.90 23.10	2.78 X 3.35 -0.81 6.75	3.43 X 4.48 0.13 3.99	4.38 X 6.05 0.57 2.82	5.79 X 8.22 0.90 2.20	7.84 X 11.46 1.10 1.74	11.00 X 16.12 1.34 1.42

C.red = 0.10 Φ = 30
β = -5.00

δ \ α	-30	-20	-10	0	10	20	30
0	1.73 V 1.24 1.40 -0.71	1.88 V 1.67 1.82 -1.42	2.14 V 2.23 2.60 -3.00	2.56 V 2.99 5.70 -9.80	3.22 X 4.08 -6.60 18.88	4.24 X 5.71 -0.90 6.20	5.89 X 8.23 0.24 4.03
-1/3*Φ	2.10 V 1.66 2.13 -2.11	2.34 V 2.21 3.32 -4.62	2.74 V 2.97 14.90 -30.98	3.37 X 4.02 -2.52 9.23	4.31 X 5.54 -0.40 4.70	5.78 X 7.80 0.40 3.20	8.14 X 11.17 0.90 2.60
-1/2*Φ	2.30 V 1.92 2.90 -3.79	2.60 V 2.57 7.50 -14.10	3.09 X 3.44 -4.52 13.58	3.83 X 4.68 -0.71 5.08	4.94 X 6.45 0.15 3.41	6.63 X 9.07 0.64 2.64	9.31 X 13.05 1.02 2.20
-2/3*Φ	2.52 V 2.25 5.30 -9.30	2.89 X 2.98 -8.30 21.80	3.46 X 3.99 -1.22 6.04	4.32 X 5.42 -0.08 3.65	5.59 X 7.47 0.45 2.69	7.50 X 10.47 0.81 2.17	10.50 X 14.92 1.14 1.84
-Φ	3.00 X 3.02 -2.50 8.60	3.51 X 3.98 -0.60 4.40	4.26 X 5.32 0.11 2.93	5.34 X 7.19 0.50 2.20	6.92 X 9.69 0.80 1.80	9.15 X 13.45 1.01 1.49	12.54 X 18.73 1.25 1.24

C.red = 0.10 Φ = 30
β = 0.00

δ \ α	-30	-20	-10	0	10	20	30
0	2.03 V 1.49 1.71 -0.83	2.20 V 1.95 2.38 -1.82	2.51 V 2.58 4.22 -4.82	3.00 E 3.46 30.00	3.75 X 4.74 -2.30 6.90	4.92 X 6.65 -0.51 4.12	6.81 X 9.58 0.30 3.10
-1/3*Φ	2.53 V 1.97 2.94 -2.77	2.81 V 2.61 6.70 -9.10	3.28 X 3.48 -7.30 15.16	4.00 X 4.72 -1.32 5.03	5.08 X 6.53 -0.20 3.30	6.75 X 9.13 0.40 2.60	9.37 X 13.21 0.79 2.26
-1/2*Φ	2.81 V 2.29 4.90 -6.10	3.16 X 3.04 -17.50 32.20	3.72 X 4.06 -1.99 6.03	4.57 X 5.52 -0.46 3.56	5.82 X 7.61 0.17 2.68	7.72 X 10.67 0.60 2.20	10.77 X 15.00 1.00 1.90
-2/3*Φ	3.11 V 2.67 31.10 -51.10	3.53 X 3.54 -2.90 7.50	4.19 X 4.74 -0.76 3.91	5.16 X 6.41 0.00 2.80	6.58 X 8.83 0.42 2.22	8.76 X 12.06 0.80 1.90	11.98 X 17.38 1.07 1.63
-Φ	3.76 X 3.64 -1.49 4.90	4.32 X 4.80 -0.39 3.10	5.15 X 6.38 0.12 2.32	6.33 X 8.59 0.50 1.80	8.00 X 11.50 0.70 1.60	10.48 X 15.37 1.00 1.30	13.97 X 21.49 1.20 1.10

Typ : X = Konvex V = Konkav E = Eben

Kreisgleitfläche

Kpr Typ Kpc xm ym	bzw. für Typ = E	Kpr E Kpc Theta (°)

C.red = 0.10 Φ = 30
β = 5.00

α / δ	-30	-20	-10	0	10	20	30
0	2.37 V 1.76 2.17 -1.04	2.56 V 2.29 3.50 -2.70	2.91 V 3.02 11.50 -13.30	3.47 X 4.04 -5.40 9.62	4.32 X 5.54 -1.37 4.35	5.64 X 7.78 -0.32 3.18	7.74 X 11.23 0.28 2.69
1/3*Φ	3.02 V 3.35 4.70 -4.30	3.33 X 3.09 -61.50 84.20	3.86 X 4.12 -2.73 5.85	4.67 X 5.50 -0.85 3.50	5.89 X 7.60 -0.11 2.68	7.74 X 10.77 0.40 2.20	10.63 X 15.41 0.76 2.00
-1/2*Φ	3.39 V 2.75 22.70 -28.10	3.77 X 3.62 -4.30 7.90	4.40 X 4.84 -1.20 3.80	5.35 X 6.52 -0.30 2.80	6.73 X 9.00 0.20 2.25	8.83 X 12.50 0.60 1.90	12.02 X 18.03 0.90 1.70
-2/3*Φ	3.78 X 3.21 -7.30 11.80	4.24 X 4.24 -1.70 4.40	4.96 X 5.67 -0.50 2.90	6.03 X 7.65 0.04 2.28	7.58 X 10.44 0.42 1.91	9.86 X 14.47 0.70 1.70	13.40 X 20.07 1.03 1.47
-Φ	4.60 X 4.45 -1.00 3.35	5.19 X 5.78 -0.30 2.50	6.07 X 7.65 0.10 2.00	7.32 X 10.10 0.40 1.70	9.04 X 13.54 0.69 1.39	11.48 X 18.36 0.90 1.20	15.23 X 24.50 1.16 1.02

C.red = 0.10 Φ = 30
β = 10.00

α / δ	-30	-20	-10	0	10	20	30
0	2.74 V 2.09 2.99 -1.45	2.95 V 2.70 7.10 -5.60	3.34 X 3.54 -19.90 23.40	3.96 X 4.75 -2.60 4.84	4.90 X 6.51 -0.95 3.24	6.35 X 9.18 -0.20 2.60	8.70 X 13.09 0.31 2.35
-1/3*Φ	3.56 V 2.82 19.90 -18.60	3.90 X 3.69 -5.80 8.06	4.48 X 4.91 -1.68 3.76	5.37 X 6.65 -0.60 2.70	6.70 X 9.12 0.00 2.20	8.76 X 12.46 0.40 2.00	11.89 X 17.84 0.75 1.81
-1/2*Φ	4.02 X 3.31 -10.70 13.20	4.43 X 4.36 -2.20 4.20	5.11 X 5.79 -0.85 2.88	6.14 X 7.79 -0.20 2.29	7.65 X 10.60 0.22 1.97	9.91 X 14.59 0.57 1.75	13.45 X 20.22 0.90 1.60
-2/3*Φ	4.50 X 3.91 -3.10 5.10	4.99 X 5.13 -1.14 3.10	5.76 X 6.78 -0.40 2.40	6.88 X 9.24 0.10 1.90	8.56 X 12.25 0.42 1.71	10.95 X 16.97 0.70 1.50	14.74 X 22.91 1.01 1.36
-Φ	5.48 X 5.47 -0.73 2.58	6.07 X 7.07 -0.19 2.04	6.96 X 9.21 0.16 1.71	8.23 X 12.05 0.40 1.50	10.11 X 15.30 0.70 1.30	12.56 X 20.67 0.90 1.11	16.37 X 27.47 1.13 0.95

C.red = 0.10 Φ = 30
β = 15.00

α / δ	-30	-20	-10	0	10	20	30
0	3.13 V 2.49 4.88 -2.46	3.36 V 3.19 29.50 -23.40	3.79 X 4.17 -4.70 5.90	4.47 X 5.56 -1.70 3.40	5.49 X 7.69 -0.70 2.60	7.11 X 10.63 -0.12 2.30	9.72 X 15.05 0.30 2.20
-1/3*Φ	4.14 X 3.38 -21.10 19.68	4.49 X 4.43 -2.86 4.16	5.11 X 5.89 -1.20 2.80	6.08 X 7.85 -0.45 2.29	7.53 X 10.66 0.02 2.00	9.72 X 14.62 0.39 1.82	13.13 X 20.46 0.74 1.68
-1/2*Φ	4.69 X 4.03 -3.87 4.93	5.12 X 5.25 -1.52 3.03	5.83 X 6.98 -0.60 2.30	6.96 X 9.16 -0.10 2.00	8.56 X 12.41 0.25 1.77	11.03 X 16.60 0.60 1.60	14.70 X 23.21 0.89 1.48
-2/3*Φ	5.27 X 4.78 -1.93 3.32	5.76 X 6.22 -0.84 2.45	6.56 X 8.16 -0.27 2.02	7.76 X 10.76 0.11 1.76	9.51 X 14.27 0.42 1.57	12.08 X 19.09 0.71 1.42	16.09 X 25.49 1.00 1.30
-Φ	6.39 X 6.74 -0.57 2.14	6.96 X 8.48 -0.10 1.80	7.82 X 10.96 0.19 1.54	9.09 X 14.03 0.44 1.35	10.90 X 18.01 0.67 1.19	13.49 X 23.29 0.88 1.05	17.35 X 30.44 1.12 0.89

Typ : X = Konvex V = Konkav E = Eben

Kreisgleitfläche

Kpr Typ Kpc xm ym	bzw. für Typ = E	Kpr E Kpc Theta (°)

C.red = 0.10 Φ = 30
β = 20.00

α / δ	-30	-20	-10	0	10	20	30
0	3.55 V 2.98 12.70 -6.70	3.78 X 3.81 -8.70 7.40	4.25 X 4.94 -2.50 3.40	4.98 X 6.60 -1.26 2.64	6.10 X 9.01 -0.50 2.20	7.87 X 12.35 -0.06 2.07	10.71 X 17.39 0.40 1.90
-1/3*Φ	4.74 X 4.11 -5.10 5.00	5.10 X 5.34 -1.92 2.93	5.76 X 7.02 -0.90 2.30	6.80 X 9.29 -0.35 2.01	8.38 X 12.32 0.10 1.80	10.71 X 16.77 0.40 1.70	14.25 X 23.89 0.70 1.60
-1/2*Φ	5.39 X 4.92 -2.40 3.20	5.82 X 6.34 -1.15 2.42	6.57 X 8.27 -0.50 2.03	7.71 X 11.00 -0.10 1.80	9.44 X 14.40 0.27 1.64	11.99 X 19.26 0.57 1.51	15.93 X 26.13 0.88 1.39
-2/3*Φ	6.06 X 5.87 -1.41 2.55	6.54 X 7.51 -0.70 2.10	7.35 X 9.72 -0.20 1.80	8.69 X 12.25 0.10 1.70	10.42 X 16.44 0.43 1.46	12.98 X 22.31 0.70 1.30	17.18 X 28.87 0.99 1.21
-Φ	7.28 X 8.29 -0.45 1.86	7.75 X 10.45 -0.10 1.60	8.57 X 13.19 0.20 1.40	9.89 X 16.19 0.45 1.27	11.69 X 20.39 0.66 1.13	14.44 X 25.26 0.90 1.00	18.03 X 33.47 1.13 0.71

C.red = 0.10 Φ = 30
β = 25.00

α / δ	-30	-20	-10	0	10	20	30
0	3.97 X 3.56 -30.30 16.90	4.21 X 4.54 -4.18 3.72	4.70 X 5.88 -1.93 2.64	5.50 X 7.76 -1.00 2.23	6.75 X 10.38 -0.40 2.00	8.65 X 14.19 0.00 1.90	11.69 X 19.87 0.38 1.83
-1/3*Φ	5.36 X 5.01 -3.00 3.10	5.72 X 6.46 -1.40 2.30	6.42 X 8.30 -0.74 2.02	7.51 X 10.88 -0.27 1.82	9.19 X 14.22 0.10 1.70	11.63 X 19.34 0.40 1.60	15.52 X 26.10 0.75 1.50
-1/2*Φ	6.11 X 5.98 -1.80 2.50	6.52 X 7.64 -0.92 2.06	7.30 X 9.81 -0.40 1.82	8.44 X 13.07 0.00 1.60	10.29 X 16.58 0.29 1.53	12.95 X 21.91 0.60 1.40	17.09 X 29.11 0.88 1.33
-2/3*Φ	6.83 X 7.24 -1.10 2.10	7.27 X 9.17 -0.50 1.80	8.13 X 11.45 -0.14 1.65	9.40 X 14.59 0.17 1.51	11.22 X 19.18 0.40 1.40	14.11 X 23.94 0.70 1.30	18.54 X 30.59 1.00 1.20
-Φ	8.15 X 10.01 -0.40 1.70	8.56 X 12.23 -0.04 1.50	9.36 X 14.97 0.23 1.34	10.60 X 18.41 0.46 1.21	12.38 X 22.78 0.67 1.08	14.99 X 28.43 0.88 0.95	18.63 X 33.48 1.12 0.69

C.red = 0.10 Φ = 30
β = 30.00

α / δ	-30	-20	-10	0	10	20	30
0	4.40 X 4.31 -6.44 3.86	4.64 X 5.43 -2.80 2.60	5.17 X 6.94 -1.53 2.19	6.03 X 9.07 -0.83 1.98	7.36 X 12.06 -0.35 1.85	9.42 X 16.28 0.04 1.78	12.70 X 22.51 0.41 1.72
-1/3*Φ	5.96 X 6.16 -2.10 2.30	6.34 X 7.69 -1.18 2.01	7.05 X 9.85 -0.60 1.80	8.21 X 12.63 -0.21 1.69	9.95 X 16.43 0.13 1.59	12.57 X 21.65 0.44 1.51	16.65 X 29.01 0.76 1.43
-1/2*Φ	6.80 X 7.31 -1.41 2.07	7.21 X 9.12 -0.77 1.84	8.00 X 11.51 -0.33 1.68	9.25 X 14.63 0.01 1.56	11.11 X 18.77 0.31 1.46	13.89 X 24.32 0.59 1.36	18.38 X 31.09 0.90 1.30
-2/3*Φ	7.62 X 8.71 -0.93 1.88	8.03 X 10.73 -0.45 1.69	8.98 X 12.83 -0.10 1.60	10.14 X 16.79 0.20 1.42	12.06 X 21.10 0.46 1.32	14.89 X 26.86 0.72 1.22	19.21 X 34.77 0.99 1.11
-Φ	9.00 X 11.73 -0.30 1.60	9.27 X 14.30 0.00 1.41	10.02 X 17.13 0.25 1.28	11.21 X 20.67 0.47 1.16	12.92 X 25.65 0.70 1.00	15.18 X 31.42 0.90 0.80	19.11 X 33.37 1.11 0.66

Typ : X = Konvex V = Konkav E = Eben

Kreisgleitfläche

Kpr Typ Kpc xm ym	bzw. für Typ = E	Kpr E Kpc Theta (°)

C.red = 0.10 Φ = 35
β = -35.00

α / δ	-30	-20	-10	0	10	20	30
0	0.51 V 0.48 0.74 -3.10	0.65 V 0.70 0.94 -4.50	0.83 V 0.83 1.00 -2.74	0.89 E 1.74 -9.76	1.12 E 2.29 -11.78	1.44 E 3.12 -14.12	1.94 E 4.51 -16.72
-1/3*Φ	0.43 E 0.98 -10.75	0.58 E 1.28 -11.14	0.74 E 1.67 -12.18	0.95 E 2.20 -13.72	1.23 E 3.02 -15.66	1.66 E 4.34 -17.90	2.36 X 6.61 14.80 33.70
-1/2*Φ	0.42 E 1.05 -12.22	0.58 E 1.40 -12.70	0.76 E 1.85 -13.79	0.99 E 2.50 -15.35	1.32 E 3.52 -17.29	1.81 X 5.20 14.80 36.30	2.66 X 7.90 9.20 16.90
-2/3*Φ	0.42 E 1.13 -13.50	0.59 E 1.54 -14.08	0.79 E 2.08 -15.23	1.05 E 2.87 -16.83	1.42 X 4.16 13.76 35.68	2.01 X 6.16 8.40 16.70	3.06 X 9.31 7.32 11.30
-Φ	0.43 X 1.35 14.20 48.00	0.62 X 1.90 16.40 52.40	0.86 X 2.74 10.40 28.30	1.19 X 3.89 6.20 13.60	1.70 X 5.73 5.60 9.70	2.59 X 8.42 5.44 7.62	4.29 X 12.45 5.39 5.97

C.red = 0.10 Φ = 35
β = -30.00

α / δ	-30	-20	-10	0	10	20	30
0	0.68 V 0.55 0.90 -2.20	0.82 V 0.73 1.00 -2.24	1.00 V 1.13 1.50 -6.70	1.22 V 1.50 1.50 -8.32	1.50 E 2.37 -4.07	1.95 E 3.27 -6.88	2.70 E 4.82 -9.94
-1/3*Φ	0.72 V 0.77 1.00 -5.54	0.85 E 1.36 -3.26	1.06 E 1.75 -4.58	1.35 E 2.33 -6.47	1.76 E 3.22 -8.80	2.43 X 4.73 31.00 145.00	3.62 X 7.04 6.00 16.80
-1/2*Φ	0.68 E 1.16 -4.65	0.88 E 1.51 -5.25	1.12 E 1.98 -6.59	1.45 E 2.69 -8.49	1.95 E 3.84 -10.81	2.78 X 5.63 6.00 18.80	4.27 X 8.36 4.58 9.66
-2/3*Φ	0.69 E 1.27 -6.31	0.91 E 1.68 -7.00	1.19 E 2.26 -8.40	1.58 E 3.15 -10.33	2.19 X 4.54 5.84 20.12	3.22 X 6.63 4.22 9.82	5.08 X 9.75 3.80 6.20
-Φ	0.74 E 1.55 -9.14	1.02 E 2.14 -10.06	1.38 X 3.04 5.00 19.19	1.94 X 4.34 3.60 9.84	2.84 X 6.21 3.20 6.30	4.40 X 8.91 3.08 4.49	7.23 X 12.85 3.04 3.23

C.red = 0.10 Φ = 35
β = -25.00

α / δ	-30	-20	-10	0	10	20	30
0	0.87 V 0.53 0.83 -0.83	1.01 V 0.83 1.09 -1.68	1.20 V 1.24 1.42 -3.70	1.48 V 1.75 1.80 -7.20	1.88 V 2.46 2.06 -14.90	2.49 E 3.64 -1.12	3.53 E 5.48 -4.66
-1/3*Φ	0.99 V 0.72 1.00 -1.70	1.15 V 1.27 1.44 -6.30	1.42 V 1.79 2.10 -17.30	1.80 V 2.49 2.50 -71.30	2.36 E 3.63 -3.13	3.33 X 5.30 3.50 20.70	5.04 X 7.89 3.00 9.00
-1/2*Φ	0.99 V 1.12 1.36 -8.50	1.23 V 1.53 2.00 -19.00	1.54 V 2.12 2.50 -76.10	1.98 E 3.03 -2.62	2.69 X 4.35 3.58 25.38	3.91 X 6.33 2.78 9.90	6.05 X 9.36 2.74 5.89
-2/3*Φ	1.04 V 1.34 2.00 -30.30	1.30 E 1.88 -0.50	1.66 E 2.55 -2.36	2.22 X 3.58 3.50 30.50	3.11 X 5.16 2.56 10.46	4.61 X 7.47 2.46 6.02	7.24 X 11.01 2.56 4.16
-Φ	1.14 E 1.80 -2.84	1.51 X 2.49 2.80 27.80	2.03 X 3.53 2.50 13.70	2.85 X 4.96 2.04 6.34	4.17 X 7.03 2.00 4.10	6.35 X 10.07 2.12 3.00	10.05 X 14.58 2.23 2.20

Typ : X = Konvex V = Konkav E = Eben

Kreisgleitfläche

Kpr Kpc xm ym	Typ	bzw. für Typ = E	Kpr E Kpc Theta (°)

C.red = 0.10 Φ = 35
β = -20.00

α / δ	-30	-20	-10	0	10	20	30
0	1.08 V 0.67 0.98 -0.88	1.22 V 1.03 1.29 -1.89	1.45 V 1.40 1.48 -2.55	1.77 V 2.01 1.86 -5.00	2.28 V 2.87 2.30 -9.90	3.10 E 4.18 3.66	4.51 X 6.25 1.40 20.20
-1/3*Φ	1.24 V 1.05 1.38 -3.02	1.46 V 1.46 1.62 -4.40	1.79 V 2.06 2.10 -8.50	2.28 V 2.93 2.38 -16.40	3.07 X 4.20 -0.30 47.50	4.38 X 6.10 1.50 9.90	6.65 X 9.07 1.90 5.66
-1/2*Φ	1.32 V 1.26 1.52 -4.50	1.60 V 1.75 1.90 -7.50	1.99 V 2.47 2.18 -13.70	2.60 E 3.51 2.45	3.59 X 5.02 1.24 11.44	5.22 X 7.29 1.65 5.95	8.02 X 10.84 1.96 4.07
-2/3*Φ	1.42 V 1.50 1.70 -7.10	1.75 V 2.09 2.10 -12.90	2.24 V 2.95 2.66 -33.06	2.99 X 4.18 0.96 13.50	4.20 X 5.97 1.44 6.28	6.19 X 8.66 1.70 4.10	9.56 X 12.82 1.96 3.03
-Φ	1.65 V 2.11 2.58 -34.18	2.13 X 2.95 0.52 16.54	2.84 X 4.13 1.10 7.00	3.95 X 5.80 1.30 4.20	5.68 X 8.22 1.50 3.00	8.42 X 11.75 1.67 2.24	12.83 X 17.10 1.85 1.69

C.red = 0.10 Φ = 35
β = -15.00

α / δ	-30	-20	-10	0	10	20	30
0	1.31 V 0.81 1.06 -0.72	1.49 V 1.15 1.30 -1.20	1.73 V 1.70 1.70 -2.60	2.14 V 2.38 1.99 -3.97	2.78 V 3.38 3.10 -10.20	3.83 X 4.86 -3.40 32.80	5.62 X 7.22 0.60 9.20
-1/3*Φ	1.57 V 1.20 1.45 -2.07	1.83 V 1.73 1.77 -3.40	2.25 V 2.43 2.34 -6.42	2.89 V 3.43 7.14 -36.64	3.91 X 4.89 -0.30 12.60	5.59 X 7.12 0.90 6.00	8.43 X 10.65 1.44 4.08
-1/2*Φ	1.72 V 1.48 1.67 -3.30	2.05 V 2.08 2.14 -5.64	2.56 V 2.92 4.50 -20.10	3.36 X 4.11 -1.04 16.30	4.63 X 5.88 0.67 6.45	6.69 X 8.57 1.20 4.10	10.14 X 12.80 1.58 3.10
-2/3*Φ	1.88 V 1.78 1.99 -5.28	2.30 V 2.49 3.56 -14.56	2.93 X 3.49 -1.70 19.40	3.92 X 4.91 0.40 7.20	5.46 X 7.03 1.00 4.30	7.93 X 10.22 1.35 3.08	11.99 X 15.19 1.65 2.40
-Φ	2.28 X 2.56 -3.44 28.70	2.90 X 3.54 0.00 8.40	3.82 X 4.92 0.66 4.63	5.22 X 6.90 0.99 3.13	7.33 X 9.76 1.22 2.32	10.54 X 13.95 1.42 1.79	15.49 X 20.60 1.60 1.40

C.red = 0.10 Φ = 35
β = -10.00

α / δ	-30	-20	-10	0	10	20	30
0	1.58 V 1.02 1.20 -0.70	1.77 V 1.44 1.51 -1.34	2.08 V 2.00 1.98 -2.55	2.59 V 2.79 2.90 -5.50	3.38 V 3.93 12.22 -39.70	4.68 X 5.67 -1.20 11.10	6.86 X 8.46 0.50 5.70
-1/3*Φ	1.97 V 1.46 1.70 -2.00	2.29 V 2.06 2.30 -3.80	2.80 V 2.87 4.90 -12.80	3.61 X 4.03 -4.90 23.80	4.89 X 5.77 -0.10 6.50	6.94 X 8.43 0.71 4.21	10.33 X 12.70 1.20 3.20
-1/2*Φ	2.20 V 1.77 2.20 -3.60	2.61 V 2.48 3.70 -8.80	3.25 X 3.45 -12.30 50.40	4.26 X 4.87 -0.52 7.62	5.82 X 6.97 0.50 4.38	8.31 X 10.18 1.00 3.20	12.38 X 15.25 1.38 2.54
-2/3*Φ	2.45 V 2.15 3.30 -7.60	2.97 E 2.98 15.28	3.77 X 4.15 -1.01 9.04	4.99 X 5.86 0.29 4.64	6.87 X 8.39 0.80 3.21	9.83 X 12.07 1.20 2.50	14.49 X 18.06 1.48 2.02
-Φ	3.06 X 3.10 -1.91 11.63	3.83 X 4.27 -0.10 5.24	4.96 X 5.94 0.50 3.30	6.63 X 8.29 0.82 2.46	9.11 X 11.52 1.10 2.00	12.68 X 16.60 1.28 1.52	18.16 X 23.78 1.51 1.21

Typ : X = Konvex V = Konkav E = Eben

Kreisgleitfläche

Kpr Typ Kpc xm ym	bzw. für Typ = E	Kpr E Kpc Theta (°)

C.red = 0.10 Φ = 35
β = -5.00

δ \ α	-30	-20	-10	0	10	20	30
0	1.89 V 1.26 1.45 -0.82	2.12 V 1.70 1.90 -1.60	2.49 V 2.36 2.70 -3.40	3.10 V 3.26 5.70 -10.70	4.07 X 4.60 -5.90 19.40	5.62 X 6.68 -0.61 6.31	8.20 X 10.03 0.44 4.24
-1/3*Φ	2.43 V 1.79 2.27 -2.56	2.83 V 2.46 3.70 -5.90	3.46 V 3.41 51.90 -128.90	4.45 X 4.79 -1.69 8.38	5.98 X 6.87 0.00 4.40	8.40 X 10.06 0.62 3.28	12.39 X 15.05 1.10 2.70
-1/2*Φ	2.76 V 2.16 3.28 -5.02	3.26 V 2.97 12.30 -27.70	4.06 X 4.13 -2.61 10.45	5.27 X 5.82 -0.30 4.86	7.14 X 8.37 0.40 3.40	10.05 X 12.16 0.90 2.60	14.79 X 17.86 1.30 2.20
-2/3*Φ	3.13 V 2.61 7.50 -15.70	3.76 X 3.59 -4.10 14.10	4.73 X 5.00 -0.58 5.30	6.20 X 7.05 0.26 3.42	8.39 X 10.07 0.71 2.60	11.74 X 14.59 1.05 2.10	17.11 X 21.04 1.40 1.80
-Φ	4.00 X 3.80 -1.20 6.50	4.91 X 5.22 -0.07 3.70	6.24 X 7.21 0.42 2.64	8.14 X 10.03 0.73 2.04	10.85 X 14.01 0.97 1.64	14.76 X 19.64 1.20 1.34	20.51 X 28.43 1.40 1.10

C.red = 0.10 Φ = 35
β = 0.00

δ \ α	-30	-20	-10	0	10	20	30
0	2.24 V 1.52 1.77 -0.97	2.51 V 2.05 2.43 -2.03	2.96 V 2.78 4.20 -5.22	3.69 E 3.84 27.50	4.83 X 5.45 -2.20 7.60	6.64 X 7.94 -0.34 4.42	9.64 X 11.95 0.44 3.41
-1/3*Φ	2.98 V 2.17 3.18 -3.42	3.45 V 2.95 8.20 -12.86	4.21 X 4.08 -4.92 12.38	5.38 X 5.73 -1.00 5.20	7.17 X 8.25 0.00 3.50	9.97 X 12.06 0.58 2.74	14.50 X 18.00 1.02 2.34
-1/2*Φ	3.43 V 2.62 6.10 -8.90	4.03 X 3.58 -9.18 20.40	4.98 X 4.98 -1.40 5.70	6.40 X 7.02 -0.16 3.56	8.54 X 10.11 0.40 2.70	11.86 X 14.60 0.82 2.25	17.11 X 21.51 1.19 1.95
-2/3*Φ	3.94 X 3.18 -22.54 45.70	4.69 X 4.36 -1.89 6.50	5.83 X 6.06 -0.40 3.80	7.51 X 8.53 0.26 2.75	10.00 X 12.12 0.66 2.21	13.74 X 17.37 0.98 1.86	19.54 X 25.25 1.30 1.59
-Φ	5.10 X 4.71 -0.77 4.19	6.13 X 6.45 0.00 2.80	7.63 X 8.78 0.40 2.20	9.70 X 12.12 0.68 1.77	12.61 X 16.68 0.92 1.46	16.61 X 23.92 1.10 1.20	22.89 X 31.89 1.38 0.98

C.red = 0.10 Φ = 35
β = 5.00

δ \ α	-30	-20	-10	0	10	20	30
0	2.64 V 1.84 2.30 -1.30	2.95 V 2.43 3.48 -2.92	3.49 V 3.29 10.10 -12.70	4.34 X 4.56 -5.38 10.70	5.66 X 6.50 -1.30 4.80	7.74 X 9.48 -0.19 3.46	11.17 X 14.26 0.44 2.91
-1/3*Φ	3.61 V 2.63 5.48 -5.84	4.16 X 3.56 -27.10 42.90	5.05 X 4.92 -2.32 6.02	6.40 X 6.95 -0.60 3.60	8.45 X 9.92 0.10 2.80	11.62 X 14.41 0.57 2.38	16.70 X 21.31 0.98 2.10
-1/2*Φ	4.21 V 3.19 45.90 -66.30	4.90 X 4.36 -3.20 7.20	5.99 X 6.05 -0.90 3.90	7.62 X 8.50 -0.10 2.90	10.02 X 12.23 0.40 2.30	13.73 X 17.37 0.79 2.01	19.52 X 25.25 1.15 1.77
-2/3*Φ	4.87 X 3.91 -4.38 8.88	5.73 X 5.33 -1.20 4.30	7.02 X 7.40 -0.24 2.93	8.92 X 10.31 0.30 2.30	11.66 X 14.52 0.63 1.95	15.75 X 20.51 0.95 1.69	22.04 X 29.21 1.26 1.47
-Φ	6.34 X 5.87 -0.55 3.15	7.46 X 7.93 0.02 2.36	9.05 X 10.74 0.38 1.90	11.26 X 14.55 0.65 1.58	14.31 X 19.66 0.88 1.34	18.61 X 26.60 1.11 1.12	24.96 X 36.15 1.34 0.91

Typ : X = Konvex V = Konkav E = Eben

Kreisgleitfläche

Kpr Kpc xm ym	Typ	bzw. für Typ = E	Kpr Kpc Theta (°)	E

C.red = 0.10 Φ = 35
β = 10.00

δ \ α	-30	-20	-10	0	10	20	30
0	3.10 V 2.19 3.04 -1.66	3.45 V 2.90 6.14 -5.24	4.07 X 3.93 -18.70 24.50	5.05 X 5.45 -2.70 5.60	6.55 X 7.76 -0.88 3.60	8.92 X 11.32 -0.09 2.90	12.79 X 16.93 0.45 2.58
-1/3*Φ	4.33 V 3.19 19.74 -21.24	4.96 X 4.33 -4.70 7.70	5.97 X 5.97 -1.46 4.01	7.50 X 8.37 -0.40 2.90	9.80 X 11.90 0.13 2.43	13.33 X 17.12 0.56 2.13	18.94 X 24.95 0.96 1.93
-1/2*Φ	5.09 X 3.92 -7.10 10.50	5.87 X 5.34 -1.84 4.36	7.10 X 7.37 -0.63 3.04	8.90 X 10.34 0.00 2.40	11.59 X 14.47 0.41 2.08	15.66 X 20.39 0.80 1.80	21.92 X 29.29 1.12 1.64
-2/3*Φ	5.92 X 4.84 -2.37 4.93	6.86 X 6.58 -0.83 3.18	8.29 X 9.03 -0.15 2.46	10.33 X 12.59 0.30 2.00	13.33 X 17.25 0.62 1.77	17.73 X 24.04 0.90 1.60	24.44 X 33.51 1.23 1.37
-Φ	7.68 X 7.35 -0.41 2.56	8.84 X 9.82 0.10 2.00	10.51 X 12.92 0.40 1.70	12.81 X 17.26 0.60 1.50	15.91 X 22.87 0.86 1.24	20.32 X 30.33 1.08 1.05	26.79 X 40.50 1.32 0.85

C.red = 0.10 Φ = 35
β = 15.00

δ \ α	-30	-20	-10	0	10	20	30
0	3.60 V 2.62 4.70 -2.64	4.01 V 3.46 18.30 -16.00	4.71 X 4.69 -5.50 7.40	5.80 X 6.53 -1.70 3.80	7.50 X 9.29 -0.65 2.94	10.16 X 13.46 -0.02 2.55	14.53 X 19.85 0.50 2.30
-1/3*Φ	5.14 X 3.91 -12.30 13.58	5.83 X 5.29 -2.68 4.54	6.95 X 7.32 -1.00 3.00	8.67 X 10.08 -0.30 2.50	11.20 X 14.20 0.17 2.17	15.08 X 20.16 0.57 1.96	21.01 X 30.25 0.90 1.80
-1/2*Φ	6.06 X 4.87 -3.30 5.00	6.92 X 6.56 -1.31 3.26	8.28 X 8.91 -0.50 2.60	10.26 X 12.36 0.00 2.20	13.13 X 17.38 0.40 1.90	17.52 X 23.88 0.76 1.71	24.28 X 33.58 1.11 1.55
-2/3*Φ	7.07 X 6.02 -1.60 3.50	8.08 X 8.09 -0.60 2.60	9.61 X 10.98 -0.08 2.15	11.82 X 14.91 0.30 1.86	14.99 X 20.26 0.62 1.64	19.64 X 27.63 0.91 1.46	26.59 X 38.62 1.20 1.30
-Φ	9.09 X 9.16 -0.31 2.20	10.21 X 12.08 0.10 1.80	11.90 X 15.58 0.39 1.56	14.27 X 20.11 0.60 1.40	17.76 X 24.80 0.90 1.20	21.84 X 34.12 1.07 0.99	28.15 X 45.15 1.30 0.70

C.red = 0.10 Φ = 35
β = 20.00

δ \ α	-30	-20	-10	0	10	20	30
0	4.14 V 3.17 10.10 -5.90	4.59 X 4.19 -11.50 10.60	5.38 X 5.67 -2.92 4.16	6.60 X 7.90 -1.30 3.00	8.50 X 11.08 -0.50 2.54	11.46 X 15.91 0.03 2.30	16.29 X 23.23 0.49 2.17
-1/3*Φ	6.01 X 4.82 -4.80 5.48	6.77 X 6.48 -1.85 3.30	8.00 X 8.81 -0.82 2.59	9.87 X 12.11 -0.20 2.20	12.65 X 16.78 0.20 2.00	16.85 X 23.47 0.58 1.83	23.22 X 34.71 0.90 1.70
-1/2*Φ	7.11 X 6.04 -2.20 3.50	8.05 X 7.99 -1.00 2.70	9.48 X 10.89 -0.36 2.23	11.62 X 14.78 0.08 1.96	14.74 X 20.11 0.44 1.76	19.54 X 26.91 0.80 1.60	26.55 X 38.04 1.10 1.47
-2/3*Φ	8.29 X 7.50 -1.21 2.78	9.33 X 9.95 -0.49 2.26	10.94 X 13.24 -0.03 1.94	13.27 X 17.66 0.32 1.72	16.72 X 23.09 0.60 1.60	21.48 X 31.45 0.90 1.40	28.83 X 42.48 1.21 1.23
-Φ	10.46 X 11.64 -0.20 1.90	11.60 X 14.47 0.12 1.68	13.24 X 18.42 0.40 1.46	15.53 X 23.39 0.63 1.28	18.70 X 29.73 0.85 1.11	23.12 X 38.16 1.06 0.94	29.61 X 44.38 1.30 0.70

Typ : X = Konvex V = Konkav E = Eben

Kreisgleitfläche

Kpr	Typ	bzw.	Kpr	E
Kpc		für	Kpc	
xm		Typ		
ym		= E	Theta (°)	

C.red = 0.10 Φ = 35
β = 25.00

δ \ α	-30	-20	-10	0	10	20	30
0	4.72 X 3.87 -43.90 27.50	5.22 X 5.08 -4.80 4.66	6.08 X 6.85 -2.07 3.09	7.42 X 9.53 -1.00 2.50	9.55 X 13.13 -0.39 2.28	12.81 X 18.70 0.10 2.10	18.13 X 26.93 0.51 2.03
-1/3*Φ	6.93 X 5.96 -2.94 3.54	7.76 X 7.86 -1.40 2.70	9.08 X 10.66 -0.66 2.26	11.09 X 14.18 -0.16 2.02	14.09 X 19.69 0.23 1.86	18.61 X 27.02 0.59 1.73	26.04 X 30.23 1.00 1.60
-1/2*Φ	8.22 X 7.47 -1.68 2.80	9.18 X 9.84 -0.81 2.31	10.67 X 13.33 -0.30 2.00	12.91 X 17.86 0.10 1.80	16.27 X 23.72 0.50 1.60	21.20 X 31.33 0.77 1.53	28.71 X 42.58 1.10 1.40
-2/3*Φ	9.56 X 9.32 -0.97 2.37	10.61 X 12.10 -0.39 2.03	12.26 X 15.87 0.00 1.80	14.86 X 19.98 0.30 1.70	18.15 X 26.95 0.63 1.47	23.17 X 35.41 0.91 1.33	30.83 X 46.73 1.20 1.20
-Φ	11.90 X 13.90 -0.17 1.80	12.90 X 17.26 0.15 1.57	14.47 X 21.44 0.41 1.39	16.72 X 26.65 0.63 1.22	19.86 X 33.18 0.84 1.07	24.04 X 41.04 1.08 0.81	30.33 X 45.42 1.28 0.64

C.red = 0.10 Φ = 35
β = 30.00

δ \ α	-30	-20	-10	0	10	20	30
0	5.34 X 4.69 -8.70 5.70	5.88 X 6.12 -3.10 3.20	6.83 X 8.23 -1.62 2.55	8.33 X 11.20 -0.84 2.25	10.63 X 15.48 -0.31 2.09	14.18 X 21.93 0.10 2.00	20.02 X 30.83 0.53 1.93
-1/3*Φ	7.89 X 7.41 -2.10 2.70	8.77 X 9.58 -1.10 2.30	10.14 X 12.98 -0.50 2.00	12.39 X 16.80 -0.10 1.90	15.54 X 22.79 0.26 1.76	20.27 X 31.14 0.60 1.64	27.82 X 42.02 0.95 1.55
-1/2*Φ	9.36 X 9.22 -1.40 2.40	10.34 X 11.96 -0.67 2.07	11.94 X 15.57 -0.21 1.87	14.33 X 20.35 0.15 1.72	17.79 X 26.70 0.47 1.59	22.91 X 35.26 0.78 1.47	31.08 X 45.63 1.10 1.40
-2/3*Φ	10.83 X 11.45 -0.81 2.12	11.88 X 14.55 -0.32 1.88	13.56 X 18.59 0.05 1.69	16.03 X 23.80 0.36 1.54	19.37 X 31.88 0.60 1.40	24.75 X 39.31 0.91 1.28	32.53 X 51.33 1.20 1.14
-Φ	13.22 X 16.74 -0.13 1.69	14.18 X 19.94 0.20 1.50	15.58 X 24.61 0.42 1.33	17.76 X 29.93 0.64 1.18	20.85 X 36.56 0.85 1.03	25.36 X 38.93 1.10 0.80	31.11 X 45.26 1.27 0.61

C.red = 0.10 Φ = 35
β = 35.00

δ \ α	-30	-20	-10	0	10	20	30
0	5.97 X 5.75 -4.61 3.21	6.55 X 7.44 -2.35 2.52	7.59 X 9.85 -1.33 2.22	9.32 X 12.88 -0.70 2.10	11.75 X 18.06 -0.24 1.95	15.87 X 24.06 0.20 1.90	22.01 X 34.83 0.60 1.80
-1/3*Φ	8.89 X 9.05 -1.76 2.33	9.78 X 11.65 -0.97 2.07	11.29 X 15.14 -0.46 1.91	13.56 X 19.98 -0.10 1.80	17.10 X 25.44 0.30 1.70	22.02 X 34.62 0.62 1.59	29.86 X 46.51 0.96 1.50
-1/2*Φ	10.50 X 11.37 -1.10 2.10	11.50 X 14.32 -0.57 1.92	13.14 X 18.33 -0.16 1.76	15.63 X 23.44 0.18 1.64	19.13 X 30.72 0.50 1.50	24.48 X 39.43 0.80 1.40	32.47 X 52.25 1.10 1.30
-2/3*Φ	12.19 X 13.49 -0.70 2.00	13.09 X 17.33 -0.26 1.76	14.77 X 21.70 0.10 1.60	17.49 X 26.23 0.40 1.50	20.91 X 34.05 0.65 1.36	25.69 X 45.88 0.90 1.20	33.90 X 53.16 1.24 1.00
-Φ	14.42 X 19.87 -0.09 1.61	15.14 X 23.55 0.20 1.43	16.54 X 27.80 0.43 1.29	18.64 X 33.16 0.65 1.15	21.34 X 38.67 0.89 0.91	25.46 X 41.10 1.06 0.76	32.42 X 41.90 1.30 0.60

Typ : X = Konvex V = Konkav E = Eben

Kreisgleitfläche

Kpr Typ Kpc xm ym	bzw. für Typ = E	Kpr E Kpc Theta (°)

C.red = 0.10 Φ = 40
β = -40.00

δ \ α	-30	-20	-10	0	10	20	30
0	0.41 V 0.26 0.50 -1.25	0.47 E 0.94 -14.12	0.62 E 1.22 -14.94	0.80 E 1.60 -16.31	1.04 E 2.13 -18.13	1.38 E 2.95 -20.28	1.92 E 4.32 -22.69
-1/3*Φ	0.31 E 0.80 -17.56	0.46 E 1.12 -17.85	0.64 E 1.52 -18.77	0.86 E 2.07 -20.18	1.16 E 2.90 -21.97	1.63 E 4.28 -24.07	2.40 X 6.79 86.00 167.50
-1/2*Φ	0.31 E 0.86 -18.90	0.47 E 1.23 -19.32	0.66 E 1.71 -20.32	0.91 E 2.39 -21.78	1.26 E 3.46 -23.61	1.81 X 5.31 35.84 69.90	2.79 X 8.40 14.10 21.50
-2/3*Φ	0.31 E 0.93 -20.08	0.48 E 1.37 -20.62	0.69 E 1.94 -21.72	0.97 E 2.80 -23.25	1.38 X 4.21 31.20 62.90	2.06 X 6.58 12.66 20.18	3.31 X 10.48 10.50 13.50
-Φ	0.31 X 1.13 29.60 71.00	0.52 X 1.76 29.80 68.00	0.77 X 2.68 15.24 30.90	1.14 X 4.10 8.80 14.80	1.76 X 6.28 7.30 10.10	2.88 X 9.80 7.10 8.10	5.23 X 15.10 6.70 6.00

C.red = 0.10 Φ = 40
β = -35.00

δ \ α	-30	-20	-10	0	10	20	30
0	0.57 V 0.43 0.80 -2.70	0.74 V 0.64 1.00 -3.90	0.94 V 0.81 1.00 -2.74	1.12 E 1.64 -8.17	1.44 E 2.20 -10.36	1.93 E 3.08 -12.91	2.75 E 4.57 -15.75
-1/3*Φ	0.52 E 0.91 -10.03	0.72 E 1.22 -10.30	0.96 E 1.62 -11.37	1.27 E 2.20 -13.03	1.73 E 3.11 -15.16	2.47 E 4.68 -17.64	3.85 X 7.35 12.20 27.72
-1/2*Φ	0.53 E 1.00 -11.80	0.75 E 1.36 -12.19	1.01 E 1.86 -13.34	1.38 E 2.60 -15.06	1.94 E 3.82 -17.21	2.91 X 5.87 12.40 29.90	4.72 X 9.19 7.20 12.40
-2/3*Φ	0.54 E 1.10 -13.34	0.78 E 1.54 -13.88	1.09 E 2.16 -15.13	1.53 E 3.13 -16.92	2.24 X 4.72 11.40 28.70	3.50 X 7.25 6.58 12.20	5.91 X 11.21 5.45 7.50
-Φ	0.59 E 1.39 -16.02	0.90 E 2.06 -16.89	1.33 X 3.07 8.00 21.10	1.99 X 4.66 5.24 10.58	3.15 X 7.02 4.36 6.76	5.29 X 10.52 3.92 4.58	9.38 X 15.78 3.70 3.20

C.red = 0.10 Φ = 40
β = -30.00

δ \ α	-30	-20	-10	0	10	20	30
0	0.74 V 0.51 0.90 -2.00	0.91 V 0.70 1.00 -2.24	1.14 V 1.05 1.30 -4.50	1.45 V 1.51 1.50 -8.28	1.86 E 2.40 -3.94	2.52 E 3.41 -7.01	3.66 E 5.20 -10.33
-1/3*Φ	0.83 V 0.74 1.00 -5.30	1.03 E 1.34 -3.20	1.32 E 1.79 -4.73	1.74 E 2.45 -6.87	2.38 E 3.53 -9.47	3.49 X 5.41 15.40 63.68	5.60 X 8.39 5.28 13.02
-1/2*Φ	0.82 E 1.15 -4.74	1.09 E 1.53 -5.51	1.44 E 2.09 -7.08	1.95 E 2.96 -9.24	2.78 E 4.45 -11.85	4.27 X 6.77 5.20 14.00	7.06 X 10.44 4.07 7.31
-2/3*Φ	0.86 E 1.29 -6.67	1.17 E 1.77 -7.56	1.59 E 2.48 -9.21	2.24 E 3.65 -11.43	3.33 X 5.49 4.84 14.12	5.27 X 8.34 3.74 7.30	8.91 X 12.80 3.50 4.70
-Φ	0.97 E 1.69 -10.01	1.41 X 2.47 13.30 63.00	2.05 X 3.69 4.16 13.40	3.10 X 5.48 3.10 6.96	4.89 X 8.14 2.80 4.40	8.03 X 12.09 2.68 3.03	13.59 X 18.03 2.70 2.10

Typ : X = Konvex V = Konkav E = Eben

Kreisgleitfläche

Kpr Typ Kpc xm ym	bzw. für Typ = E	Kpr E Kpc Theta (°)	

C.red = 0.10 Φ = 40
β = -25.00

δ \ α	-30	-20	-10	0	10	20	30
0	0.94 V 0.50 0.82 -0.79	1.12 V 0.80 1.09 -1.68	1.37 V 1.22 1.42 -3.70	1.74 V 1.77 1.72 -7.20	2.30 V 2.58 2.10 -18.90	3.19 E 3.93 -2.09	4.76 E 6.16 -5.85
1/3*Φ	1.13 V 0.72 1.00 -1.70	1.36 V 1.30 1.50 -7.10	1.74 V 1.90 1.86 -19.30	2.29 E 2.82 -1.52	3.17 E 4.15 -4.59	4.77 X 6.34 3.66 16.90	7.72 X 9.02 3.04 7.54
-1/2*Φ	1.18 V 1.13 1.50 -9.60	1.53 V 1.50 1.50 -8.52	1.95 E 2.41 -1.51	2.65 E 3.48 -4.17	3.84 X 5.26 4.50 25.70	5.96 X 7.93 2.80 7.80	9.81 X 12.30 2.80 4.90
-2/3*Φ	1.27 V 1.37 1.46 -19.60	1.65 E 2.06 -1.78	2.22 E 2.93 -3.94	3.14 X 4.33 3.30 19.30	4.70 X 6.50 2.60 8.00	7.43 X 9.86 2.60 5.10	12.32 X 15.14 2.60 3.30
-Φ	1.49 E 2.06 -4.34	2.09 X 3.01 2.90 19.30	3.02 X 4.44 2.10 7.60	4.51 X 6.55 2.02 4.67	6.98 X 9.67 2.03 3.16	11.08 X 14.36 2.09 2.25	17.88 X 21.54 2.22 1.62

C.red = 0.10 Φ = 40
β = -20.00

δ \ α	-30	-20	-10	0	10	20	30
0	1.16 V 0.64 0.98 -0.88	1.36 V 1.00 1.29 -1.89	1.65 V 1.39 1.48 -2.55	2.10 V 2.08 1.92 -5.70	2.81 V 3.06 2.50 -13.20	4.00 E 4.63 2.13	6.14 X 7.19 1.90 17.90
-1/3*Φ	1.42 V 1.08 1.50 -3.70	1.74 V 1.55 1.80 -5.80	2.20 V 2.24 2.02 -9.90	2.94 V 3.29 2.50 -25.40	4.19 X 4.92 1.00 30.60	6.34 X 7.51 1.80 8.30	10.21 X 11.73 2.16 5.17
-1/2*Φ	1.56 V 1.34 1.58 -5.50	1.96 V 1.93 2.10 -10.90	2.56 V 2.80 2.50 -24.10	3.54 X 4.16 0.50 58.90	5.17 X 6.23 1.64 9.20	7.99 X 9.48 1.90 5.16	12.95 X 14.80 2.18 3.64
-2/3*Φ	1.73 V 1.66 2.10 -12.10	2.24 V 2.40 2.50 -24.90	3.02 E 3.53 0.77	4.29 X 5.21 1.46 9.90	6.40 X 7.79 1.70 5.30	9.95 X 11.83 1.91 3.54	16.11 X 18.18 2.20 2.70
-Φ	2.18 E 2.53 0.90	2.99 X 3.70 1.10 10.00	4.25 X 5.41 1.34 5.24	6.25 X 7.93 1.50 3.40	9.40 X 11.69 1.63 2.43	14.36 X 17.31 1.78 1.80	22.24 X 25.82 1.96 1.33

C.red = 0.10 Φ = 40
β = -15.00

δ \ α	-30	-20	-10	0	10	20	30
0	1.42 V 0.79 1.08 -0.77	1.64 V 1.17 1.37 -1.48	1.99 V 1.70 1.68 -2.55	2.54 V 2.50 2.10 -4.78	3.45 V 3.67 3.50 -14.20	5.01 X 5.51 -2.08 31.10	7.76 X 8.55 1.03 9.00
-1/3*Φ	1.80 V 1.24 1.51 -2.36	2.19 V 1.85 2.00 -4.60	2.79 V 2.72 2.48 -8.30	3.78 E 3.98 7.33	5.42 X 5.93 0.42 10.84	8.19 X 9.04 1.27 5.60	13.04 X 14.31 1.70 3.90
-1/2*Φ	2.04 V 1.61 1.78 -4.10	2.54 V 2.34 2.26 -7.24	3.35 V 3.42 4.50 -26.20	4.65 X 5.02 0.00 13.10	6.78 X 7.51 1.10 5.80	10.35 X 11.49 1.50 3.90	16.47 X 17.97 1.86 2.94
-2/3*Φ	2.32 V 2.02 2.08 -6.70	2.98 V 2.94 4.70 -27.00	4.03 X 4.29 -0.20 13.30	5.70 X 6.33 0.87 5.97	8.40 X 9.47 1.29 3.83	12.81 X 14.39 1.60 2.80	20.15 X 22.21 1.90 2.20
-Φ	3.06 X 3.17 -0.54 13.70	4.14 X 4.58 0.57 6.18	5.78 X 6.66 0.97 3.77	8.28 X 9.72 1.21 2.66	12.06 X 14.24 1.40 1.99	17.80 X 20.81 1.60 1.50	26.64 X 30.69 1.80 1.10

Typ : X = Konvex V = Konkav E = Eben

Kreisgleitfläche

Kpr Typ Kpc xm ym	bzw. für Typ = E	Kpr E Kpc Theta (°)

C.red = 0.10 Φ = 40
β = -10.00

α / δ	-30	-20	-10	0	10	20	30
0	1.72 V 0.98 1.20 -0.70	1.98 V 1.45 1.56 -1.50	2.41 V 2.09 2.00 -2.80	3.11 V 2.99 2.90 -6.00	4.27 V 4.38 13.90 -52.78	6.21 X 6.59 -0.80 11.70	9.64 X 10.29 0.80 6.00
-1/3*Φ	2.28 V 1.56 1.80 -2.40	2.76 V 2.27 2.46 -4.73	3.55 V 3.28 5.10 -15.60	4.82 X 4.80 -2.41 17.33	6.89 X 7.18 0.30 6.40	10.34 X 11.01 1.02 4.18	16.25 X 17.33 1.51 3.23
-1/2*Φ	2.64 V 2.00 2.30 -4.40	3.29 V 2.86 4.30 -12.40	4.33 X 4.15 -4.12 24.18	5.99 X 6.11 0.07 6.78	8.66 X 9.18 0.83 4.19	13.03 X 13.98 1.30 3.10	20.30 X 21.84 1.67 2.51
-2/3*Φ	3.07 V 2.50 3.90 -11.00	3.93 X 3.61 -7.08 36.40	5.27 X 5.25 -0.19 7.39	7.38 X 7.75 0.70 4.20	10.69 X 11.61 1.09 3.04	15.90 X 17.74 1.40 2.30	24.46 X 26.82 1.75 1.93
-Φ	4.20 X 3.97 -0.51 7.77	5.55 X 5.71 0.39 4.30	7.58 X 8.26 0.80 2.90	10.55 X 11.98 1.05 2.19	14.89 X 17.34 1.27 1.71	21.24 X 25.08 1.47 1.34	30.81 X 36.31 1.70 1.02

C.red = 0.10 Φ = 40
β = -5.00

α / δ	-30	-20	-10	0	10	20	30
0	2.07 V 1.26 1.49 -0.92	2.38 V 1.77 1.93 -1.79	2.92 V 2.50 2.72 -3.70	3.80 V 3.57 5.76 -12.10	5.23 X 5.24 -5.04 19.72	7.61 X 7.96 -0.34 6.70	11.75 X 12.53 0.70 4.50
-1/3*Φ	2.86 V 1.95 2.40 -3.05	3.47 V 2.77 3.90 -7.10	4.46 X 3.98 -27.90 84.60	6.05 X 5.84 -1.05 7.94	8.59 X 8.78 0.30 4.50	12.75 X 13.46 0.90 3.40	19.74 X 21.12 1.38 2.77
-1/2*Φ	3.38 V 2.46 3.64 -6.48	4.20 V 3.51 31.10 -85.70	5.51 X 5.09 -1.50 8.90	7.57 X 7.51 0.10 4.70	10.79 X 11.28 0.73 3.33	16.02 X 16.84 1.20 2.70	24.39 X 26.46 1.55 2.21
-2/3*Φ	4.01 V 3.11 16.30 -42.90	5.08 X 4.47 -2.02 10.15	6.76 X 6.50 -0.09 4.89	9.32 X 9.58 0.57 3.32	13.27 X 14.10 1.00 2.60	19.28 X 21.33 1.31 2.08	28.73 X 33.23 1.60 1.70
-Φ	5.60 X 5.01 -0.38 5.13	7.24 X 7.16 0.32 3.30	9.62 X 10.29 0.70 2.40	13.01 X 14.71 0.96 1.89	17.81 X 20.96 1.18 1.51	24.68 X 29.71 1.40 1.20	34.82 X 42.28 1.63 0.92

C.red = 0.10 Φ = 40
β = 0.00

α / δ	-30	-20	-10	0	10	20	30
0	2.48 V 1.54 1.90 -1.20	2.87 V 2.14 2.51 -2.30	3.53 V 2.99 4.26 -5.80	4.60 E 4.29 25.00	6.33 X 6.34 -2.00 8.30	9.20 X 9.66 -0.20 5.00	14.09 X 15.45 0.60 3.80
-1/3*Φ	3.56 V 2.40 3.48 -4.28	4.32 V 3.39 10.90 -19.94	5.55 X 4.88 -3.70 11.50	7.48 X 7.18 -0.61 5.17	10.52 X 10.79 0.29 3.60	15.38 X 16.70 0.80 2.90	23.52 X 25.55 1.30 2.47
-1/2*Φ	4.28 V 3.05 7.90 -13.70	5.30 X 4.33 -5.40 14.98	6.90 X 6.29 -0.87 5.50	9.37 X 9.29 0.14 3.61	13.16 X 13.87 0.67 2.81	19.12 X 20.83 1.10 2.30	28.69 X 31.72 1.48 2.00
-2/3*Φ	5.15 X 3.89 -7.30 18.80	6.47 X 5.57 -1.10 5.80	8.48 X 8.06 0.00 3.70	11.48 X 11.89 0.50 2.80	15.98 X 17.44 0.91 2.23	22.78 X 25.69 1.24 1.87	33.44 X 37.97 1.58 1.58
-Φ	7.28 X 6.33 -0.30 3.90	9.17 X 9.00 0.30 2.70	11.85 X 12.93 0.60 2.10	15.58 X 17.92 0.90 1.70	20.72 X 25.08 1.13 1.38	27.69 X 36.58 1.30 1.10	38.55 X 48.50 1.58 0.85

Typ : X = Konvex V = Konkav E = Eben

Kreisgleitfläche

Kpr Typ Kpc xm ym	bzw. für Typ = E	Kpr E Kpc Theta (°)

C.red = 0.10 Φ = 40
β = 5.00

δ \ α	-30	-20	-10	0	10	20	30
0	2.96 V 1.88 2.40 -1.50	3.43 V 2.58 3.70 -3.50	4.23 V 3.60 9.70 -13.30	5.52 X 5.20 -5.36 11.98	7.58 X 7.72 -1.20 5.40	10.95 X 11.83 -0.04 3.83	16.71 X 18.63 0.64 3.20
-1/3*Φ	4.40 V 2.96 6.22 -7.60	5.33 X 4.17 -14.30 26.60	6.80 X 6.02 -1.90 6.19	9.10 X 8.86 -0.38 3.90	12.66 X 13.27 0.31 3.02	18.32 X 19.92 0.80 2.60	27.82 X 29.46 1.30 2.30
-1/2*Φ	5.37 X 3.79 -32.30 56.00	6.59 X 5.39 -2.40 6.90	8.50 X 7.82 -0.57 4.03	11.38 X 11.47 0.17 3.01	15.74 X 16.98 0.65 2.46	22.44 X 25.21 1.04 2.11	32.88 X 38.89 1.40 1.80
-2/3*Φ	6.52 X 4.90 -2.90 7.60	8.08 X 6.95 -0.80 4.30	10.41 X 10.09 0.05 2.99	13.85 X 14.58 0.52 2.40	18.87 X 21.15 0.87 2.01	26.33 X 30.78 1.20 1.70	37.76 X 45.62 1.50 1.50
-Φ	9.20 X 8.11 -0.17 3.02	11.30 X 11.32 0.30 2.31	14.21 X 15.72 0.62 1.86	18.17 X 21.66 0.87 1.54	23.55 X 29.60 1.09 1.28	31.06 X 40.24 1.31 1.04	41.94 X 54.83 1.54 0.79

C.red = 0.10 Φ = 40
β = 10.00

δ \ α	-30	-20	-10	0	10	20	30
0	3.52 V 2.27 3.30 -2.00	4.08 V 3.11 6.06 -5.68	5.04 X 4.37 -26.30 37.60	6.56 X 6.34 -2.67 6.27	8.98 X 9.45 -0.80 4.04	12.90 X 14.50 0.00 3.30	19.51 X 22.87 0.60 2.90
-1/3*Φ	5.39 V 3.67 40.30 -50.40	6.49 X 5.19 -4.10 7.90	8.23 X 7.47 -1.25 4.34	10.90 X 10.95 -0.25 3.20	14.99 X 16.26 0.30 2.70	21.37 X 24.19 0.80 2.30	31.61 X 36.88 1.20 2.10
-1/2*Φ	6.64 X 4.76 -5.50 9.70	8.08 X 6.75 -1.52 4.60	10.28 X 9.74 -0.39 3.24	13.57 X 14.15 0.21 2.60	18.50 X 20.59 0.60 2.30	25.90 X 30.04 1.02 1.95	37.59 X 43.96 1.40 1.73
-2/3*Φ	8.11 X 6.19 -1.82 4.92	9.89 X 8.78 -0.54 3.31	12.55 X 12.45 0.10 2.60	16.34 X 17.86 0.51 2.16	21.85 X 25.37 0.85 1.85	30.12 X 35.28 1.20 1.60	42.33 X 51.01 1.51 1.39
-Φ	11.35 X 10.23 -0.10 2.60	13.56 X 14.11 0.31 2.05	16.61 X 19.14 0.61 1.70	20.48 X 27.38 0.80 1.40	26.24 X 34.43 1.07 1.20	33.88 X 45.84 1.29 0.98	44.56 X 62.39 1.50 0.65

C.red = 0.10 Φ = 40
β = 15.00

δ \ α	-30	-20	-10	0	10	20	30
0	4.15 V 2.77 5.10 -3.20	4.82 V 3.79 23.58 -23.00	5.94 X 5.35 -5.60 8.34	7.72 X 7.78 -1.76 4.38	10.51 X 11.58 -0.58 3.32	15.03 X 17.56 0.10 2.86	22.62 X 27.15 0.64 2.62
-1/3*Φ	6.53 X 4.58 -10.70 13.60	7.81 X 6.46 -2.50 5.01	9.82 X 9.28 -0.91 3.43	12.86 X 13.49 -0.16 2.77	17.44 X 20.00 0.40 2.30	24.57 X 28.98 0.78 2.15	35.96 X 42.70 1.20 1.96
-1/2*Φ	8.10 X 5.99 -3.02 5.52	9.73 X 8.54 -1.10 3.50	12.23 X 12.10 -0.28 2.77	15.91 X 17.29 0.24 2.34	21.31 X 24.76 0.64 2.05	29.30 X 36.00 1.00 1.80	42.05 X 50.66 1.38 1.64
-2/3*Φ	9.90 X 7.87 -1.30 3.70	11.88 X 11.02 -0.40 2.80	14.79 X 15.44 0.13 2.31	18.93 X 21.64 0.50 2.00	24.58 X 31.85 0.80 1.70	33.47 X 41.67 1.16 1.52	46.54 X 57.93 1.49 1.32
-Φ	13.61 X 13.04 -0.05 2.26	15.86 X 17.45 0.32 1.87	19.02 X 22.86 0.60 1.60	23.13 X 30.26 0.84 1.35	28.70 X 39.58 1.05 1.14	36.41 X 51.46 1.27 0.93	47.49 X 60.60 1.50 0.60

Typ : X = Konvex V = Konkav E = Eben

Kreisgleitfläche

Kpr Typ Kpc xm ym	bzw. für Typ = E	Kpr E Kpc Theta (°)

C.red = 0.10 Φ = 40
β = 20.00

δ \ α	-30	-20	-10	0	10	20	30
0	4.87 V 3.40 10.30 -6.80	5.65 X 4.66 -13.90 14.10	6.95 X 6.56 -3.20 5.00	8.99 X 9.55 -1.30 3.46	12.15 X 14.33 -0.40 2.80	17.31 X 21.31 0.15 2.58	25.91 X 32.26 0.66 2.44
-1/3*Φ	7.82 X 5.74 -4.70 6.20	9.28 X 8.02 -1.80 3.80	11.54 X 11.50 -0.70 2.90	14.95 X 16.50 -0.09 2.48	20.12 X 23.54 0.40 2.20	27.91 X 34.11 0.80 2.00	40.30 X 49.36 1.20 1.86
-1/2*Φ	9.73 X 7.59 -2.06 3.95	11.55 X 10.69 -0.80 2.90	14.31 X 14.93 -0.19 2.46	18.35 X 20.94 0.26 2.16	24.32 X 29.21 0.60 2.00	32.94 X 41.06 1.00 1.74	46.40 X 57.72 1.37 1.56
-2/3*Φ	11.85 X 10.09 -1.00 3.00	14.00 X 13.74 -0.30 2.47	17.13 X 18.85 0.16 2.12	21.62 X 25.56 0.50 1.90	27.87 X 35.29 0.80 1.70	37.70 X 44.32 1.20 1.50	51.15 X 62.05 1.50 1.30
-Φ	15.96 X 16.29 0.00 2.06	18.17 X 21.16 0.34 1.75	0.00 E 999.99 20.00	25.39 X 34.97 0.83 1.29	30.95 X 44.58 1.04 1.09	39.04 X 53.50 1.30 0.80	48.99 X 63.01 1.46 0.59

C.red = 0.10 Φ = 40
β = 25.00

δ \ α	-30	-20	-10	0	10	20	30
0	5.67 E 4.19 55.52	6.57 X 5.74 -5.30 5.70	8.04 X 8.16 -2.20 3.60	10.37 X 11.69 -1.03 2.94	14.00 X 17.14 -0.34 2.60	19.79 X 25.37 0.19 2.41	29.56 X 37.15 0.70 2.30
-1/3*Φ	9.24 X 7.26 -2.98 4.12	10.87 X 10.04 -1.40 3.10	13.40 X 14.16 -0.60 2.60	17.06 X 20.60 0.00 2.20	22.78 X 28.13 0.40 2.08	31.26 X 39.69 0.79 1.92	44.76 X 55.57 1.20 1.80
-1/2*Φ	11.52 X 9.60 -1.60 3.20	13.50 X 13.22 -0.69 2.60	16.49 X 18.22 -0.13 2.25	20.81 X 25.20 0.30 2.00	27.12 X 34.38 0.65 1.83	36.62 X 46.00 1.00 1.70	51.13 X 62.50 1.40 1.50
-2/3*Φ	13.97 X 12.59 -0.81 2.65	16.15 X 17.27 -0.20 2.20	19.50 X 22.76 0.19 1.97	24.14 X 30.39 0.54 1.76	30.57 X 41.40 0.80 1.60	39.61 X 56.70 1.10 1.40	54.11 X 71.92 1.47 1.21
-Φ	18.29 X 20.07 0.04 1.92	20.37 X 25.37 0.35 1.65	23.36 X 31.83 0.61 1.43	27.41 X 39.81 0.83 1.24	32.90 X 49.70 1.04 1.05	39.94 X 57.13 1.25 0.77	50.54 X 63.19 1.45 0.57

C.red = 0.10 Φ = 40
β = 30.00

δ \ α	-30	-20	-10	0	10	20	30
0	6.54 X 5.19 -10.30 7.50	7.56 X 7.11 -3.51 3.89	9.24 X 9.97 -1.73 2.99	11.86 X 14.24 -0.85 2.60	15.87 X 21.03 -0.30 2.40	22.39 X 30.05 0.20 2.30	33.01 X 43.99 0.69 2.19
-1/3*Φ	10.79 X 9.14 -2.23 3.24	12.52 X 12.80 -1.10 2.60	15.39 X 17.04 -0.50 2.40	19.44 X 23.95 0.02 2.13	25.52 X 33.02 0.40 2.00	34.62 X 45.57 0.80 1.84	48.79 X 63.46 1.20 1.72
-1/2*Φ	13.41 X 12.09 -1.28 2.74	15.57 X 16.10 -0.60 2.40	18.67 X 22.32 -0.10 2.10	23.22 X 30.26 0.30 1.90	29.93 X 40.31 0.70 1.70	39.69 X 53.21 1.00 1.60	55.59 X 67.35 1.40 1.50
-2/3*Φ	16.17 X 15.68 -0.68 2.40	18.45 X 20.66 -0.16 2.09	21.92 X 26.77 0.20 1.90	26.65 X 35.27 0.55 1.69	33.38 X 45.87 0.85 1.52	43.02 X 59.80 1.15 1.35	57.22 X 77.23 1.48 1.09
-Φ	20.53 X 24.30 0.07 1.82	22.44 X 29.79 0.37 1.58	25.24 X 36.65 0.61 1.38	29.19 X 44.67 0.83 1.20	34.17 X 53.56 1.06 0.94	40.83 X 61.48 1.20 0.80	51.74 X 63.12 1.44 0.55

Typ : X = Konvex V = Konkav E = Eben

Kreisgleitfläche

Kpr Typ	bzw.	Kpr E
Kpc xm ym	für Typ = E	Kpc Theta (°)

C.red = 0.10 Φ = 40
β = 35.00

δ \ α	-30	-20	-10	0	10	20	30
0	7.49 X 6.46 -5.52 4.18	8.63 X 8.78 -2.61 3.04	10.52 X 12.21 -1.42 2.60	13.44 X 17.25 -0.71 2.37	18.01 X 24.36 -0.19 2.25	25.13 X 34.88 0.27 2.16	36.74 X 50.41 0.72 2.11
-1/3*Φ	12.43 X 11.46 -1.81 2.75	14.35 X 15.42 -0.95 2.41	17.36 X 20.80 -0.38 2.19	21.77 X 28.20 0.06 2.03	28.03 X 39.63 0.40 1.90	37.89 X 51.69 0.82 1.78	53.09 X 69.47 1.20 1.70
-1/2*Φ	15.40 X 15.03 -1.09 2.47	17.60 X 19.88 -0.50 2.20	20.97 X 26.14 -0.03 2.00	25.81 X 34.37 0.34 1.84	32.96 X 44.09 0.70 1.70	43.14 X 58.09 1.00 1.60	58.08 X 79.01 1.37 1.41
-2/3*Φ	18.31 X 19.74 -0.60 2.20	20.79 X 24.29 -0.10 2.00	24.14 X 31.62 0.25 1.79	29.08 X 40.37 0.60 1.60	36.66 X 48.28 0.90 1.50	46.42 X 63.17 1.20 1.30	59.71 X 78.27 1.47 1.05
-Φ	22.38 X 30.19 0.10 1.70	24.22 X 34.85 0.38 1.52	26.93 X 41.31 0.62 1.34	30.77 X 49.77 0.80 1.20	35.32 X 53.87 1.05 0.91	41.42 X 62.82 1.20 0.70	51.75 X 68.51 1.40 0.50

C.red = 0.10 Φ = 40
β = 40.00

δ \ α	-30	-20	-10	0	10	20	30
0	8.49 X 8.03 -3.83 3.05	9.77 X 10.81 -2.11 2.58	11.87 X 14.82 -1.21 2.35	15.14 X 20.51 -0.61 2.22	20.12 X 28.74 -0.13 2.13	28.08 X 39.52 0.30 2.10	40.53 X 56.90 0.74 2.04
-1/3*Φ	14.14 X 14.24 -1.53 2.46	16.13 X 19.06 -0.80 2.20	19.54 X 24.13 -0.30 2.10	23.82 X 34.31 0.10 1.90	30.92 X 43.51 0.47 1.83	40.38 X 61.74 0.80 1.70	56.03 X 80.80 1.20 1.60
-1/2*Φ	17.39 X 18.62 -0.94 2.27	19.79 X 23.29 -0.40 2.10	23.17 X 30.64 0.01 1.91	28.17 X 39.41 0.37 1.77	35.31 X 50.74 0.69 1.65	45.20 X 68.20 1.00 1.50	61.19 X 83.01 1.40 1.29
-2/3*Φ	20.56 X 23.45 -0.50 2.10	22.77 X 29.61 -0.10 1.90	26.16 X 37.27 0.30 1.70	31.21 X 45.53 0.58 1.58	38.19 X 57.21 0.90 1.40	47.77 X 69.57 1.19 1.20	62.67 X 75.50 1.50 1.00
-Φ	24.44 X 33.87 0.13 1.68	25.88 X 39.34 0.40 1.48	28.03 X 47.95 0.60 1.30	31.48 X 52.16 0.87 1.06	36.20 X 53.93 1.05 0.89	43.05 X 57.00 1.23 0.71	52.53 X 66.70 1.40 0.50

C.red = 0.10 Φ = 45
β = -45.00

δ \ α	-30	-20	-10	0	10	20	30
0	0.22 E 0.52 -21.05	0.36 E 0.78 -20.97	0.52 E 1.07 -21.60	0.70 E 1.43 -22.79	0.95 E 1.94 -24.42	1.31 E 2.74 -26.40	1.87 E 4.06 -28.64
-1/3*Φ	0.20 E 0.60 -24.17	0.36 E 0.94 -24.40	0.53 E 1.34 -25.22	0.76 E 1.89 -26.51	1.08 E 2.73 -28.18	1.57 E 4.13 -30.16	2.40 E 6.74 -32.37
-1/2*Φ	0.20 E 0.64 -25.38	0.36 E 1.04 -25.76	0.55 E 1.53 -26.69	0.81 E 2.22 -28.07	1.18 E 3.33 -29.81	1.78 E 5.31 -31.83	2.88 X 8.87 22.70 29.10
-2/3*Φ	0.20 E 0.70 -26.46	0.37 E 1.17 -26.99	0.58 E 1.77 -28.05	0.88 E 2.67 -29.53	1.33 E 4.21 -31.35	2.09 X 6.90 19.30 25.50	3.56 X 11.81 15.10 16.30
-Φ	0.21 X 0.89 19.80 35.60	0.41 X 1.56 41.60 72.60	0.68 X 2.59 20.50 32.30	1.09 X 4.24 10.90 14.50	1.81 X 6.95 9.50 10.70	3.24 X 11.54 9.10 8.60	6.58 X 18.46 7.92 5.72

Typ : X = Konvex V = Konkav E = Eben

Kreisgleitfläche

Kpr Kpc xm ym	Typ	bzw. für Typ = E	Kpr E Kpc Theta (°)

c.red = 0.10 Φ = 45
β = -40.00

δ \ α	-30	-20	-10	0	10	20	30
0	0.44 V 0.24 0.50 -1.24	0.57 E 0.84 -12.64	0.77 E 1.11 -13.31	1.01 E 1.47 -14.68	1.36 E 2.00 -16.59	1.88 E 2.83 -18.90	2.74 E 4.26 -21.53
-1/3*Φ	0.38 E 0.74 -17.14	0.59 E 1.05 -17.17	0.84 E 1.45 -18.01	1.17 E 2.03 -19.47	1.66 E 2.95 -21.41	2.48 E 4.54 -23.72	4.03 X 7.48 36.00 69.10
-1/2*Φ	0.39 E 0.81 -18.74	0.61 E 1.19 -18.95	0.89 E 1.70 -19.93	1.29 E 2.46 -21.48	1.91 E 3.72 -23.49	3.00 X 6.02 29.60 57.10	5.18 X 9.95 11.30 16.50
-2/3*Φ	0.40 E 0.91 -20.16	0.65 E 1.37 -20.56	0.98 E 2.02 -21.68	1.46 E 3.05 -23.36	2.26 X 4.86 35.84 71.70	3.78 X 7.83 9.70 14.70	6.89 X 12.88 7.50 8.70
-Φ	0.44 E 1.18 -22.69	0.77 E 1.93 -23.52	1.24 X 3.11 12.20 23.70	2.04 X 4.99 7.20 11.40	3.51 X 8.00 5.70 7.10	6.47 X 12.62 4.90 4.60	12.52 X 19.47 4.28 2.86

c.red = 0.10 Φ = 45
β = -35.00

δ \ α	-30	-20	-10	0	10	20	30
0	0.61 V 0.35 0.68 -1.62	0.81 V 0.56 0.88 -2.60	1.07 V 0.79 1.00 -2.74	1.35 E 1.59 -7.64	1.79 E 2.18 -10.06	2.50 E 3.14 -12.86	3.73 E 4.85 -15.96
-1/3*Φ	0.62 E 0.87 -9.89	0.88 E 1.19 -10.21	1.20 E 1.62 -11.43	1.65 E 2.29 -13.32	2.36 E 3.37 -15.70	3.60 E 5.36 -18.46	6.10 X 8.81 9.96 20.54
-1/2*Φ	0.65 E 0.98 -11.94	0.94 E 1.37 -12.42	1.32 E 1.94 -13.75	1.89 E 2.83 -15.71	2.83 E 4.40 -18.16	4.60 X 7.11 9.40 20.30	8.17 X 11.61 6.02 9.10
-2/3*Φ	0.68 E 1.11 -13.74	1.02 E 1.62 -14.41	1.49 E 2.37 -15.88	2.22 E 3.63 -17.96	3.53 X 5.79 8.72 19.48	6.02 X 9.30 5.44 8.66	11.02 X 15.04 4.70 5.30
-Φ	0.80 E 1.52 -16.94	1.29 X 2.41 37.80 113.20	2.05 X 3.84 6.40 14.60	3.37 X 6.04 4.20 7.20	5.80 X 9.53 3.70 4.70	10.35 X 14.78 3.30 3.00	18.71 X 23.00 3.10 1.90

c.red = 0.10 Φ = 45
β = -30.00

δ \ α	-30	-20	-10	0	10	20	30
0	0.79 V 0.45 0.83 -1.65	1.00 V 0.67 1.00 -2.24	1.29 V 1.02 1.26 -4.30	1.71 V 1.51 1.50 -8.32	2.29 E 2.46 -4.51	3.22 E 3.62 -7.80	4.93 E 5.75 -11.35
-1/3*Φ	0.95 V 0.72 1.00 -5.10	1.23 E 1.36 -3.76	1.64 E 1.86 -5.53	2.24 E 2.65 -7.93	3.23 E 4.01 -10.78	5.10 X 6.45 10.00 34.40	8.81 X 10.53 5.00 10.50
-1/2*Φ	0.98 E 1.16 -5.35	1.35 E 1.60 -6.36	1.86 E 2.27 -8.20	2.65 E 3.38 -10.65	4.06 X 5.34 10.72 39.20	6.73 X 8.56 4.60 10.28	11.96 X 14.00 3.96 5.89
-2/3*Φ	1.06 E 1.35 -7.55	1.51 E 1.93 -8.71	2.16 E 2.85 -10.67	3.25 X 4.45 10.60 40.00	5.23 X 7.03 4.26 10.09	8.93 X 11.26 3.60 5.80	16.01 X 18.23 3.41 3.71
-Φ	1.31 E 1.94 -11.44	2.03 X 3.03 7.40 28.40	3.18 X 4.80 3.60 9.10	5.19 X 7.45 2.82 4.96	8.72 X 11.56 2.60 3.20	14.86 X 17.90 2.55 2.18	25.34 X 28.02 2.60 1.50

Typ : X = Konvex V = Konkav E = Eben

Kreisgleitfläche

Kpr Typ Kpc xm ym	bzw. für Typ = E	Kpr E Kpc Theta (°)

C.red = 0.10 Φ = 45
β = -25.00

α / δ	-30	-20	-10	0	10	20	30
0	1.00 V 0.47 0.82 -0.79	1.23 V 0.76 1.09 -1.68	1.57 V 1.22 1.50 -4.30	2.06 V 1.80 1.80 -8.00	2.85 V 2.74 2.50 -32.90	4.10 E 4.28 -3.46	6.50 X 6.98 9.54 62.38
-1/3*Φ	1.29 V 0.71 1.00 -1.75	1.62 V 1.34 1.50 -7.90	2.17 V 2.07 2.50 -47.30	2.97 E 3.16 -3.18	4.37 E 4.90 -6.47	7.06 X 7.82 3.60 12.60	12.22 X 12.09 3.20 6.60
-1/2*Φ	1.40 V 1.18 1.50 -11.00	1.86 E 1.89 -0.86	2.53 E 2.72 -3.24	3.65 E 4.14 -6.16	5.70 X 6.53 3.50 13.54	9.47 X 10.48 3.00 6.60	16.58 X 17.23 3.00 4.29
-2/3*Φ	1.58 V 1.49 1.50 -32.90	2.13 E 2.33 -3.52	3.05 E 3.51 -5.98	4.64 X 5.48 3.30 13.80	7.47 X 8.65 2.66 6.32	12.56 X 13.88 2.60 4.00	21.85 X 22.47 2.80 2.90
-Φ	2.03 E 2.47 -6.31	3.05 X 3.86 2.70 12.00	4.73 X 5.99 2.19 5.84	7.55 X 9.26 2.07 3.60	12.26 X 14.26 2.10 2.50	19.92 X 21.98 2.16 1.74	32.37 X 33.85 2.30 1.21

C.red = 0.10 Φ = 45
β = -20.00

α / δ	-30	-20	-10	0	10	20	30
0	1.24 V 0.61 0.98 -0.88	1.51 V 1.00 1.40 -2.40	1.90 V 1.37 1.48 -2.55	2.49 V 2.15 1.98 -6.70	3.48 V 3.27 2.42 -15.60	5.21 E 5.19 0.36	8.53 X 8.46 2.50 16.74
-1/3*Φ	1.62 V 1.10 1.46 -3.84	2.07 V 1.63 1.76 -6.40	2.76 V 2.47 2.14 -13.90	3.90 V 3.75 2.50 -34.64	5.88 X 6.00 2.08 19.96	9.53 X 9.63 2.20 7.60	16.37 X 15.96 2.50 4.90
-1/2*Φ	1.87 V 1.43 1.70 -7.10	2.46 V 2.14 2.10 -14.10	3.39 V 3.27 2.50 -53.08	4.98 X 5.12 2.00 24.40	7.80 X 8.07 2.00 7.70	12.84 X 13.03 2.20 4.70	22.03 X 21.46 2.50 3.41
-2/3*Φ	2.16 V 1.87 2.10 -16.90	2.94 V 2.83 2.34 -55.60	4.24 X 4.38 1.80 26.16	6.46 X 6.82 1.80 7.70	10.28 X 10.78 1.96 4.52	16.90 X 17.25 2.17 3.19	28.46 X 27.85 2.44 2.40
-Φ	3.02 X 3.19 1.40 19.60	4.44 X 4.91 1.50 7.40	6.76 X 7.54 1.60 4.30	10.47 X 11.61 1.66 2.79	16.31 X 17.75 1.79 2.02	25.39 X 26.98 1.93 1.48	39.61 X 40.78 2.12 1.04

C.red = 0.10 Φ = 45
β = -15.00

α / δ	-30	-20	-10	0	10	20	30
0	1.53 V 0.76 1.11 -0.84	1.83 V 1.17 1.50 -1.90	2.29 V 1.74 1.80 -3.20	3.05 V 2.62 2.24 -5.94	4.35 V 4.01 4.50 -24.20	6.66 X 6.34 -0.60 27.60	11.01 X 10.38 1.50 9.30
-1/3*Φ	2.08 V 1.35 1.67 -3.30	2.64 V 2.02 2.01 -5.38	3.55 V 3.07 2.50 -10.20	5.10 E 4.73 4.85	7.79 X 7.42 1.02 9.69	12.58 X 11.95 1.70 5.60	21.28 X 19.97 2.10 3.93
-1/2*Φ	2.46 V 1.77 1.92 -5.36	3.23 V 2.69 2.50 -10.60	4.52 E 4.11 5.22	6.69 X 6.37 0.80 10.20	10.42 X 10.14 1.40 5.20	16.87 X 16.42 1.80 3.70	28.27 X 26.75 2.21 2.87
-2/3*Φ	2.94 V 2.34 2.30 -9.80	4.02 E 3.58 5.43	5.80 X 5.49 0.60 10.70	8.76 X 8.58 1.27 5.25	13.69 X 13.54 1.61 3.54	21.90 X 21.52 1.90 2.66	35.68 X 34.80 2.20 2.10
-Φ	4.35 X 4.12 0.43 9.69	6.28 X 6.28 1.00 5.00	9.29 X 9.60 1.24 3.20	13.88 X 14.74 1.40 2.30	20.81 X 22.00 1.60 1.73	31.13 X 32.87 1.78 1.29	46.81 X 48.84 1.99 0.92

Typ : X = Konvex V = Konkav E = Eben

Kreisgleitfläche

Kpr Typ Kpc xm ym	bzw. für Typ = E	Kpr E Kpc Theta (°)

C.red = 0.10 Φ = 45
β = -10.00

δ \ α	-30	-20	-10	0	10	20	30
0	1.87 V 0.97 1.28 -0.88	2.22 V 1.44 1.62 -1.69	2.80 V 2.16 2.10 -3.30	3.78 V 3.24 2.90 -6.80	5.47 V 4.92 18.90 -87.60	8.46 X 7.80 -0.28 12.08	13.97 X 12.92 1.14 6.36
-1/3*Φ	2.67 V 1.68 1.90 -2.90	3.39 V 2.53 2.59 -5.78	4.61 V 3.81 6.50 -25.12	6.65 X 5.87 -1.08 14.72	10.14 X 9.30 0.70 6.40	16.21 X 14.99 1.40 4.30	26.94 X 25.05 1.87 3.32
-1/2*Φ	3.24 V 2.25 2.48 -5.58	4.27 V 3.37 5.30 -19.40	5.99 X 5.15 -1.54 16.30	8.84 X 8.00 0.60 6.30	13.59 X 12.70 1.20 4.10	21.58 X 20.41 1.62 3.12	35.26 X 33.17 2.03 2.52
-2/3*Φ	3.99 V 2.99 4.90 -17.80	5.42 X 4.53 -2.10 18.70	7.77 X 6.96 0.40 6.50	11.57 X 10.85 1.03 4.01	17.67 X 17.03 1.40 2.95	27.48 X 26.80 1.73 2.31	43.61 X 42.03 2.08 1.86
-Φ	6.10 X 5.35 0.21 6.11	8.59 X 8.08 0.80 3.70	12.31 X 12.22 1.07 2.63	17.76 X 18.28 1.29 1.99	25.61 X 27.03 1.49 1.54	37.08 X 39.10 1.70 1.20	53.92 X 57.45 1.90 0.80

C.red = 0.10 Φ = 45
β = -5.00

δ \ α	-30	-20	-10	0	10	20	30
0	2.28 V 1.22 1.60 -1.10	2.70 V 1.81 1.99 -2.01	3.45 V 2.64 2.80 -4.20	4.71 V 3.93 5.78 -13.60	6.85 X 6.05 -4.30 20.56	10.61 X 9.69 -0.04 7.24	17.47 X 16.17 1.00 4.90
-1/3*Φ	3.41 V 2.13 2.58 -3.75	4.35 V 3.16 4.50 -9.70	5.93 X 4.76 -9.90 38.38	8.56 X 7.36 -0.50 7.80	12.96 X 11.70 0.63 4.70	20.40 X 18.95 1.23 3.54	33.34 X 31.12 1.73 2.92
-1/2*Φ	4.25 V 2.85 4.20 -8.92	5.60 X 4.26 -17.90 64.60	7.82 X 6.50 -0.72 8.15	11.43 X 10.14 0.49 4.65	17.34 X 15.85 1.10 3.40	26.89 X 25.41 1.50 2.70	42.87 X 40.95 1.90 2.30
-2/3*Φ	5.33 X 3.83 -18.30 64.80	7.21 X 5.78 -0.92 8.45	10.20 X 8.89 0.40 4.50	14.88 X 13.75 0.90 3.30	22.22 X 21.13 1.30 2.60	33.51 X 33.47 1.60 2.10	52.02 X 50.05 2.00 1.70
-Φ	8.32 X 6.97 0.16 4.45	11.38 X 10.39 0.70 3.00	15.82 X 15.26 1.00 2.30	21.94 X 22.71 1.20 1.77	30.58 X 32.83 1.41 1.39	42.79 X 46.89 1.62 1.07	61.45 X 63.16 1.90 0.80

C.red = 0.10 Φ = 45
β = 0.00

δ \ α	-30	-20	-10	0	10	20	30
0	2.75 V 1.55 2.00 -1.40	3.30 V 2.22 2.60 -2.60	4.24 V 3.23 4.34 -6.47	5.83 E 4.83 22.50	8.51 X 7.51 -1.77 9.14	13.16 X 12.14 0.07 5.32	21.52 X 20.32 0.91 4.12
-1/3*Φ	4.34 V 2.68 3.84 -5.42	5.55 V 3.96 15.50 -33.30	7.57 X 5.99 -2.70 10.90	10.86 X 9.31 -0.30 5.50	16.25 X 14.78 0.59 3.83	25.18 X 23.74 1.15 3.09	40.18 X 39.85 1.60 2.60
-1/2*Φ	5.52 V 3.61 12.70 -26.50	7.25 X 5.41 -3.30 12.20	10.05 X 8.30 -0.40 5.40	14.50 X 12.83 0.50 3.70	21.50 X 20.18 0.98 2.94	32.70 X 31.57 1.41 2.45	51.06 X 49.34 1.83 2.09
-2/3*Φ	7.04 X 4.91 -4.10 13.90	9.41 X 7.42 -0.56 5.59	13.08 X 11.35 0.34 3.69	18.68 X 17.38 0.84 2.82	27.12 X 26.61 1.21 2.28	40.06 X 40.06 1.56 1.91	60.38 X 60.24 1.92 1.58
-Φ	11.03 X 9.10 0.17 3.50	14.60 X 13.38 0.61 2.58	19.57 X 19.42 0.91 2.02	26.34 X 27.86 1.14 1.61	35.57 X 39.30 1.36 1.29	48.38 X 54.80 1.57 1.00	66.93 X 75.83 1.80 0.70

Typ : X = Konvex V = Konkav E = Eben

Kreisgleitfläche

Kpr Kpc xm ym	Typ	bzw. für Typ = E	Kpr E Kpc Theta (°)

C.red = 0.10 Φ = 45
β = 5.00

δ \ α	-30	-20	-10	0	10	20	30
0	3.32 V 1.94 2.40 -1.60	4.02 V 2.71 3.70 -3.70	5.20 V 3.97 9.50 -14.40	7.17 X 5.99 -5.54 13.96	10.46 X 9.41 -1.00 5.90	16.11 X 15.28 0.10 4.40	26.14 X 25.42 0.88 3.60
-1/3*Φ	5.48 V 3.38 7.26 -10.20	7.02 X 4.99 -9.86 21.72	9.53 X 7.59 -1.51 6.48	13.56 X 11.82 -0.12 4.20	20.06 X 18.43 0.60 3.30	30.52 X 29.47 1.10 2.78	48.11 X 46.80 1.60 2.40
-1/2*Φ	7.10 X 4.61 -14.10 29.48	9.27 X 6.91 -1.80 6.90	12.69 X 10.59 -0.24 4.20	17.99 X 16.33 0.45 3.20	26.07 X 25.88 0.90 2.60	39.03 X 38.41 1.36 2.26	59.63 X 58.92 1.78 1.95
-2/3*Φ	9.15 X 6.37 -2.00 7.10	12.04 X 9.57 -0.36 4.24	16.43 X 14.50 0.30 3.20	22.88 X 21.89 0.80 2.50	32.49 X 32.38 1.17 2.11	46.78 X 48.03 1.51 1.78	68.94 X 70.53 1.87 1.49
-Φ	14.19 X 11.92 0.20 2.90	18.19 X 17.04 0.58 2.28	23.58 X 24.25 0.87 1.83	30.77 X 33.84 1.10 1.50	40.23 X 47.44 1.30 1.20	53.64 X 63.04 1.53 0.94	72.23 X 86.91 1.74 0.59

C.red = 0.10 Φ = 45
β = 10.00

δ \ α	-30	-20	-10	0	10	20	30
0	4.01 V 2.36 3.10 -2.00	4.87 V 3.35 6.02 -6.16	6.33 X 4.92 -30.14 47.50	8.74 X 7.51 -2.70 7.20	12.73 X 11.82 -0.70 4.60	19.48 X 19.16 0.20 3.68	31.44 X 31.26 0.90 3.20
-1/3*Φ	6.88 V 4.29 61.50 -88.00	8.79 X 6.36 -3.74 8.56	11.85 X 9.70 -1.00 4.70	16.67 X 14.98 -0.03 3.53	24.24 X 23.31 0.58 2.93	36.58 X 35.14 1.10 2.60	56.31 X 55.92 1.56 2.29
-1/2*Φ	9.02 X 5.94 -4.41 9.49	11.66 X 8.90 -1.18 4.86	15.72 X 13.64 -0.10 3.40	21.98 X 20.39 0.50 2.80	31.20 X 31.46 0.90 2.40	45.62 X 46.61 1.32 2.11	68.40 X 69.39 1.75 1.84
-2/3*Φ	11.68 X 8.28 -1.34 5.00	15.08 X 12.44 -0.20 3.40	20.14 X 18.37 0.36 2.75	27.52 X 26.74 0.80 2.30	38.04 X 39.35 1.14 1.96	53.62 X 56.65 1.48 1.68	77.35 X 81.37 1.84 1.41
-Φ	17.78 X 15.32 0.20 2.59	22.06 X 21.43 0.57 2.08	27.58 X 30.84 0.80 1.70	35.19 X 40.18 1.08 1.41	45.05 X 53.80 1.29 1.15	58.45 X 71.56 1.51 0.89	76.87 X 88.53 1.71 0.55

C.red = 0.10 Φ = 45
β = 15.00

δ \ α	-30	-20	-10	0	10	20	30
0	4.83 V 2.93 4.76 -3.28	5.88 V 4.17 22.70 -24.40	7.67 X 6.16 -6.12 10.04	10.57 X 9.45 -1.79 5.08	15.32 X 14.91 -0.50 3.81	23.30 X 23.87 0.25 3.27	37.39 X 37.75 0.90 3.00
-1/3*Φ	8.56 X 5.47 -10.10 14.80	10.86 X 8.17 -2.30 5.50	14.52 X 12.36 -0.74 3.83	20.15 X 18.91 0.04 3.09	28.97 X 28.39 0.60 2.70	42.92 X 42.44 1.10 2.40	64.57 X 68.09 1.50 2.20
-1/2*Φ	11.31 X 7.67 -2.70 6.00	14.43 X 11.46 -0.87 3.89	19.18 X 17.19 -0.10 3.10	26.34 X 25.07 0.50 2.60	36.82 X 37.18 0.90 2.30	52.52 X 55.14 1.31 2.00	77.22 X 80.46 1.72 1.76
-2/3*Φ	14.64 X 10.78 -0.99 3.96	18.56 X 15.77 -0.15 3.04	24.27 X 22.78 0.40 2.50	32.25 X 33.16 0.77 2.14	43.74 X 46.90 1.12 1.86	60.21 X 66.77 1.45 1.59	85.46 X 92.52 1.82 1.35
-Φ	21.65 X 19.55 0.23 2.34	26.05 X 26.60 0.57 1.93	31.65 X 37.00 0.80 1.60	39.40 X 47.09 1.06 1.34	49.31 X 61.53 1.28 1.10	62.37 X 80.00 1.48 0.78	81.36 X 87.42 1.70 0.50

Typ : X = Konvex V = Konkav E = Eben

Kreisgleitfläche

Kpr Typ Kpc xm ym	bzw. für Typ = E	Kpr E Kpc Theta (°)

C.red = 0.10 Φ = 45
β = 20.00

δ \ α	-30	-20	-10	0	10	20	30
0	5.78 V 3.64 9.30 -6.72	7.07 X 5.22 -18.70 20.60	9.20 X 7.78 -3.42 5.88	12.66 X 11.93 -1.33 4.03	18.29 X 18.55 -0.40 3.40	27.60 X 29.27 0.30 3.00	43.56 X 46.75 0.88 2.80
-1/3*Φ	10.53 X 7.05 -4.50 6.90	13.27 X 10.46 -1.66 4.23	17.52 X 15.70 -0.57 3.29	24.00 X 23.59 0.09 2.81	33.86 X 35.23 0.60 2.50	49.13 X 52.25 1.05 2.27	73.36 X 78.60 1.50 2.10
-1/2*Φ	13.95 X 10.06 -1.80 4.30	17.56 X 14.69 -0.67 3.32	22.95 X 21.57 0.00 2.76	30.81 X 31.42 0.49 2.40	42.15 X 46.16 0.90 2.10	59.40 X 64.82 1.29 1.91	85.75 X 92.85 1.70 1.70
-2/3*Φ	18.01 X 13.90 -0.80 3.40	22.42 X 19.62 -0.10 2.80	28.54 X 28.42 0.40 2.32	37.22 X 39.79 0.77 2.02	49.42 X 55.06 1.11 1.77	65.92 X 81.80 1.40 1.50	93.00 X 104.38 1.80 1.30
-Φ	25.68 X 24.61 0.25 2.17	30.11 X 32.33 0.60 1.80	35.42 X 44.68 0.80 1.50	44.00 X 51.67 1.10 1.30	53.16 X 69.24 1.27 1.06	66.86 X 77.08 1.50 0.80	83.96 X 90.70 1.67 0.50

C.red = 0.10 Φ = 45
β = 25.00

δ \ α	-30	-20	-10	0	10	20	30
0	6.89 V 4.57 53.50 -40.00	8.43 X 6.59 -6.30 7.30	10.95 X 9.91 -2.40 4.30	15.02 X 14.99 -1.05 3.44	21.53 X 23.18 -0.27 3.02	32.15 X 36.39 0.33 2.77	50.41 X 55.92 0.89 2.66
-1/3*Φ	12.80 X 9.16 -2.90 4.70	15.95 X 13.50 -1.30 3.50	20.84 X 19.87 -0.40 2.90	28.34 X 28.33 0.10 2.70	39.13 X 42.40 0.61 2.37	55.86 X 61.42 1.06 2.17	82.30 X 88.88 1.52 2.00
-1/2*Φ	16.99 X 12.84 -1.50 3.70	21.02 X 18.67 -0.54 2.96	27.01 X 26.71 0.05 2.56	35.73 X 37.50 0.50 2.30	47.72 X 55.16 0.90 2.00	66.14 X 75.52 1.30 1.80	93.85 X 106.00 1.70 1.60
-2/3*Φ	21.68 X 17.91 -0.63 2.99	26.36 X 25.10 -0.02 2.51	33.02 X 34.53 0.42 2.19	42.20 X 47.15 0.78 1.93	54.79 X 64.58 1.10 1.70	72.59 X 89.26 1.40 1.50	100.05 X 115.42 1.79 1.25
-Φ	29.75 X 30.44 0.27 2.04	33.94 X 38.89 0.58 1.73	39.54 X 49.18 0.83 1.48	48.16 X 56.55 1.10 1.30	57.18 X 71.61 1.30 1.00	67.08 X 91.55 1.40 0.70	86.29 X 91.95 1.65 0.48

C.red = 0.10 Φ = 45
β = 30.00

δ \ α	-30	-20	-10	0	10	20	30
0	8.15 X 5.79 -13.86 10.92	9.97 X 8.36 -3.96 4.78	12.95 X 12.37 -1.90 3.60	17.66 X 18.67 -0.90 3.10	25.14 X 28.48 -0.19 2.79	37.30 X 43.34 0.40 2.60	58.03 X 64.25 0.90 2.60
-1/3*Φ	15.36 X 11.78 -2.27 3.82	18.96 X 17.06 -1.07 3.10	24.45 X 24.61 -0.35 2.71	32.41 X 36.23 0.20 2.40	44.54 X 50.44 0.63 2.26	63.22 X 68.75 1.10 2.10	89.99 X 105.74 1.50 1.90
-1/2*Φ	20.28 X 16.64 -1.20 3.18	24.75 X 23.37 -0.44 2.72	31.24 X 32.76 0.10 2.40	40.58 X 45.13 0.50 2.20	53.90 X 61.36 0.90 2.00	73.00 X 84.37 1.29 1.78	102.30 X 114.75 1.70 1.60
-2/3*Φ	25.61 X 22.78 -0.52 2.73	30.56 X 30.82 0.02 2.37	37.41 X 42.21 0.40 2.10	47.53 X 52.92 0.80 1.90	60.65 X 70.96 1.10 1.70	77.53 X 103.55 1.40 1.40	105.90 X 118.01 1.79 1.15
-Φ	33.67 X 37.07 0.29 1.95	37.92 X 44.22 0.60 1.70	42.90 X 56.36 0.83 1.43	49.96 X 69.00 1.05 1.21	58.57 X 76.98 1.25 0.93	70.74 X 82.63 1.44 0.70	90.75 X 82.18 1.70 0.50

Typ : X = Konvex V = Konkav E = Eben

Kreisgleitfläche

Kpr Typ Kpc xm ym	bzw. für Typ = E	Kpr E Kpc Theta (°)

C.red = 0.10 Φ = 45
β = 35.00

δ \ α	-30	-20	-10	0	10	20	30
0	9.57 X 7.37 -6.62 5.46	11.70 X 10.58 -2.90 3.70	15.13 X 15.62 -1.53 3.09	20.59 X 22.95 -0.70 2.80	28.96 X 34.94 -0.12 2.61	42.46 X 52.47 0.40 2.50	65.29 X 76.08 0.93 2.46
-1/3*Φ	18.19 X 15.13 -1.86 3.28	22.16 X 21.66 -0.90 2.80	28.28 X 30.17 -0.28 2.55	37.13 X 42.29 0.21 2.35	49.84 X 60.65 0.60 2.20	69.37 X 81.09 1.08 2.03	98.78 X 115.09 1.50 1.90
-1/2*Φ	23.85 X 21.11 -1.02 2.89	28.63 X 28.99 -0.36 2.54	35.51 X 40.00 0.10 2.30	45.40 X 53.08 0.55 2.09	59.26 X 70.97 0.92 1.91	78.85 X 97.11 1.30 1.70	109.43 X 126.89 1.70 1.54
-2/3*Φ	29.70 X 28.48 -0.43 2.55	34.60 X 38.49 0.10 2.20	41.90 X 48.95 0.46 2.01	51.66 X 63.48 0.80 1.80	65.14 X 81.46 1.12 1.61	84.92 X 101.86 1.50 1.30	111.59 X 116.60 1.80 1.10
-Φ	37.39 X 44.04 0.32 1.88	40.87 X 53.00 0.60 1.62	45.54 X 65.83 0.80 1.40	52.05 X 74.42 1.07 1.12	60.43 X 78.18 1.24 0.90	71.57 X 87.96 1.40 0.70	89.75 X 90.60 1.63 0.45

C.red = 0.10 Φ = 45
β = 40.00

δ \ α	-30	-20	-10	0	10	20	30
0	11.16 X 9.36 -4.50 3.90	13.60 X 13.42 -2.30 3.10	17.54 X 19.43 -1.31 2.80	23.65 X 28.48 -0.60 2.60	33.19 X 41.39 -0.06 2.50	48.26 X 60.11 0.44 2.43	72.85 X 87.77 0.95 2.38
-1/3*Φ	21.34 X 18.82 -1.60 3.00	25.66 X 26.51 -0.79 2.64	32.23 X 36.53 -0.22 2.42	41.75 X 49.85 0.25 2.26	55.50 X 67.63 0.67 2.12	75.82 X 91.40 1.09 1.98	105.26 X 134.39 1.50 1.80
-1/2*Φ	27.61 X 26.35 -0.90 2.70	32.52 X 35.89 -0.30 2.40	40.04 X 46.29 0.20 2.20	50.05 X 61.85 0.56 2.02	64.63 X 80.29 0.90 1.90	85.06 X 104.99 1.30 1.70	115.43 X 129.02 1.72 1.44
-2/3*Φ	34.16 X 33.47 -0.40 2.50	38.91 X 44.60 0.10 2.17	45.72 X 59.24 0.50 1.90	56.01 X 71.58 0.81 1.76	69.58 X 90.28 1.12 1.57	89.49 X 100.41 1.50 1.30	116.40 X 114.74 1.80 1.10
-Φ	40.28 X 54.39 0.30 1.80	43.74 X 60.31 0.61 1.58	48.34 X 70.73 0.84 1.37	53.88 X 75.13 1.06 1.09	62.06 X 77.72 1.24 0.88	73.62 X 82.30 1.42 0.67	89.98 X 94.92 1.60 0.40

C.red = 0.10 Φ = 45
β = 45.00

δ \ α	-30	-20	-10	0	10	20	30
0	12.95 X 11.66 -3.70 3.30	15.68 X 16.84 -2.00 2.78	20.15 X 23.93 -1.15 2.60	27.21 X 33.36 -0.50 2.50	37.53 X 48.85 0.00 2.40	54.00 X 69.24 0.47 2.36	80.72 X 98.41 1.00 2.30
-1/3*Φ	24.40 X 24.52 -1.40 2.70	29.19 X 32.55 -0.70 2.50	36.64 X 41.78 -0.20 2.40	46.38 X 57.63 0.28 2.20	61.37 X 73.92 0.70 2.10	81.90 X 101.69 1.10 1.94	114.34 X 135.65 1.60 1.70
-1/2*Φ	31.41 X 32.59 -0.79 2.55	36.56 X 42.65 -0.20 2.30	44.20 X 54.16 0.20 2.15	54.66 X 69.74 0.59 1.98	69.34 X 89.27 0.95 1.82	90.21 X 114.23 1.35 1.60	120.67 X 129.65 1.72 1.41
-2/3*Φ	37.61 X 43.43 -0.30 2.30	42.88 X 52.12 0.13 2.11	49.93 X 65.24 0.50 1.90	59.18 X 84.13 0.80 1.70	73.23 X 98.08 1.17 1.48	91.61 X 106.66 1.45 1.28	118.88 X 119.37 1.77 1.07
-Φ	43.67 X 58.75 0.36 1.79	46.15 X 67.55 0.62 1.55	50.50 X 71.46 0.90 1.30	55.25 X 75.41 1.06 1.07	63.17 X 77.33 1.24 0.87	74.60 X 80.78 1.42 0.66	90.85 X 91.71 1.60 0.40

Literatur

[1] Günther, H.: Programme und Tools für Rechteckplatten
Wiesbaden : Vieweg 1993

[2] Gudehus, G.: Erddruckermittlung. Grundbautaschenbuch Teil 1
Berlin, München, Düsseldorf : Ernst & Sohn 1980

[3] Caquot, A. , Kerisel ,J. und Absi, E. : Tables de butée et de poussée. Paris,Bruxelles,Montréal: Gauthier-Villars 1973

[4] Weißenbach, A : Baugruben Teil 2 : Berechnungsgrundlagen
Berlin : Ernst& Sohn 1975

[5] Weißenbach, A : Beitrag zur Ermittlung des Erdwiderstandes
Bauingenieur 1983, S.161-173

[6] Mayer-Vorfelder, H.J. : Ein Beitrag zur Berechnung des Erdwiderstandes unter Ansatz der logarithmischen Spirale als Gleitflächenfunktion. Mitt. Inst. f. Wasserwirtschaft, Grundbau i. Wasserbau, Univ. Stuttg. H.14 , Stuttgart 1970

[7] Böhme, K. und Elbinger, K. :Erddruckberechnung mit kreiszylindrischen Gleitflächen - neue Erddruckbeiwerte
Geotechnik 1988, S. 80-84

[8] Böhme, K. : Numerische Berechnung der Erddruckgrenzwerte mit kreiszylindrischen Gleitflächen.
Dissertation TU Dresden 1986

[9] Terzaghi, K. und Jellinek, R. : Theoretische Bodenmechanik
Berlin, Göttingen, Heidelberg : Springer 1954

[10] Groß, H. : Korrekte Berechnung des aktiven und passiven Erddrucks mit ebener Gleitfläche bei Böden mit Reibung, Kohäsion und Auflast. Geotechnik 1981, S. 66-69

[11] Deutsche Gesellschaft für Erd-und Grundbau :
Taschenbuch für den Tunnelbau 1990. Essen : Glückauf

[12] Günther, H. : Betrachtungen zum Erdruhedruck
Bauingenieur 1988, S. 205-210

[13] Günther, H. : Erdruhedruck auf starre Wände
Bauingenieur 1988, S. 421-427

[14] Kézdi, A. : Erddrucktheorien
Berlin,Göttingen,Heidelberg : Springer 1962

[15] Franke, D. : Erddruck auf unnachgiebige Wände - Auswertung von Modellversuchen. Geotechnik 1988, S. 20-26

[16] Wendehorst/Muth : Bautechnische Zahlentafeln
Stuttgart : Teubner 1985

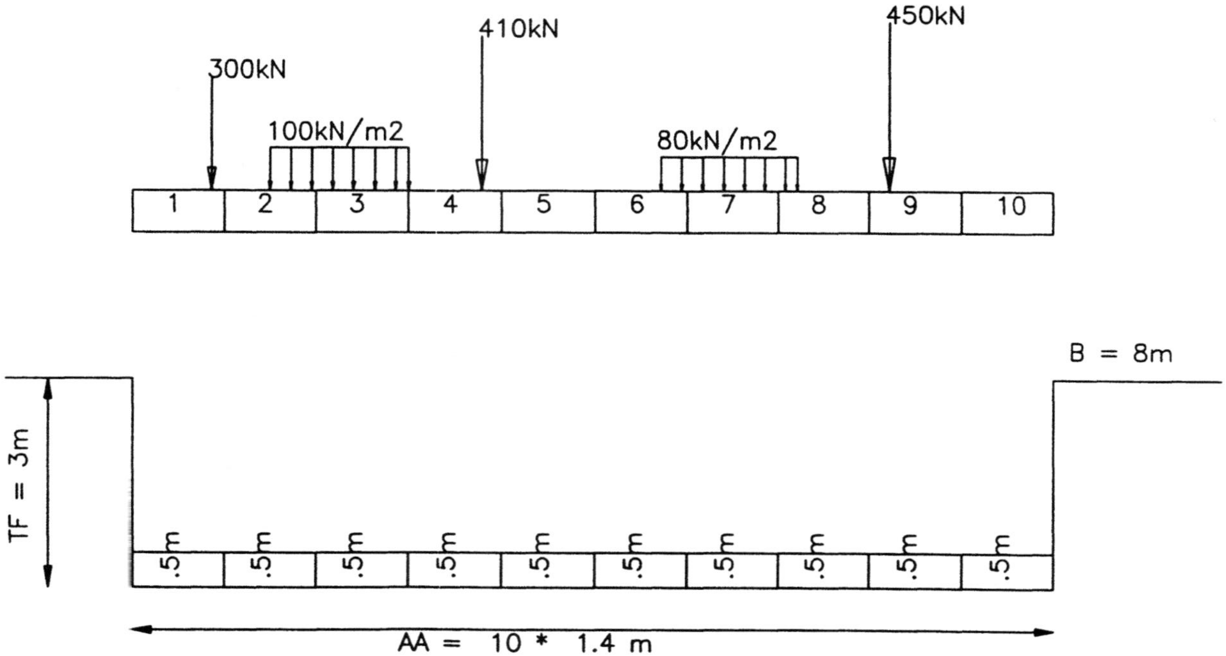

Systemlasten
Seite: 2 Projekt: Hochhaus C Datei: EL2G1.PGL

Erddruck und Erdwiderstand mit ebenen Gleitflächen
(Aktiver und passiver Erddruck nach Coulomb)

Phi (°)	Beta (°)	Alpha (°)	Delta (°)	C.red (-)
32.5	20	18.98	32.5	10

Erddruck	Theta (°)	K inf G	K inf C
AKTIV :	77.02	-0.089	0.964
h		-0.086	0.938
v		-0.021	0.225
PASSIV :	45.77	1.958	3.738
h		1.904	3.635
v		0.458	0.874

Kennziff. -> NEU: -1 , maxEa/minEp: 0 , Theta: 1 , Ausdr.: 2 , ENDE: 3 ?

Das Graphikprogramm ELBALK kann dann immer wieder ohne Neueinstellung aufgerufen werden, wenn neue Graphiken mit dem gleichen Drucker im gleichen Format zu erstellen sind.

Mit dem Programm PrintGL ist es auch möglich, auf Plottern Graphik-Ausgaben zu erzielen, wenn die erforderlichen Daten eingestellt sind.

Wenn die Einstellungen wie beschrieben ordnungsgemäß gespeichert werden, kann man später im Menü G 3 weitere Zeichenvorgänge ohne vorherige Neueinstellung auslösen.

Starten des Plottvorganges

Nach der Einstellung der Graphik-Daten wird im Menü G 3 der Plottvorgang gestartet, indem man mit dem Cursor auf ´start´ geht und die <Return> - Taste drückt.

3.6.5 Schlußbemerkungen

Bei dem in den Graphikprogrammen ELBAL verwendeten Programm PrintGL handelt es sich um Shareware-Programme, die nur zu Testzwecken benutzt werden dürfen. Bei einer Nutzung muß eine Registriergebühr gezahlt werden, und zwar entweder an

Ravitz Software Inc.
PO Box 25068
Lexington, KY 40524-5068
USA

oder an

Computer Solution
Software GmbH
Postfach 1180
D-85561 Grafing
Tel. 08092.5081

Weitere Hinweise zu PrintGL:

a) Benutzerhandbuch ELBAL, Teil A
b) Ingo Steinhaus
Drucker Utilities II: Preis DM 24.80
Systhema-Verlag GmbH
Frankfurter Ring 224
80807 München
ISBN: 3-89390-823-4

Erddruck und Erdwiderstand mit ebenen Gleitflächen
(Aktiver und passiver Erddruck nach Coulomb)

Phi (°)	Beta (°)	Alpha (°)	Delta (°)	C.red (-)
32.5	20	-18.98	32.5	10

Erddruck	Theta (°)	K inf G	K inf C
AKTIV :	95.67	0.242	0.940
h		0.151	0.585
v		0.189	0.735
PASSIV :	65.17	1.562	1.816
h		0.973	1.131
v		1.222	1.421

Kennziff. -> NEU: -1 , maxEa/minEp: 0 , Theta: 1 , Ausdr.: 2 , ENDE: 3 ?

Tabelle B5 Lesen und Speichern der Dateien in der Programmkette ELPLA

Programmname	Speichern (output)	Lesen (input)
1. ELPLA Systemdaten.	*.PA1	STEU *PA1
2. ELPLB Baugrunddaten.	*.PB1 *.PBD	STEU ELPL.DIM *.PA1 *.PL1 *.PB1
3. ELPLC Lastdaten.	*.PC1 *.PCD	STEU ELPL.DIM *.PA1 *.PL1 *.PB1 *.PC1
4. ELPLD Aufstellung der Flexibilitätskoeffizientenmatrix (Halbraumverfahren).	*.PD1	STEU ELPL.DIM *.PA1 *.PL1 *.PB1
5. ELPLE Berechnung der Flexibilitätssteifigkeitsmatrix.	*.PE1 *.PE2	STEU *.PA1 *.PL1 *.PB1 *.PC1 *.PD1 *.PD2 *.P41

Fortsetzung nächste Seite

Erdwiderstandsbeiwerte :

ortsetzung der Tabelle B5

6. ELPLF Aufstellung der Plattensteifigkeitsmatrix.	*.PF1 *.PF2	STEU *.PA1 *.PL1 *.PB1 *.PC1 *.PP2 *.PT2 *.P41 *.PW1 *.P21 *.PV2 *.PE2
7. ELPLG Lösung des Gleichungssystems (unsymmetrische Matrix).	*.PG1 *.PG2	STEU ELPL.DIM *.PA1 *.PF1 *.PE1 *.PG1 *.PG2
8. ELPLH Berechnung der Sohldrücke, Setzungen, Biegemomente und Querkräfte.	*.PHD *.PH1 *.PH2 .. .. *.PH7	STEU *.PA1 *.PC1 *.PB1 *.PL1 *.PG1 *.PE1 *.PE2 *.P41 *.PW1 *.P21 *.PI1 *.PF2

Fortsetzung nächste Seite

Gleitflächenwinkel :
Theta (°) = 0.00

Reibung :
Kpg = 0.000
Kpg.h = 0.000
Kpg.v = 0.000

Kohäsion :
Kpc = 0.000
Kpc.h = 0.000
Kpc.v = 0.000

'ortsetzung der Tabelle B4

Programm-name	Aufgabenstellung des Programmes	Progr. Aufruf Endzeichen
26. ELPLX	Zeichnen und Plotten von Isolinien für Sohldruckhöhengleichen, Setzungshöhengleichen, Momenthöhengleichen und Querkrafthöhengleichen.	X
27. ELPLY	Drucken der Eingabedaten (Systemdaten, FE-Netz, Lastdaten und Baugrunddaten) und Ausgabedaten (Setzungen, Sohldrücke, Momente und Querkräfte).	Y
28. ELPLZ	Graphik oder Plott der Bohrprofile und Lage der Bohrprofiles.	Z
29. ELPL1	Darstellung der Schnitte.	1
30. ELPL2	Berechnung der Bettungsmoduli mit Steifemodulverfahren.	2
31. ELPL4	Bestimmung des Einflußfelds der Bohrprofile.	4
32. ELPL6	Aufbau und Lösung der iterativen Steifemodulverfahren (6).	6
33. ELPL7	Berechnung der Flexibilitätskoeffizientenmatrix für Erst- und Wiederbelastung. Speicherung der Ergebnisse auf dem Massenspeicher.	7

mit ebenen Gleitflächen nach Coulomb

1 Schnitte
X Isolinien
*** = 3 Zeichen mit der Projektkurzbezeichnung

Erddruckbeiwerte :

Gleitflächenwinkel :
Theta (°) = 0.00

Reibung :
Kag = 0.000
Kag.h = 0.000
Kag.v = 0.000

Kohäsion :
Kac = 0.000
Kac.h = 0.000
Kac.v = 0.000

Für das Verständnis der Funktionen der einzelnen Programmodule in der Programmkette ELPLA ist es wichtig, die Namen und Bedeutungen der von den Programmen ausgeworfenen und zu lesenden Dateienzu kennen. Deshalb ist in der Tabelle B5 eine Liste der von den einzelnen Programmen ausgeworfenen und einzulesenden Dateien beigefügt. Darin wird in den Datensätzen unterschieden zwischen folgenden 4 Gruppen:

A Grunddateien
(STEU, FIRMA, ELPL.DIM, ELPL.DRU, ELPL.PLO, ELPL.GRA)

B Dateien mit Eingabedaten, Zwischenergebnissen und Endergebnissen. Kennbuchstabe.

Die Dateien dieser Gruppe haben folgendes Format:

*** . P a n

n = lfd. Nr. der Datei in einem Program
a = Endbuchstaben des Programmnamens
P = Kennzeichen für Programm ELPLA
*** = 3 Zeichen mit der Projektkurzbezeichnung

C Textdateien zum Druck der Daten, zwischen- und Endergebnisse auf dem Drucker.

Die Dateien dieser Gruppe haben folgendes Format:

*** . P a D

D = Kennzeichen für Druckdatei
a = Endbuchstaben des Programmnamens
P = Kennzeichen für Programm ELPLA
*** = 3 Zeichen mit der Projektkurzbezeichnung

D Graphik-Dateien (HPGL-Plotterformat) zur Darstellung.

Die Dateien dieser Gruppe haben folgendes Format
(s. Tabellen 5 und 6):

*** b n . PGL

PGL = Kennung für HPGL-Dateien:
n = lfd. Nr. der Dateien mit gleichen Kennbuchstaben
b = Kennbuchstaben:
- Z Bohrprofile
- U Isometrische Darstellungen (Systemdaten)
- Q Isometrische Darstellungen (Ergebnisse)
- N Grundriß (Systemdaten)
- j Grundriß (Ergebnisse)

Bodenkennwerte :

Reibungswinkel	Phi	(°)	=	32.5
Böschungswinkel	Beta	(°)	=	20
Wandneigung	Alpha	(°)	=	-18.98
Wandreibungswinkel	Delta	(°)	=	32.5
Kohäsionswert	c.red	(1/m)	=	10

Fortsetzung der Tabelle B4

Programm-name	Aufgabenstellung des Programmes	Progr. Aufruf Endzeichen
10. ELPLJ	Aufzeichnug der Setzungen, Sohldrücke, Biegemomente und Querkräfte im Grundriß.	J
11. ELPLK	Lösung des Gleichungssystems. Speicherung auf dem Massenspeicher (Bandstruktur) für die Verfahren (1), (2) und (3).	K
12. ELPLL	Einlesen der Daten für das FE-Netz von Hand oder vom Massenspeicher (1. Teil).	L
13. ELP1L	Einlesen der Daten für das FE-Netz von Hand oder vom Massenspeicher (2. Teil).	_
14. ELP2L	Einlesen der Daten für das FE-Netz von Hand oder vom Massenspeicher (3. Teil).	_
15. ELPLM	Hauptmenüprogramm.	M
16. ELPLN	Aufzeichnung der Systemdaten im Grundriß.	N
17. ELPLO	Startprogramm, Einlesen der Dimension, Kopfseite, Laufwerksname für die Datei.	O
18. ELPLP	Einfluß von Nachbarbauwerken auf die Setzungen.	P
19. ELPLQ	Isometrische Darstellung der Sohldrücke und Setzungen, Biegemomente und Querkräfte.	Q
20. ELPLR	Graphik-Ausgabe auf Bildschirm, Plotter und Drucker.	R
21. ELPLS	Berechnung der starren Platte nach dem Steifemodulverfahren (8).	S
22. ELPLT	Berücksichtigung von Temperaturänderungen bei der Setzungsberechnung.	T
23. ELPLU	Isometrische Darstellung für Systemdaten.	U
24. ELPLV	Eingabe von Bodensenkungen.	V
25. ELPLW	Berechnung der Bettungsmoduli mit Halbraumverfahren.	W

Fortsetzung nächste Seite

Erddruck und Erdwiderstand

Additional material from *Programme und Tools für Erddruck und Erdwiderstand mit gekrümmten und ebenen Gleitflächen,*
ISBN 978-3-528-08898-9, is available at http://extras.springer.com

EXTRA
MATERIALS
extras.springer.com

GPSR Compliance

The European Union's (EU) General Product Safety Regulation (GPSR) is a set of rules that requires consumer products to be safe and our obligations to ensure this.

If you have any concerns about our products, you can contact us on ProductSafety@springernature.com

In case Publisher is established outside the EU, the EU authorized representative is:

Springer Nature Customer Service Center GmbH
Europaplatz 3
69115 Heidelberg, Germany

Batch number: 10584556

Printed by Printforce, the Netherlands